ROBCAD操作入门

刘　永　龚青山　陈君宝/著

中国水利水电出版社
www.waterpub.com.cn
·北京·

内 容 提 要

在工业领域，人们把可编程控制技术、数控技术和工业机器人技术称为现代制造业的三大技术支柱。本书以ROBCAD软件为对象，详细介绍了软件的各个功能模块。结合项目实例点焊、滚边、抓取等，且介绍了与之相关的工艺知识，达到学习工业机器人仿真编程的目的。本书适用普通本科和高等职业院校的自动化相关专业、汽车制造专业的学生，以及从事工业机器人应用开发、调试和现场维护的技术人员使用。

图书在版编目（CIP）数据

ROBCAD操作入门/刘永，龚青山，陈君宝著. —北京：中国水利水电出版社，2018.9（2024.1重印）

ISBN 978-7-5170-6931-7

Ⅰ. ①R… Ⅱ. ①刘… ②龚… ③陈… Ⅲ. ①工业机器人—计算机辅助设计—应用软件 Ⅳ. ①TP242.2

中国版本图书馆CIP数据核字（2018）第221676号

书　名	ROBCAD操作入门 ROBCAD CAOZUO RUMEN
作　者	刘　永　龚青山　陈君宝　著
出版发行	中国水利水电出版社 （北京市海淀区玉渊潭南路1号D座 100038） 网址：www.waterpub.com.cn E-mail：sales@waterpub.com.cn 电话：（010）68367658（营销中心）
经　售	北京科水图书销售中心（零售） 电话：（010）88383994、63202643、68545874 全国各地新华书店和相关出版物销售网点
排　版	北京亚吉飞数码科技有限公司
印　刷	三河市华晨印务有限公司
规　格	170mm×240mm　16开本　19.75印张　354千字
版　次	2019年3月第1版　2024年1月第2次印刷
印　数	0001—2000册
定　价	96.00元

前　言

在工业领域，人们把可编程控制技术、数控技术和工业机器人技术称为现代制造业的三大技术支柱。工业机器人技术自问世以来，就力求在高速度、高精度、高可靠性、便于操作和维护等方面不断有所突破。随着视觉技术，速度、加速度等传感器技术与工业机器人技术的结合，工业机器人的智能化、适应性和安全性达到了前所未有的提升。工业机器人以其稳定、高效、低故障率等众多优势正越来越多地代替人工劳动，成为现在和未来加工制造业的重要技术和自动化装备。

随着工业产品竞争的日趋激烈，德国率先提出“工业 4.0”的概念，致力于发展智能工厂、智能生产和智能物流的柔性智能产销体系。中国也顺应国际发展趋势和国情，提出了 2025 中国制造蓝图，指出了中国加工制造业的转型方向和目标。10 年后，中国对工业机器人的使用量将达到现在的 10 倍以上。这些设备的投入将给现场的技术人员提出新的技术要求和挑战。

在 ROBCAD 软件的学习使用过程中，经历了很多坎坷，水平一直提高也不快。直到拿到思茅老师的教学资料（2 年时间才完成），同时也借鉴了温乃年等网上很多专业人士的资料，才系统开始学习 ROBCAD 软件。

合格的工业机器人仿真工程师最好有 3～5 年工作经验，并且是公司的主导力量，能够参与项目的前期方案、中期设计、后期现场支持。本人仅仅有过几年的工业机器人应用工作经历，参与过部分实际工作项目，水平远远不足。所以也参与了很多 ROBCAD、TECNOMATIC 专业交流群，想再提升水平，但发现技术资料重复度高、没有条理性、不全面等问题。

最终把网上所能查到的部分资料及自己的实际工作经验结合在一起，编写了这本书，这是所有 ROBCAD 软件从业人员的共同结晶，在此一并表示感谢！

本书由湖北汽车工业学院的刘永、龚青山、陈君宝共同写作。本书作者都是工业机器人应用技术方面的专家，有丰富的实际经验。特别感谢思茅老师和从事 ROBCAD 软件操作的相关技术人员。他们的知识结晶合在一起，才能著成本书并帮助到读者。

由于作者水平有限及时间仓促，书中难免存在不足之处，恳请读者批评指正。请把宝贵意见和建议发到 2242948988@qq. com 中，我们会把意见和建议整改到后续的技术资料中。

作者

2018 年 6 月

目　录

前言

第1章　工业机器人品牌介绍 …… 1

1.1　日本机器人品牌 …… 1
1.2　欧美机器人品牌 …… 4
1.3　国产机器人品牌 …… 10

第2章　ROBCAD软件介绍 …… 14

2.1　ROBCAD概述 …… 14
2.2　ROBCAD常见的模块 …… 17
2.3　ROBCAD软件安装 …… 19
2.4　ROBCAD软件界面整体介绍 …… 24
2.5　ROBCAD工作模式、基本功能 …… 26
2.6　ROBCAD菜单 …… 33
2.7　ROBCAD窗口 …… 50
2.8　常用工具箱指令介绍 …… 51
2.9　ROBCAD基础知识 …… 75
2.10　小结 …… 80
2.11　练习 …… 80

第3章　Modeling建模模块 …… 81

3.1　Modeling模块菜单 …… 81
3.2　Modeling常用工具箱指令介绍 …… 87
3.3　建模命令详解及演示过程 …… 95
3.4　Modeling模块一些常用技巧 …… 97
3.5　Kinematics制作基本流程 …… 100
3.6　夹具Kinematics设计实例 …… 100

3.7 汽缸 Kinematics 设计实例 …… 107
3.8 小结 …… 110
3.9 练习 …… 110

第 4 章 资源定义、Cell 的建立 …… 111

4.1 项目的数据结构形式 …… 111
4.2 数据转换的相关问题 …… 114
4.3 Cell 仿真工作站的建立 …… 131
4.4 Cell 创建时一些常用技巧 …… 141
4.5 小结 …… 145
4.6 练习 …… 145

第 5 章 Spot 点焊模块 …… 146

5.1 Spot 模块菜单 …… 146
5.2 点焊技术 …… 156
5.3 Spot_Project 或 Cell 的创建步骤 …… 168
5.4 带有 Location 的旧零件更新 …… 202
5.5 机器人外部 TCP 焊接仿真 …… 202
5.6 七轴机器人仿真 …… 203
5.7 快速添加 target 路径的方法 …… 204
5.8 小结 …… 205
5.9 练习 …… 205

第 6 章 ROBCAD_SOP 模块 …… 206

6.1 SOP 模块菜单 …… 206
6.2 SOP 制作 …… 207
6.3 SOP 高级应用 …… 212
6.4 干涉区信号设置 …… 215
6.5 多机器人仿真与工作平衡 …… 216
6.6 通过互换信号进行干涉区确认 …… 217
6.7 SOP 生成 .html 网页报告 …… 218
6.8 小结 …… 219
6.9 练习 …… 219

第 7 章　Draft 绘图模块 …… 220

7.1　Draft 模块菜单 …… 220
7.2　图纸输出 …… 223
7.3　Dxf 文件输入输出 …… 227
7.4　焊枪投影输出 2D …… 228
7.5　仿真布局 Layout 输出 …… 228
7.6　小结 …… 229
7.7　练习 …… 229

第 8 章　ROBCAD_Human 模块 …… 230

8.1　人机工程学基础知识 …… 230
8.2　Human 模块菜单 …… 236
8.3　人体姿态分析 …… 249
8.4　人机工程仿真 …… 250
8.5　小结 …… 252
8.6　练习 …… 252

第 9 章　其他常用模块及其他常用焊接技术 …… 253

9.1　Arc 弧焊应用 …… 253
9.2　Cables 管线包应用 …… 262
9.3　其他常用应用中的工具指令 …… 264
9.4　其他常用焊接技术 …… 265
9.5　小结 …… 271
9.6　练习 …… 271

第 10 章　Roller Hemming 滚边技术 …… 272

10.1　滚边基础知识 …… 272
10.2　滚边相关工序介绍 …… 277
10.3　Cut and Seal 滚边模块菜单 …… 278
10.4　小结 …… 281
10.5　练习 …… 281

第 11 章　OLP 离线模块 …… 282

11.1　OLP 概述 …… 282

11.2　OLP 模块菜单 …… 283

11.3　工作流程简单介绍 …… 289

11.4　程序导出 …… 301

11.5　小结 …… 305

11.6　练习 …… 305

第 12 章　工业机器人仿真项目流程总结 …… 306

12.1　项目标准定制 …… 306

12.2　项目工作流程 …… 306

参考文献 …… 308

第1章　工业机器人品牌介绍

在进入工业机器人仿真这个行业前，需了解一下有哪些品牌的机器人。中国工业机器人的发展主要还停留在小规模式的发展，并没有形成产业化的运营模式。而且中国的工业机器人还没有形成响当当的品牌。而国外的工业机器人行业已经在技术和市场上远远超越了中国机器人。

下面带大家来了解一下目前世界上主流的机器人品牌。

1.1　日本机器人品牌

1.1.1　发那科(FANUC)

FANUC(中文名称发那科，也有译成法兰克)公司成立于1956年，是世界上最大的专业数控系统生产厂家，占据全球70%的市场份额。FANUC公司致力于机器人技术上的领先与创新，是世界上唯一一家由机器人来做机器人的公司，是世界上唯一提供集成视觉系统的机器人企业，是世界上唯一一家既提供智能机器人又提供智能机器的公司。FANUC机器人见图1-1。

图1-1　FANUC机器人

FANUC 机器人产品系列多达 240 种，负重从 0.5kg 到 1.35t，广泛应用在装配、搬运、焊接、铸造、喷涂、码垛等不同生产环节，满足客户的不同需求。

1.1.2 那智不二越

那智不二越公司创立于 1928 年，自创立开始一直致力于发展机械技术，以及机械制造事业。总工厂位于日本富山，北美、南美、欧洲及亚洲也设有生产基地。那智不二越拥有很多产品事业部，这些事业部在开发机器人的同时，也在研发和更新其他产品技术，各个事业部相辅相成。这样对那智不二越研发机器人有很大的帮助。图 1-2 是那智不二越机器人。

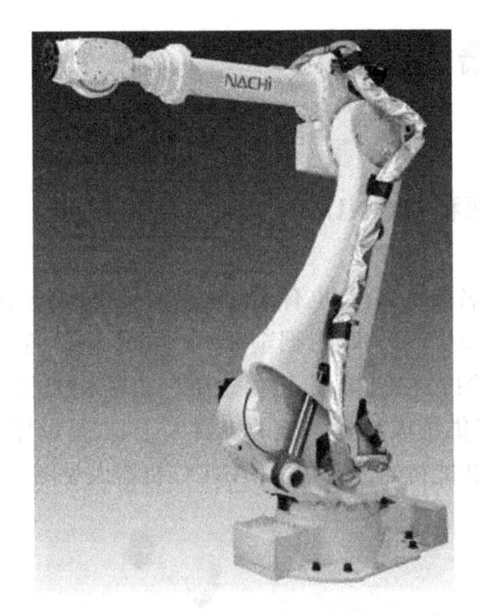

图 1-2 那智不二越机器人

目前，那智不二越在中国机器人市场的销售额占公司全球售额的 15%。那智不二越着眼全球，从欧美市场扩展到中国市场，下一步将开发东南亚市场，如印度市场是公司未来比较重视的。

1.1.3 川崎机器人

川崎机器人（天津）有限公司是由川崎重工业株式会社 100%投资，并于 2006 年 8 月正式在中国天津经济技术开发区注册成立，主要负责川崎重工生产的工业机器人在中国境内的销售、售后服务(机器人的保养、维护、维修等)、技术支持等相关工作。图 1-3 所示为川崎机器人。

图 1-3　川崎机器人

川崎机器人在物流生产线上提供了多种多样的机器人产品,在饮料、食品、肥料、太阳能、炼瓦等各种领域中都有非常可观的销量。川崎的码垛搬运等机器人种类繁多,针对客户工场的不同状况和不同需求提供最适合的机器人、最专业的售后服务和最先进的技术支持。

1.1.4　日本安川(YASKAWA/MOTOMAN)

安川电机(中国)有限公司是有近 100 年历史的日本安川电机株式会社全额投资的外商独资企业,于 1999 年 4 月在上海注册成立,注册资金 3110 万美元。多功能机器人莫托曼是以“提供解决方案”为概念,不断生机勃勃前进着的安川电机机器人产品系列在重视客户间交流对话的同时,针对更宽广的需求和多种多样的问题提供最为合适的解决方案,并实行对 FA. CIM 系统的全线支持。图 1-4 所示为日本安川机器人。

截至 2011 年 3 月,本公司的机器人累计出售台数已突破 23 万台,活跃在从日本国内到世界各国的焊接、搬运、装配、喷涂以及放置在无尘室内的液晶显示器、等离子显示器和半导体制造的搬运搬送等各种各样的产业领域中。

图 1-4　日本安川机器人

1.2　欧美机器人品牌

1.2.1　库卡

库卡(KUKA)及其德国母公司是世界工业机器人和自动控制系统领域的顶尖制造商,它于 1898 年在德国奥格斯堡成立,当时称“克勒与克纳皮赫奥格斯堡(Kellerund Knappich Augsburg)”。公司的名字 KUKA,就是 Kellerund Knappich Augsburg 的四个首字母组合。在 1995 年 KUKA 公司分为 KUKA 机器人公司和 KUKA 焊接设备有限公司(即现在的 KUKA 制造系统),2011 年 3 月中国公司更名为 KUKA 机器人(上海)有限公司。图 1-5 所示为库卡(KUKA)机器人。

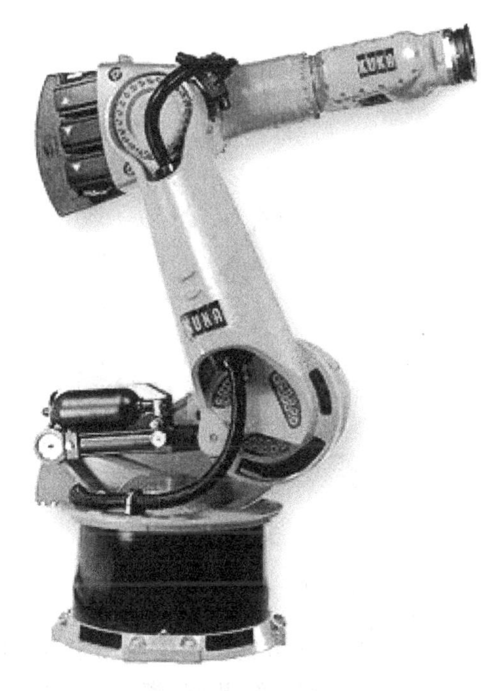

图 1-5　KUKA 机器人

KUKA 公司的最新技术成果是所谓的小工作间。在这里，不同大小和放置的机器人一起工作，即“合作”。机器人的应用潜力由此得到进一步拓宽。这一开发项目的目标是提高加工过程及物流的灵活性并建立模块化生产单元，以此达到更高的动态生产控制、降低制造成本并缩短加工时间。KUKA 公司的另一开发课题是采用不同的材料以制造更轻便更具柔性的机器人。

1.2.2　ABB 机器人

ABB 集团是全球 500 强企业之一，总部位于瑞士苏黎世，在苏黎世、斯德哥尔摩和纽约证券交易所上市交易。ABB 由两家拥有 100 多年历史的国际性企业——瑞典的阿西亚公司（ASEA）和瑞士的布朗勃法瑞公司（BBC Brown Boveri）在 1988 年合并而成。图 1-6 所示为 ABB 机器人。

图 1-6 ABB 机器人

目前,ABB 机器人产品和解决方案已广泛应用于汽车制造、食品饮料、计算机和消费电子等众多行业的焊接、装配、搬运、喷涂、精加工、包装和码垛等不同作业环节,帮助客户大大提高其生产率。

1.2.3 史陶比尔

史陶比尔(Staubli)集团创立于 1892 年(总部位于瑞士的 Pfäffikon),有着 100 多年的发展历史,是一家在纺织机械、工业快速接头和工业机器人三大领域保持领先地位的世界知名企业。图 1-7 所示为 Staubli 机器人。

图 1-7 Staubli 机器人

史陶比尔集团为各行业制造一系列品质和性能无与伦比的产品。产品系列包括4轴SCARA机器人，负载大于250kg的高负荷机器人，控制器，软件和高品质性能的专业应用，凭借其产品的多样性、可靠性，从机器人应用的各个关键领域脱颖而出。

1.2.4 柯马

柯马(COMAU)是一家隶属于菲亚特集团的全球化企业，成立于1976年，总部位于意大利都灵。COMAU为众多行业提供工业自动化系统和全面维护服务，从产品的研发到工业工艺自动化系统的实现，其业务范围主要包括车身焊装、动力总成、工程设计、机器人和维修服务。图1-8所示为COMAU机器人。

图1-8　COMAU机器人

COMAU公司研发出的全系列机器人产品，负载范围最小6kg，最大可达800kg。COMAU最新一代SMART系列机器人是针对点焊、弧焊、搬运、压机自动连线、铸造、涂胶、组装和切割的SMART自动化应用方案的技术核心。其中“空腕”机器人NJ4在点焊领域更是具有无与伦比的技术优势。

1.2.5 爱普生机器人

爱普生机器人(机械手)源于 1982 年精工手表的组装线。2009 年 10 月,爱普生机器人(机械手)正式在中国成立服务中心和营销总部,该部门隶属于爱普生(中国)有限公司,全面负责中国大陆地区爱普生工业机器人(机械手)产品的市场推广、销售、技术支持和售后服务。图 1-9 所示为爱普生机器人。

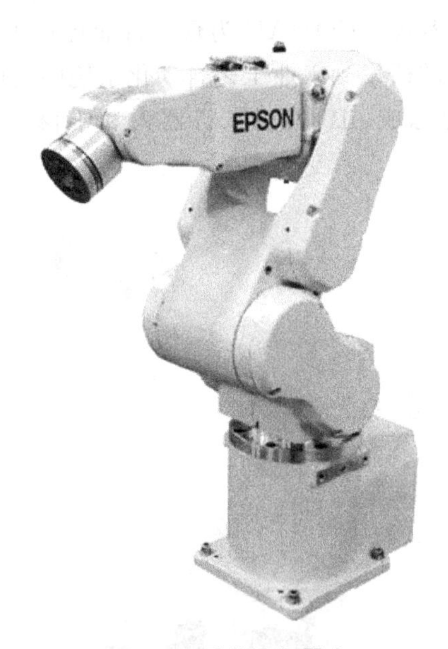

图 1-9 爱普生机器人

世界各地的工厂安装了 28000 多台机器人,许多顶级制造企业每天借助爱普生工业机器人的产品降低生产成本、提高产品质量、增加产量,并增加收益。爱普生工业机器人易于使用、可靠、性能较高并具有较高的整体价值,在业界闻名遐迩。

爱普生提供各种机器人和集成选件,支持客户为自己的新项目选择合适的自动化产品。借助爱普生在业界领先的工厂自动化产品和解决方案让用户获得爱普生带来的优势。

1.2.6 优傲机器人

优傲机器人(Universal Robots)公司创立于 2005 年,总部在丹麦的欧登塞。图1-10所示为优傲机器人1，图1-11所示为优傲机器人2。

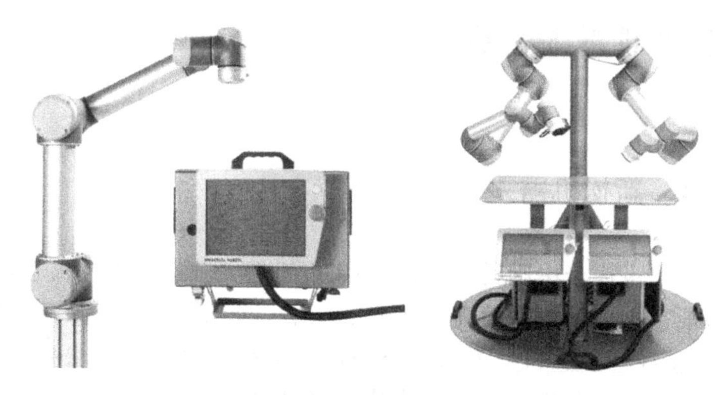

图1-10　优傲机器人1

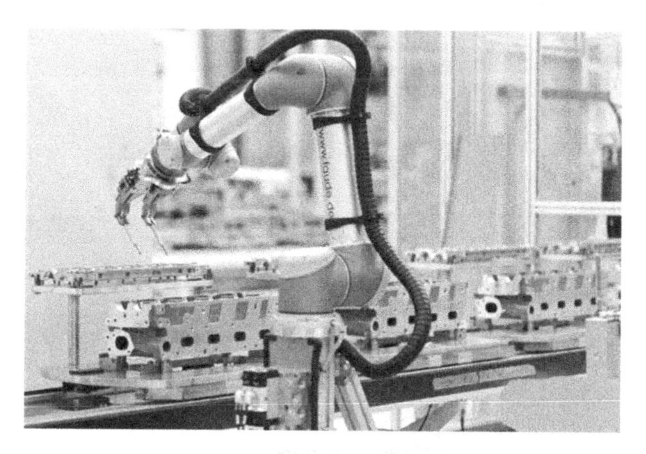

图1-11　优傲机器人2

优傲机器人（上海）有限公司地址：中国上海普陀区陕西北路1388号，雷格斯银座企业中心805-807A室拥有专注于中国市场的销售和技术支持团队。公司核心业务是研发和推广灵活且兼具成本效益，可在所有工业生产领域实现自动化和合理化的工业机器人；目标客户为中小企业及大型企业；覆盖各类行业的多种工业自动化应用；

全球经销网络（200家经销商，覆盖50个国家）；

核心产品为6轴串联机器人UR5：5kg负载，工作半径85cm UR10：10kg负载，工作半径130cm；

核心优势是编程简单、安装简便、分布灵活、无须安全围栏、投入合理（快速投资回报）是无须人力监管和控制，独立工作、安静无噪声、高效节能、模块化设计。

1.3 国产机器人品牌

1.3.1 新松机器人

新松公司隶属于中国科学院，是一家以机器人独有技术为核心，致力于数字化智能高端装备制造的高科技上市企业。公司的机器人产品线涵盖工业机器人、洁净(真空)机器人、移动机器人、特种机器人及智能服务机器人五大系列，其中，工业机器人产品填补多项国内空白，创造了中国机器人产业发展史上88项第一的突破。图1-12所示为新松机器人。

图1-12 新松机器人

公司以工业机器人技术为核心，形成了大型自动化成套装备与多种产品类别，广泛应用于汽车整车及汽车零部件、工程机械、轨道交通、低压电器、电力、IC装备、军工、烟草、金融、医药、冶金及印刷出版等行业。

1.3.2 广州数控机器人

广州数控(GSK)具备数控机床、加工中心、伺服系统等优势。GSK工业机器人是广州数控设备有限公司自主研发生产，具有独立知识产权的最新产品。它采用国内最先进的GSK-RC机器人控制器，具有高稳定性、长寿命、容易保养、超经济性等一系列领先优势，图 1-13 所示为广州数控机器人。

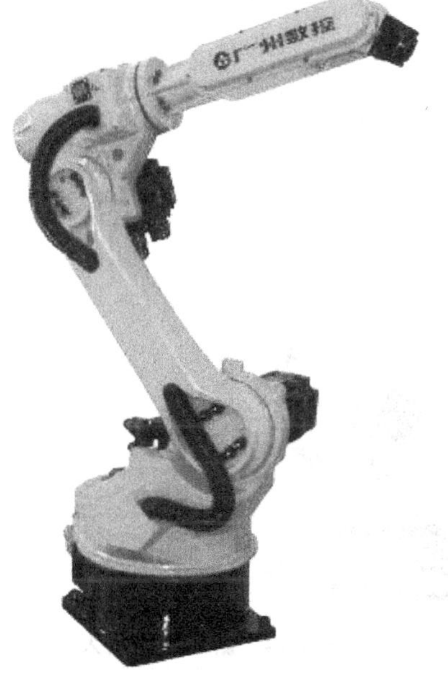

图 1-13　广州数控机器人

GSK 工业机器人每个关节的运动均由一台伺服电机和一台高刚度低侧隙精密减速机共同实现，每个伺服电机均带有失电制动器；同时配以先进的电器控制柜和示教盒，使其运动速度更快，精度更高，安全性更优越，功能更强大。

1.3.3　新时达机器人

新时达公司靠电梯驱动起家，目前是国家机器人标准化总体组成员单位，全国电梯标准化技术委员会委员单位，中国机器人产业联盟理事单位，上海市机器人行业协会副会长单位。

上海新时达机器人有限公司是新时达股份（证券代码：002527）全资子公司。2003 年新时达收购了德国 Anton Sigriner Elektronik GmbH 公司，秉承德国 Sigriner 科学严谨的创新理念，不断追求卓越品质，分别在德国巴伐利亚与中国上海设立了研发中心，把全球领先的德国机器人技术引入中国。2013 年在中国上海建立了生产基地，机器人产品系列已覆盖 6～275kg。图 1-14 所示为新时达机器人。

图 1-14　新时达机器人

新时达机器人公司致力于推动中国制造业智能化发展，依托机器人控制器、驱动器、系统软件平台等领先技术，为客户提供最佳的一体化系统解决方案。公司的服务网络已覆盖中国 31 个省、自治区、直辖市。新时达机器人适用于各种生产线上的焊接、切割、打磨抛光、清洗、上下料、装配、搬运码垛等上下游工艺的多种作业，广泛应用于电梯、金属加工、橡胶机械、工程机械、食品包装、物流装备、汽车零部件等制造领域。

1.3.4　启帆机器人

启帆工业机器人有限公司系台资企业，专注往复机和机械手的探索和实践 8 年，公司设立于 2004 年，前期《华诚》品牌耕耘在自动喷涂行业，致力于自动喷漆往复机和涂装机器人、五轴往复机、三轴往复机、喷涂机械手、弧线曲面喷涂机、多轴在线式跟踪往复喷涂机、单轴喷涂机、自动喷涂机，从独立到在线，从步进到追踪一应俱全。图 1-15 所示为启帆机器人。

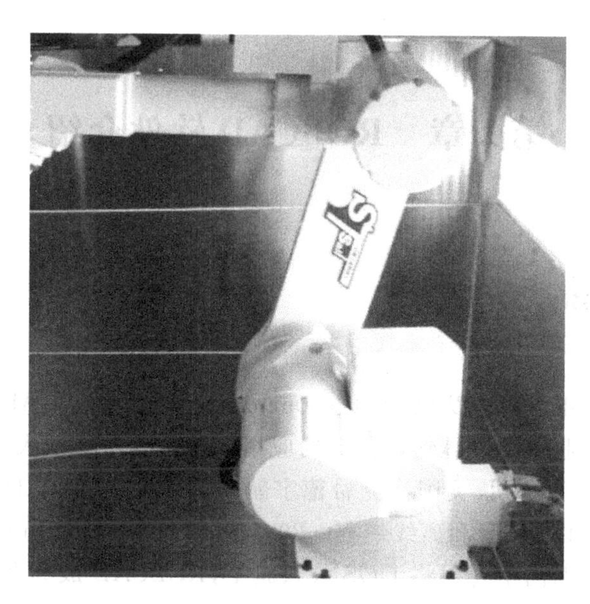

图 1-15　启帆机器人

第2章　ROBCAD软件介绍

2.1　ROBCAD概述

自1986年开始，以色列Tecnomatix公司的ROBCAD（eM-Workplace）已在工业生产中得到了广泛的应用，美国福特、德国大众、意大利菲亚特等多家汽车公司，美国洛克希德宇航局都使用ROBCAD进行生产线的布局设计、工厂仿真和离线编程。2004年Tecnomatix公司由美国UGS并购，2007年西门子公司将UGS收入旗下，ROBCAD成为西门子完整的产品生命周期管理软件——Siemens PLM Software中的一个重要组成部分。图2-1所示为仿真实例1、图2-2所示为仿真实例2。

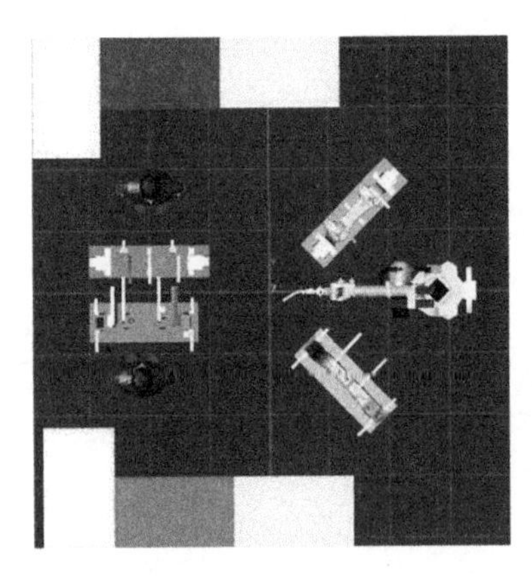

图2-1　仿真实例1

图2-2　仿真实例2

ROBCAD是一套计算机辅助生产工程（Computer-Aided Production Engineering）工具，用于自动和手工制造系统的设计、仿真、优化和离线编程。它提供了一个协同的工程平台来优化工艺过程和计算循环时间。ROBCAD能够创建一个虚拟的三维图形制造环境，在这个虚拟的三维环境中工艺规划人员可以进行制造工艺的设计、仿真、优化和离线编程。利用ROBCAD你能够在计算机上设计出真实的、完整的制造单元。图2-3所示为ROBCAD的三维图形环境。

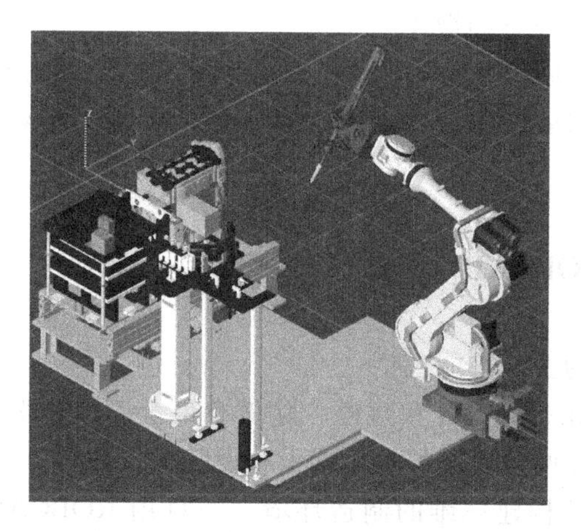

图 2-3　ROBCAD 的三维图形环境

2.1.1　ROBCAD 的特点

ROBCAD 主要应用于产品生命周期中的概念设计和结构设计两个前期阶段，其主要特点包括：

（1）与主流的 CAD 软件（如 NX、CATIA、IDEAS）无缝集成。

（2）实现工具工装、机器人和操作者的三维可视化。

（3）制造单元、测试以及编程的仿真。

（4）生产线和工位的交互式的设计和规划。

（5）干涉检查。

（6）制造单元的层次用树结构来描述，既直观又利于管理。

（7）能够描述在制造单元中影响和控制机器人的真实的动作能力。

（8）三维建模能力，如果需要可以设计和修改工位中的资源设备和工具的三维模型，包括创建机器人模型。

（9）运动能力，能够定义、修改和模拟运动部件的动作，以确认运动部件能够正确响应运动命令。

（10）文件、系统、库和数据的管理功能，能够显示和处理数据库中的数据。

（11）CAD 接口应用，可以在 ROBCAD 系统和其他 CAD/CAM 系统之间转换数据。

（12）CAD 集成应用，可以在 ROBCAD 的三维环境中直接浏览和处理 CAD 模型。

（13）操作序列（SOP）工具，能够在一个环境中创建和执行机器人和人、零件流和资源设备的操作。

(14) 能够生成图片和动画用于其他系统或用于工艺卡中。

(15) 开发和运行 ROSE(Robcad Open-Systems Environment) (API) 应用的能力。

2.1.2 ROBCAD 的功能与优点

ROBCAD 的主要功能包括:

(1)工作单元布局设计和建模。除带有最全面的机器人库之外,ROBCAD 还能非常方便地对额外的机器人和设备进行建模。利用 ROBCAD 布局设计功能,能够构建三维的制造环境。一旦用 ROBCAD 完成制造流程的设计,就可以通过 ROBCAD 的机器人功能,对机器手的运动范围和限制条件进行检查。

(2)机器人仿真。ROBCAD 能基于控制器特征生成可配置机器人运动路径规划,并以此为基础,能够计算生产节拍,分析实时性能并缩短调试周期。

真实机器人仿真(RRS)——基于实际控制器特征的机器人运动路径规划软件提供了对节拍时间非常精确的计算。

(3)冲突检测。在机器人仿真和运动过程中,ROBCAD 能够动态地检测冲突,以防止对设备产生高成本的损害。

(4)操作顺序(SOP)。利用 ROBCAD,能够对所有的操作和生产环节及其利用的资源(比如,机器人、机械、人力)进行详细的描述、排序。通过该功能,能够对整个工作单元的制造过程在可视化的环境下进行优化。

(5)离线编程(OLP)。利用 ROBCAD OLP,能够准确地模拟机器人运动路径和次序,并直接为车间提供机器人操作程序。ROBCAD 适用于大部分机器人型号(50 多个接口,超过 200 多个控制器配置),它能把控制器信息(包括运动和过程属性)添加到生成的机器人路径中。然后,ROBCAD OLP 生成控制器程序,随后把程序下载到实际控制设备加以应用。ROBCAD 还可以从实际设备上传程序,以供重用和进一步优化。

除上述功能外,ROBCAD 还包括以下功能:

(1) Workcell and Modeling:对白车身生产线进行设计、管理和信息控制。

(2) Spot and OLP:完成点焊工艺设计和离线编程。

(3) Human:实现人因工程分析。

(4) Application 中的 Paint、Arc、Laser 等模块:实现生产制造中喷涂、

弧焊、激光加工、绲边等工艺的仿真验证及离线程序输出。

ROBCAD 的优点：提高产品质量，缩短产品的生产周期，减少布局、工装等设计缺陷，减少和优化投资，加快产品上市步伐。

2.2 ROBCAD 常见的模块

汽车行业应用最为广泛的几个模块：Workcell、Modeling 和 OLP 模块。

2.2.1 Workcell 模块

ROBCAD 可以按照 2D LAYOUT 图精确地布置生产设施，并实现在三维的环境下直观地进行生产仿真以及工艺验证，同时对生产资源进行方便的管理和编排，从而减少布局规划的工作量，减少布局、工艺、工装之间不必要的重复工作，提早发现布局中的错误，优化布局，缩短设备安装时间，降低投资成本；通过 3D 仿真和生产验证，能够及时发现空间静态干涉及动态干涉情况，为保证生产节拍，提高工作效率提供了有力的保障，如图 2-4 所示。

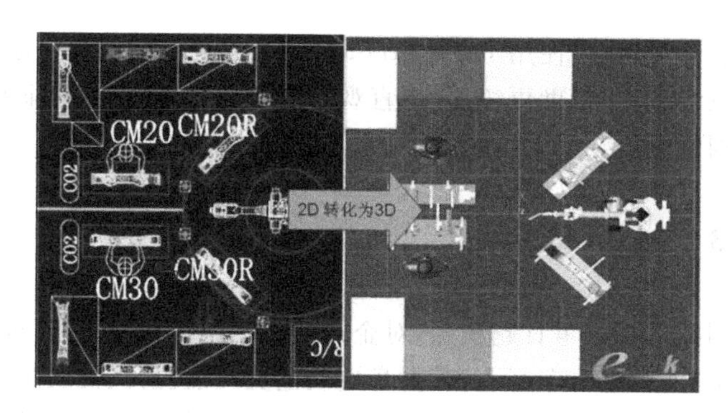

图 2-4 2D 转 3D

2.2.2 Modeling 模块

ROBCAD 的 Modeling 功能模块体现了数字化样机的便捷性，Modeling 不仅可以方便绘制出复杂的曲面模型，还可以绘制出机器人、四连杆工装等复杂的运动机构体，并精确地仿真结构运动过程，如图 2-5 和图 2-6

所示。

图 2-5 Modeling 功能模块 1

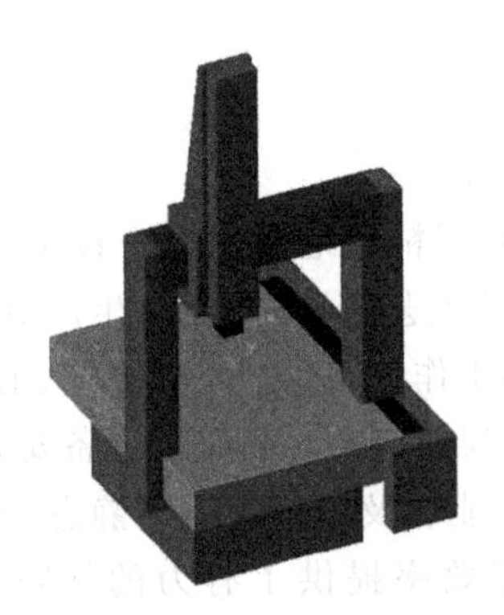
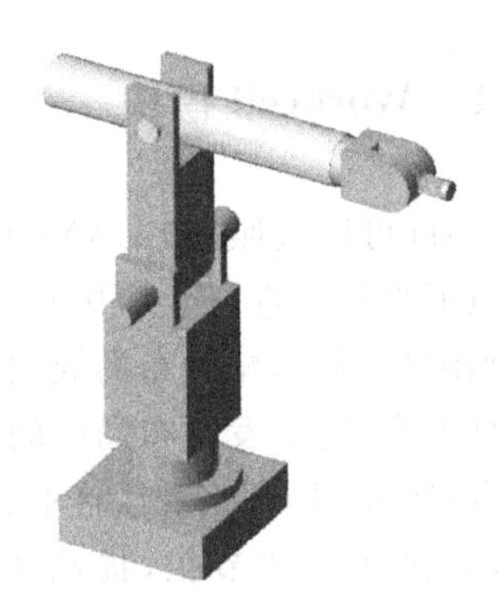

图 2-6 Modeling 功能模块 2

在概念设计阶段，使用 ROBCAD Modeling 模块可以轻松地建立生产设备资源三维模型，帮助更快捷、更直观地完成生产线布局、验证和规划，加快布局规划的速度。

2.2.3 OLP 模块

随着国际市场竞争日趋激烈，对企业产品的生产周期、制造成本提出了更高的要求，尤其是汽车行业，其自身更是饱受产能提升、混线生产、产品多元等带来的各种压力。为了适应这种形势，机器人焊接生产中，国内外汽车主机厂都已经成功应用或尝试应用离线编程，来提高焊接质量及稳定性，提高生产的安全性，提高生产线的利用率，保证生产节拍，降低故障率及停车时间。OLP 仿真实例如图 2-7 所示。

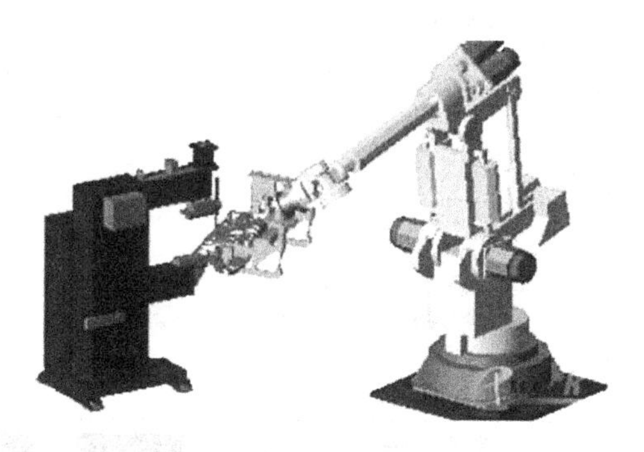

图 2-7　OLP 仿真实例

ROBCAD OLP:机器人焊接系统的柔性优势正是解决这种矛盾的良好方案。

使用 OLP 功能模块进行离线编程具有如下优点：

(1) 提高生产线上机器人等生产资源的利用率。

(2) 实现自动化生产,提高焊接质量及稳定性。

(3) 便于修改机器人程序。

(4) 编程人员可以在电脑前完成机器人程序,有效地降低了事故率。

(5) 便于和 CADICAM 系统结合,做到 CAD/CAM/Robotics 一体化。

ROBCAD 是一款集 3D 建模,工厂布局,资源管理,点焊、弧焊、装配、激光切割、喷涂、Human 等工艺仿真验证,线平衡分析,人因工程分析等功能,且可输出各厂家(ABB,NACHI 等)机器人可识别的离线程序的强大的工程软件。还包含了 ROSE 开发工具包和其他功能。

ROBCAD 可以帮助企业减少布局规划的工作量,提前发现工作失误,提高布局规划和生产的一次成功率和可靠性,降低生产成本,优化投资,缩短产品上市时间。

2.3　ROBCAD 软件安装

2.3.1　安装准备

在安装过程中需要注意,在自己设定安装路径时不能出现空格、中划线或者中文字样,并且不允许电脑插着 U 盘或者移动硬盘。电脑配置较低,不建议安装本软件。安装前关闭各种防护软件。整个安装过程在 30min 以上,请耐心等待。

首先对电脑进行简单设置。

(1)桌面右击选择个性化,后选择 Windows7 Basic,关闭,见图 2-8。

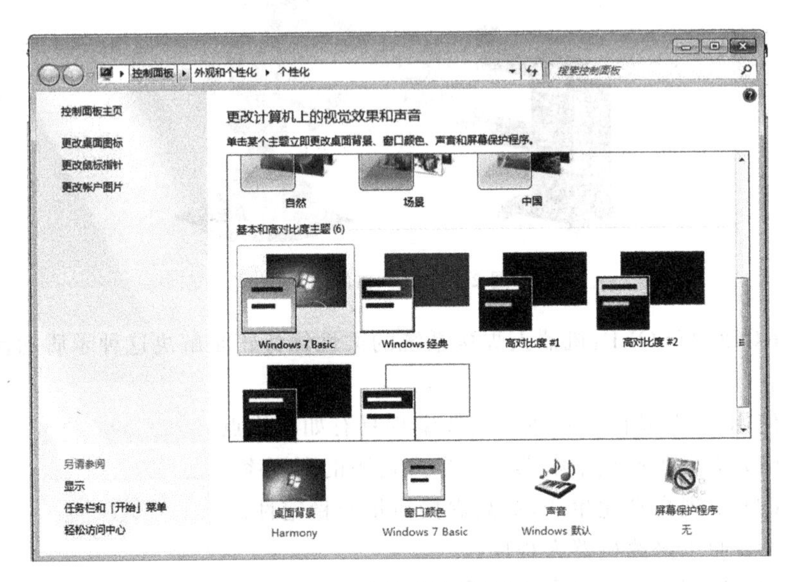

图 2-8　个性化设置界面

(2)打开用户账户选择"用户账户控制设置"(见图 2-9),进入账户设置(见图 2-10),选择从不通知。

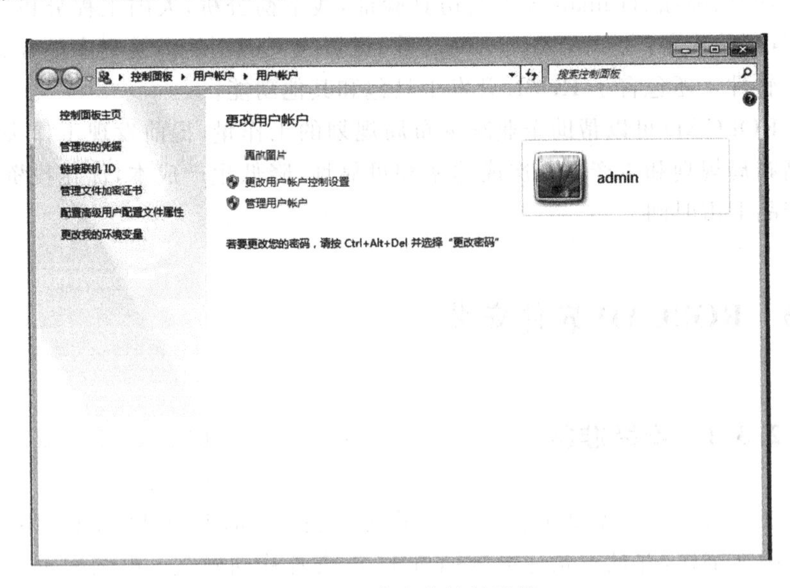

图 2-9　用户账户控制设置

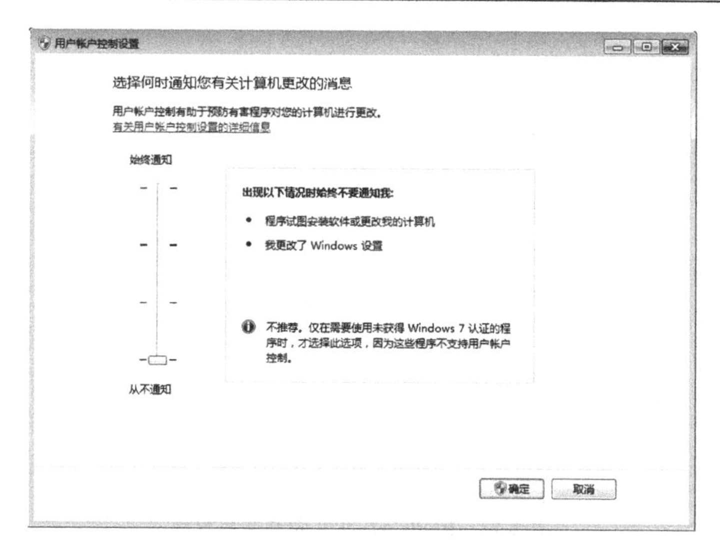

图 2-10　账户设置

2.3.2　安装过程

名称 ROBCAD 的安装文件夹有两个，其中一个名称为 ROBCAD_9.0，另一个名称为 ROBCAD_9.0.1r_PC。

(1)打开 ROBCAD_9.0，选择 Runme 应用程序，双击打开，出现图 2-11 画面。

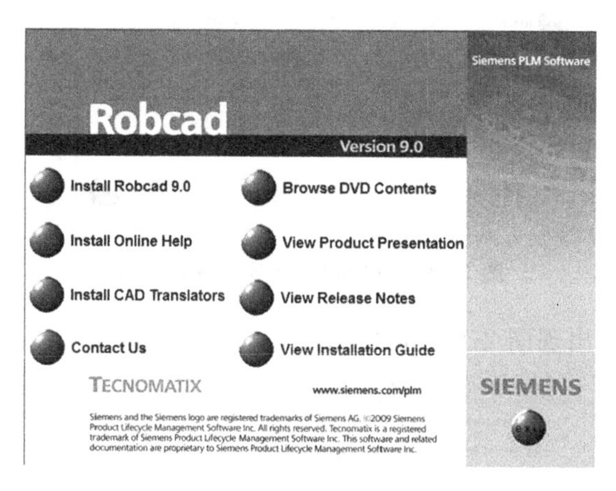

图 2-11　安装选择界面

(2)选择 Install Robcad 9.0 按钮，等待程序安装，过程中出现“next”，选择“next”，直到安装成功出现图 2-12 画面，选择不立刻重启，然后选择“Finish”。

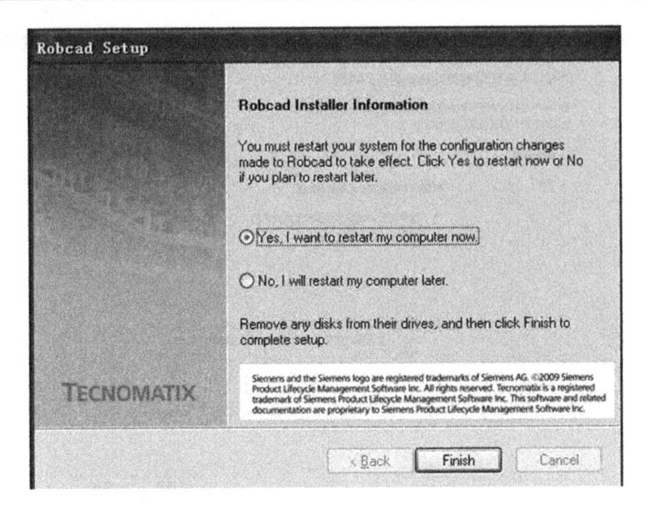

图 2-12　ROBCAD_9.0 安装完成界面

(3)选择安装文件夹 Robcad_9.0.1r_PC 并打开，选择文件 Robcad_9.0.1r_PC 文件夹打开后选择 Robcad901r 文件，双击打开安装等待，中途出现“下一步”，则点击“下一步”。安装完成后出现图 2-13，点击“Finish”等待计算机重启。

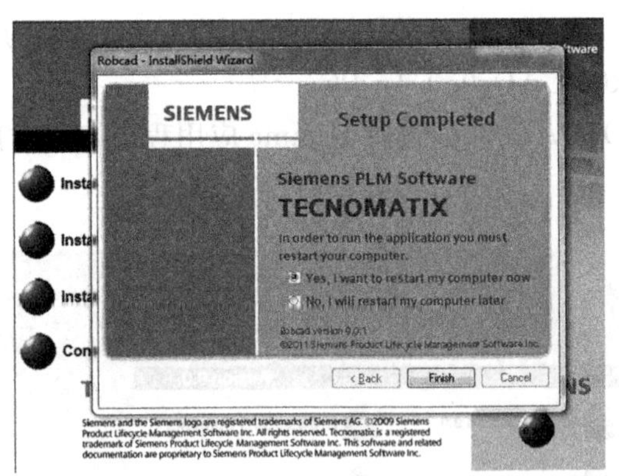

图 2-13　Robcad901r 安装完成界面

(4)开机后出现图 2-14，选择 OK。

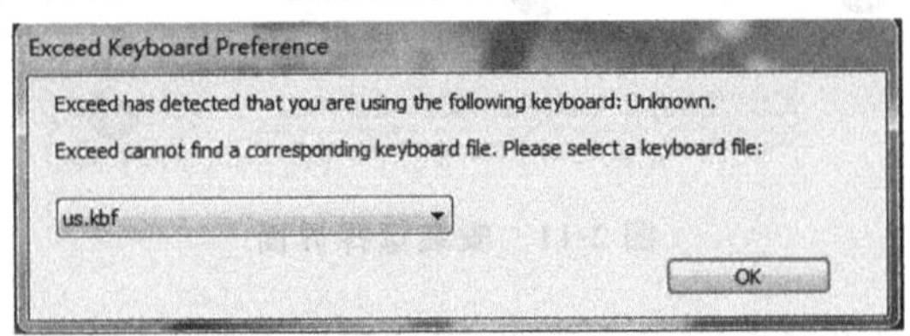

图 2-14　选择键盘的输入法

安装启动后，工作界面如图 2-15 所示。

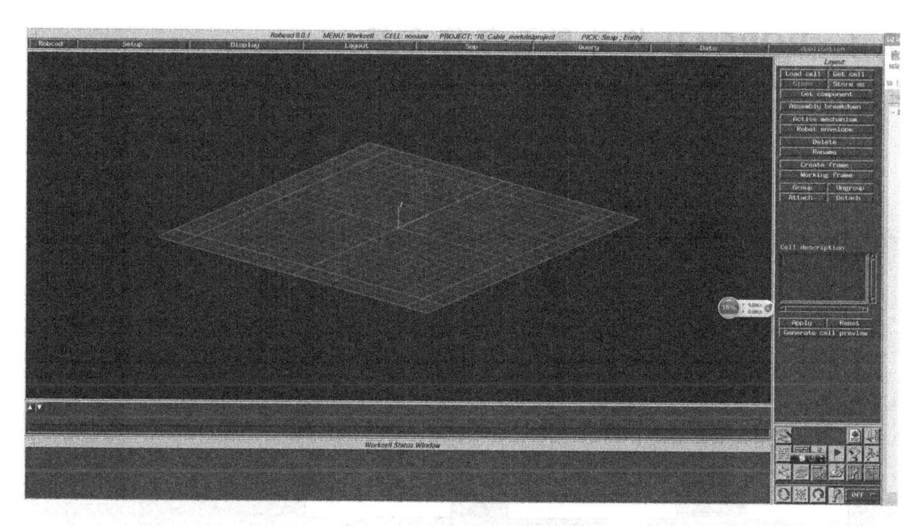

图 2-15　ROBCAD 常用界面

2.3.3　检查服务

有时 ROBCAD 不能运行，需要检查服务。检查服务为自动运行，如图 2-16 所示。

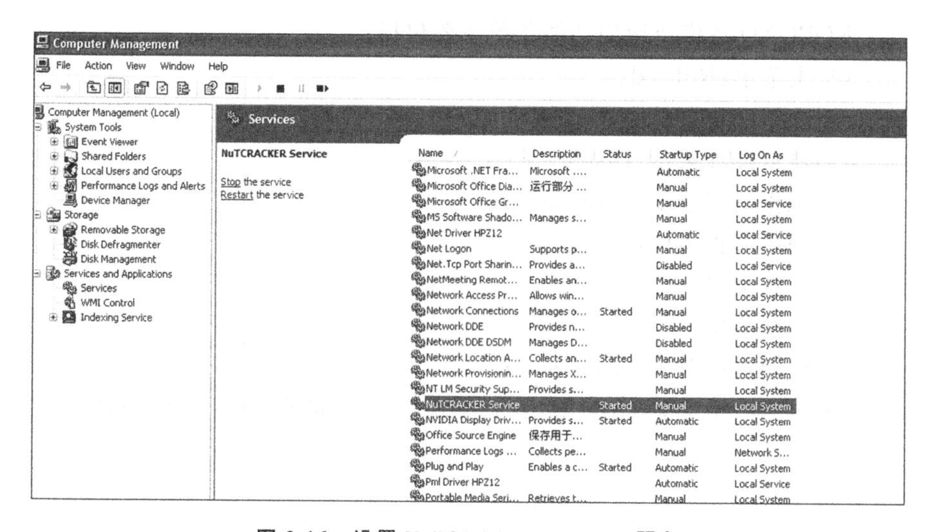

图 2-16　设置 NuTCRACKER Service 服务

2.4 ROBCAD 软件界面整体介绍

ROBCAD 软件主界面如图 2-17 所示。

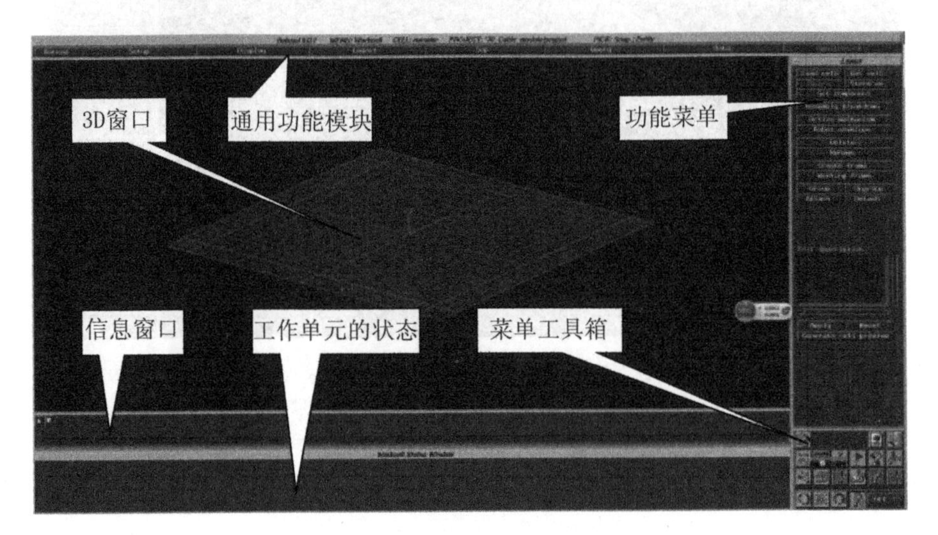

图 2-17 ROBCAD 软件界面划分

ROBCAD 各模块通用功能菜单主要包括：

(1)主菜单：Robcad。

(2)通用设置菜单：Setup。

(3)显示设置菜单：Display。

(4)工作站创建菜单：Layout。

(5)制造流程菜单：Sop。

(6)信息菜单：Query。

(7)数据菜单：Data。

(8)应用程序菜单：Application。

ROBCAD 功能非常多，常用主模块菜单的部分功能模块如图 2-18 所示。

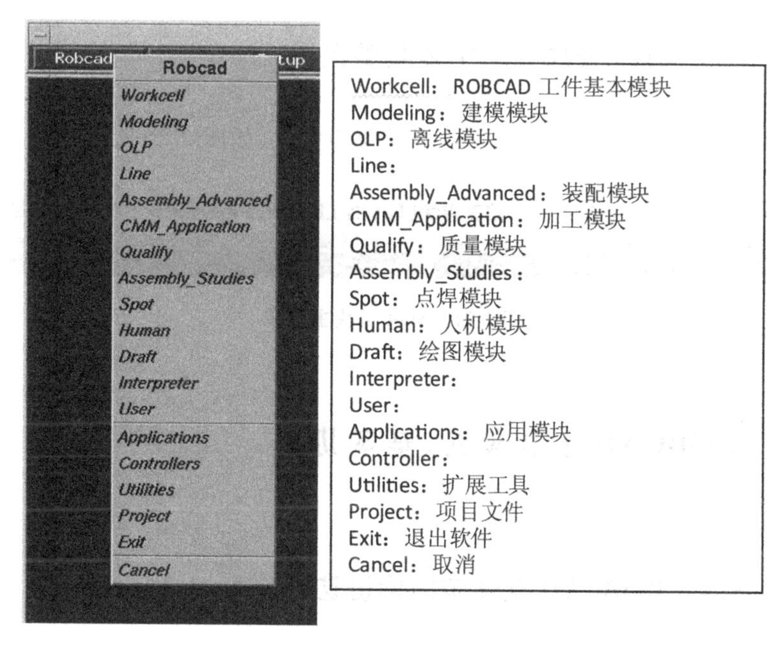

图 2-18　主模块菜单

2.4.1　Workcell 模块——主要菜单栏

这是初始 Workcell 的界面，大部分基础工作在这个模块中完成，如图 2-19 所示。

图 2-19　Workcell 模块主菜单

2.4.2　Modeling 模块——主要菜单栏

软件中需增加一些模型或动作设置时，在这个模块中完成，如图 2-20 所示。

图 2-20　Modeling 模块主菜单

2.4.3 Spot 模块——主要菜单栏

汽车行业中的点焊仿真，在这个模块中完成，如图 2-21 所示。

模块菜单 环境设置 显示工具 布局菜单 信息 焊点工具 焊枪工具 点设置 可达性调节 过渡点设置 路径运行

图 2-21 Spot 模块主菜单

2.5 ROBCAD 工作模式、基本功能

2.5.1 ROBCAD 软件中鼠标键功能

左键：缺省应用为选择功能。

中键：放大/缩小功能，按住中键左右拖动。向右放大，向左缩小。

右键：显示对象的平移。

中键＋右键：＋0°～－180°旋转。

键盘 CTRL＋中键＋右键：用户任意旋转。

复制、粘贴：中键（注意，此时需把光标放在文本输入框内，多数输入数据时，需将光标放在输入位置）。

2.5.2 ROBCAD 软件中键盘快捷键功能

快捷键比较多，适用于不同的工作场合，能提高工作效率，如图 2-22～图 2-25 所示。

Home：显示当前工件单元的正视图；

→：绕当前中心视角逆时针转 30°；

←：绕当前中心视角顺时针转 30°；

↑：绕当前中心视角向上转动 30°；

↓：绕当前中心视角向下转动 30°；

PgUp：当前视角放大 20%；

PgOn：当前视角缩小 20%；

Hot keys viewer

Operation	Hot Key Combination
Blank paths	Shift p
Blank locations	Shift l
Blank local locations	Shift x
Blank global locations	Shift g
Blank local paths	Shift v
Blank global paths	Shift b
Blank frames	Shift f
Blank points	Shift o
Toggle display	Ctrl t
Display all	Ctrl a
Display paths	Ctrl p
Display locations	Ctrl l
Display local locations	Ctrl x
Display global locations	Ctrl g
Display local paths	Ctrl v
Display global paths	Ctrl b
Display frames	Ctrl f
Display points	Ctrl o

Blank paths	Shift p
Blank locations	Shift l
Blank local locations	Shift x
Blank global locations	Shift g
Blank local paths	Shift v
Blank global paths	Shift b
Blank frames	Shift f
Blank points	Shift o
Toggle display	Ctrl t
Display all	Ctrl a
Display paths	Ctrl p
Display locations	Ctrl l
Display local locations	Ctrl x
Display global locations	Ctrl g
Display local paths	Ctrl v
Display global paths	Ctrl b
Display frames	Ctrl f
Display points	Ctrl o

图 2-22　隐藏及显示快捷键

View center	Ctrl i
View point Q1	Shift q
View point Q2	Shift w
View point Q3	Shift e
View point Q4	Shift r
View point front	Shift y
View point back	Shift u
View point top	Shift n
View point bottom	Shift m
View point right	Shift a
View point left	Shift s
Window output menu	F4
Delete selected objects	Delete
Zoom in (at 20%)	Scroll up
Zoom out (at 20%)	Scroll down

图 2-23　视图快捷键

Online help	F1
Open Setup menu	Alt s
Open Display menu	Alt d
Open Layout menu	Alt l
Open Sop menu	Alt o
Open Query menu	Alt q
Open Data menu	Alt a
Save cell	Ctrl s
Status window menubar	Ctrl m
Status window update	Ctrl w
UI form copy list	F7
UI form paste list	Shift F7 / F8
UI form accept	F9

图 2-24　菜单快捷键

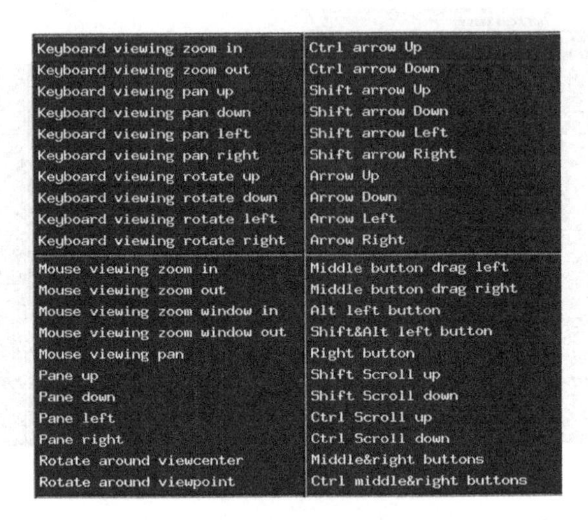

Keyboard viewing zoom in	Ctrl arrow Up
Keyboard viewing zoom out	Ctrl arrow Down
Keyboard viewing pan up	Shift arrow Up
Keyboard viewing pan down	Shift arrow Down
Keyboard viewing pan left	Shift arrow Left
Keyboard viewing pan right	Shift arrow Right
Keyboard viewing rotate up	Arrow Up
Keyboard viewing rotate down	Arrow Down
Keyboard viewing rotate left	Arrow Left
Keyboard viewing rotate right	Arrow Right
Mouse viewing zoom in	Middle button drag left
Mouse viewing zoom out	Middle button drag right
Mouse viewing zoom window in	Alt left button
Mouse viewing zoom window out	Shift&Alt left button
Mouse viewing pan	Right button
Pane up	Shift Scroll up
Pane down	Shift Scroll down
Pane left	Ctrl Scroll up
Pane right	Ctrl Scroll down
Rotate around viewcenter	Middle&right buttons
Rotate around viewpoint	Ctrl middle&right buttons

图 2-25　键盘快速移动旋转与鼠标快速移动旋转

2.5.3　ROBCAD 软件中一般常用右键菜单

右键菜单是一般常用的功能，如图 2-26 所示。

右键单击空白处快捷菜单或右键选择对象时的快捷菜单（对象不同则菜单不同）。

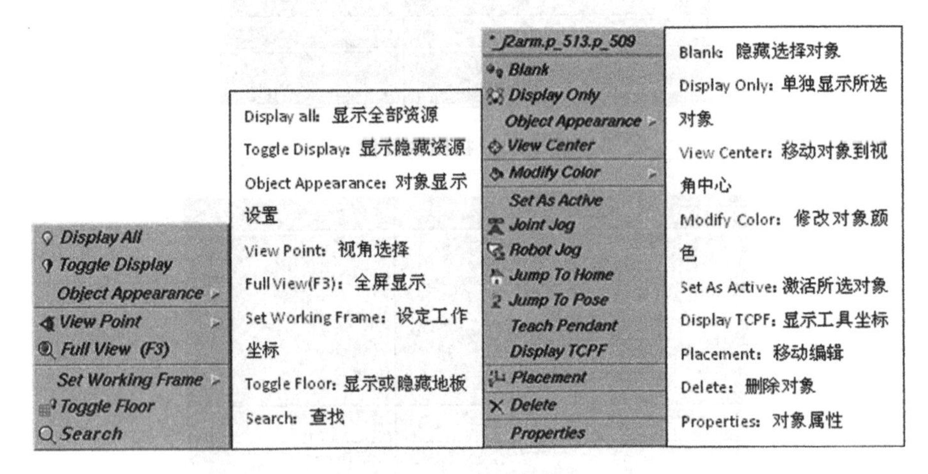

图 2-26　右键菜单

2.5.4 ROBCAD 软件中 F 功能键

(1)F1——帮助(鼠标指针放到需要查询帮助的命令上,按“F1”)。

(2)F2——未指定命令。

(3)F3——视图窗口居中显示所有。

(4)F4——可输出不同形式的可视化文件。

输出界面如图 2-27 所示。

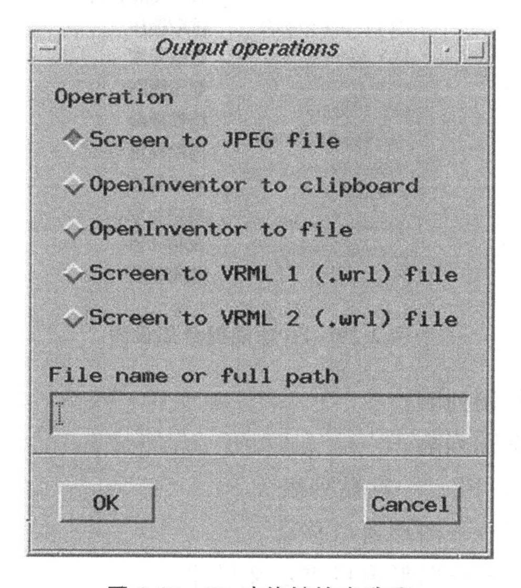

图 2-27 F4 功能键输出选项

(5)F5——图形窗口设置。

各命令会以不同形式显示视图零件,更改不同视图窗口,如图 2-28 所示。

图 2-28 F5 功能键窗口设置

(6)F6——全局设置，各个命令会更改不同的鼠标选择零件的不同方式。

Pick Intent 和 Pick Level 前面两个也可以用热键 F11 和 F12 进行切换。

Pick-Window Type 经常用的同时也是比较重要的，作用是选择类型进行区别，如图 2-29 所示。

图 2-29　F6 功能键全局设置

(7)F7——复制列表。

(8)F8——粘贴列表。

(9)Shift＋F7/F8——粘贴列表。

(10)Alt＋F7——图形窗口移动。

(11)Alt＋F8——图形窗口重定义尺寸。

(12)F9——确认或同意，最常用的快捷键。

(13)F10——窗口显示模式。可以切换到 Shaded、Wireframe 等模式。更改视图中渲染效果和线性显示效果，在选择隐藏物体时常用。

(14)F11——选取模式切换。可以切换到 Snap、Self Origin、Where Picked 三种模式。Snap 是会自动识别中点、棱角、顶点等特殊位置。Self Origin 自动识别原点。Where Picked 是点到哪个地方就选择哪个地方，如图 2-30 所示。

图 2-30　F11 功能键切换时的选项

(15)F12——选取对象切换。可选择 Component、Part、Entity 三种模式(Part 需自己配置)。

默认在按 F12 功能键时只有 Entity、Component 两个选项，可增加 Part 选项。添加 F12 快捷键中的 Part 选项方法如下，如图 2-31 所示。找到安装目录下的 . robcad 文件，用记事本打开，找到 FLIP_PICK_LEVEL 后，后面内容改成“entity part component”即可。

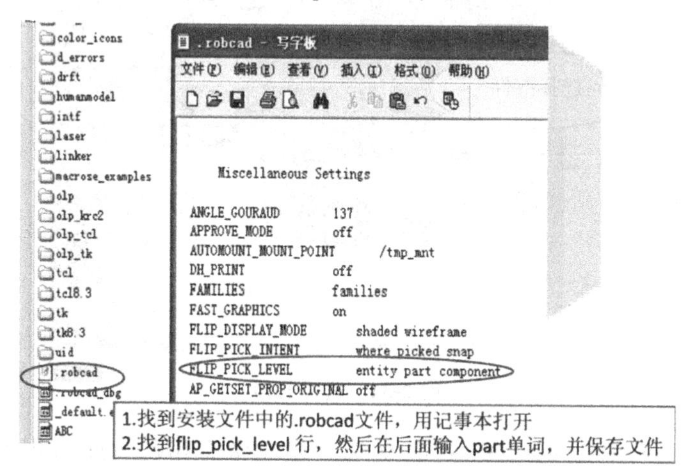

图 2-31 修改 . ROBCAD 文件来增加 PART 选项

Component 是选择一整个单元。Part 也是 Component 的一部分，但是它只有经过 Modeling 的编辑后才能看出有什么不同。Entity 是选择整个单元的一部分，如图 2-32 所示。

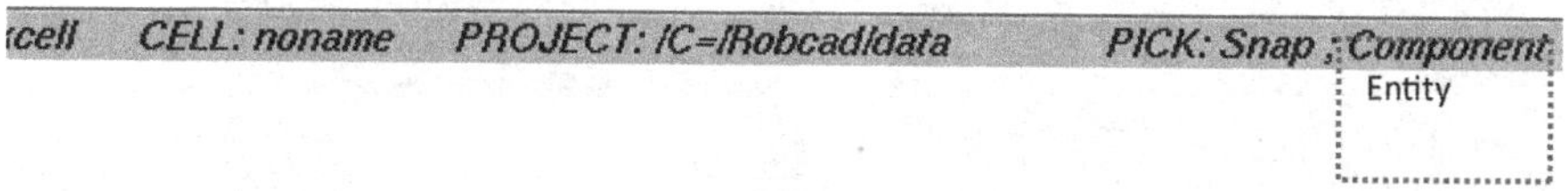

cell CELL: noname PROJECT: /C=/Robcad/data PICK: Snap ; Component
Entity

图 2-32 F12 功能键切换时的选项

①选择整体（选择整个 . co 文件），如图 2-33 所示。

图 2-33 选择整体

②选择部分(选择整个 . co 文件中的组成件),如图 2-34 所示。

图 2-34　选择部件

③在物体移动的时候,这几个组合是非常有用的。此时用的是 Self Origin、Component。选择的 From frame 是车身坐标原点,通常也是设计原点,确切地说应该是所选择的 Component 的原点坐标。如果是 Self Origin,Entity 则选择的是 Entity 的原点坐标,如图 2-35 所示。

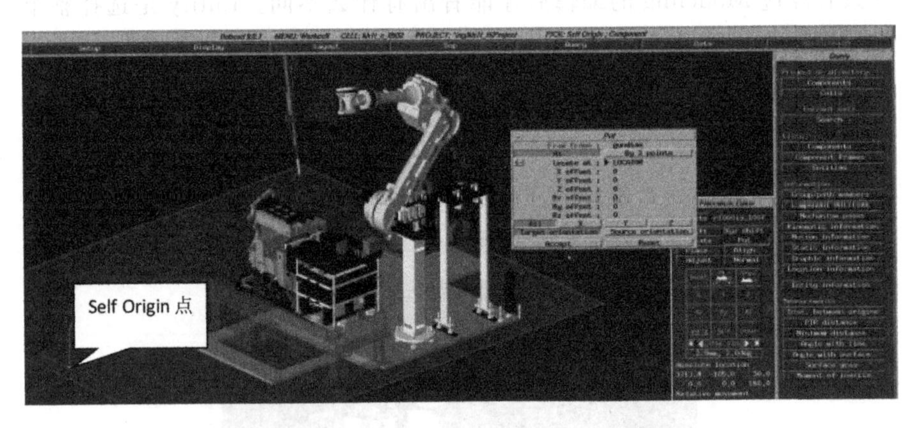

图 2-35　Self Origin+Component 组合

④此时用的是 Snap、Entity。选择的是自动捕捉的一些特殊点,如端点、中心点、圆心等,如图 2-36 所示。

⑤此时用的是 Where Picked、Entity。选择的是任意点,点哪儿选哪儿,如图 2-37 所示。

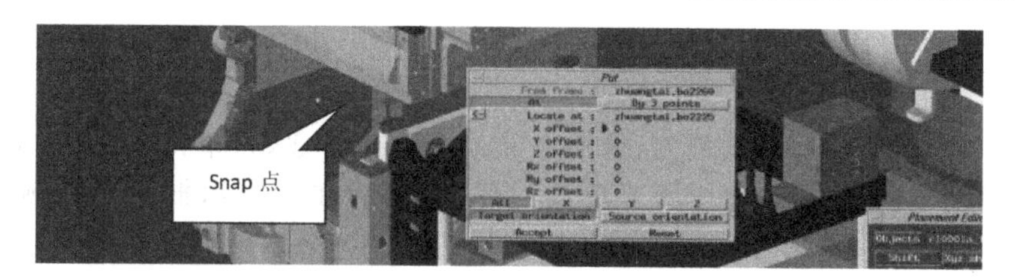

图 2-36　Snap＋Entity 组合

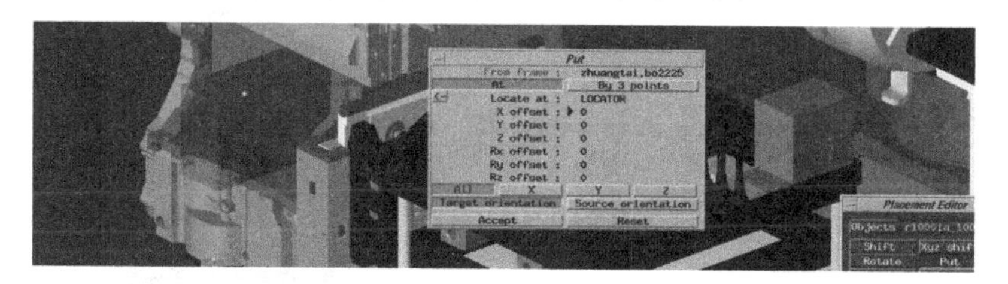

图 2-37　Where Picked＋Entity 组合

2.6　ROBCAD 菜单

2.6.1　Setup 菜单

软件结构设置菜单，主要对软件进行一些基本配置，如图 2-38 所示。

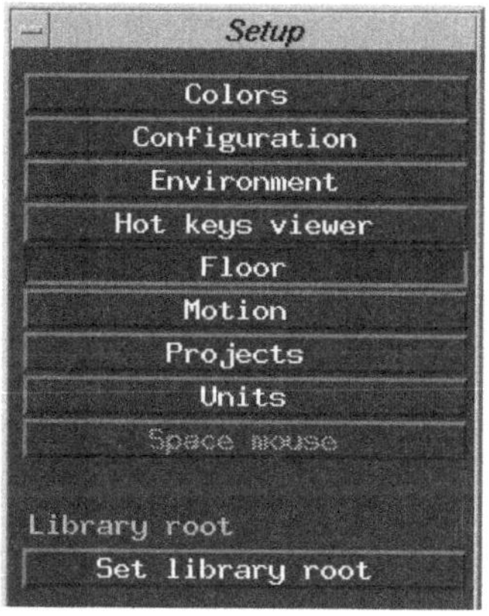

Colors：颜色设置

Configuration：软件环境配置的存储与载入

Environment：软件环境的基础设置

Hot Keys viewer：菜单功能的所有热键菜单

Floor：网格设置（地板）

Motion：运动设置

Projects：项目路径的快速选择设置

Space mouse：空间球鼠标设置

Set library root：设置资料库根目录

图 2-38　Setup 菜单

2.6.1.1 Colors 设置

更改 Robcad 背景颜色(见图 2-39):首先选择①Setup 内的②Colors,选择③再点击④后选择所要更改的部位,然后在⑤显示框中调整颜色即可。

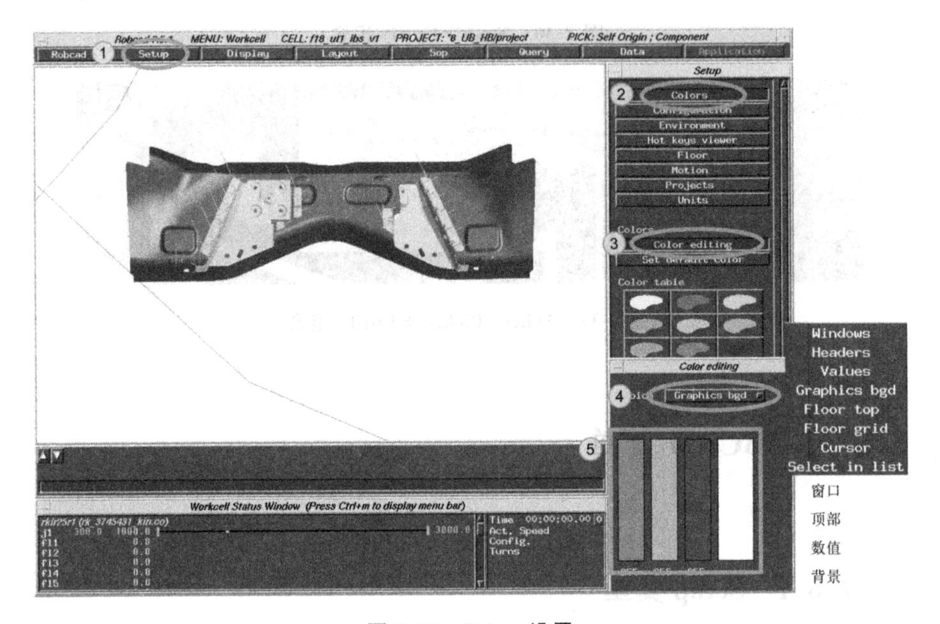

图 2-39 Colors 设置

(1)Windows:界面菜单底色。

(2)Headers:功能菜单底色。

(3)Values:输入数值。

(4)Graphics:3D 视察底色。

(5)Floor top:地板表面颜色。

(6)Floor grid:地板底色。

(7)Cursor:鼠标颜色。

(8)Select in list:选择后颜色。

2.6.1.2 Configuration 设置

有 Load 和 Store 两个选项,具体见图 2-40。

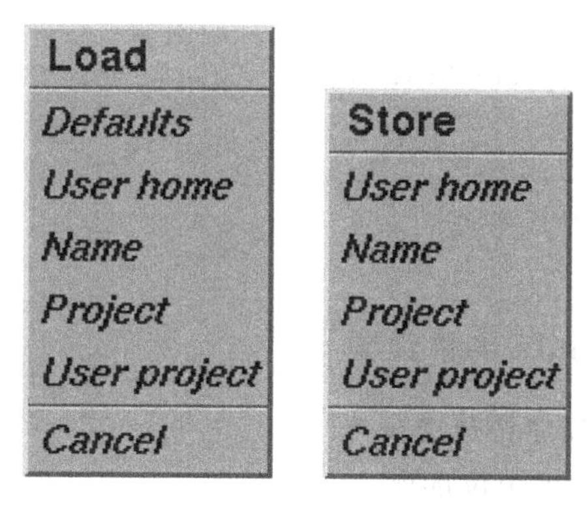

图 2-40 Configuration 设置

(1)User home:用户目录。

(2)Name:名称。

(3)Project:当前项目中。

(4)User project:用户项目中。

2.6.1.3 Environment 环境设置

(1)Automatic store:自动保存选项。

(2)Confirm delete:确定删除选项。

(3)Exact geometry:精密几何体选项。

(4)Save preview:保存预览图选项。

(5)Data mangement system:数据管理系统选择。

2.6.1.4 Hot key viewer 快捷键一览

见 2.5.2 节内容。

2.6.1.5 Floor 设置

(1)Adjust floor:自动适应当前项目的地板大小。

(2)Floor size:地板尺寸设置。

(3)Floor grid:地板网格设置。

2.6.1.6 Motion 运动设置

(1)Joint speed chk:关节运动速度检测选项。

(2)Align solution:对齐方案选项。

(3)Sample motion:简单运动选项。

(4)Create sample graphs:建立简单运动图形。

2.6.1.7 Projects 项目设置

(1)Define:设置。
(2)Cancel:删除。
(3)Show:显示。

2.6.1.8 Units 单位设置

(1)Linear:长度单位选项。
(2)Angular:角度单位选项。
(3)Weight:重量单位选项。

2.6.2 Display 菜单

Display 菜单主要作用是隐藏和显示一些需要的数据,从而更加清楚地观察干涉与否。使显示的数据少,从而运行更流畅,如图 2-41 所示。

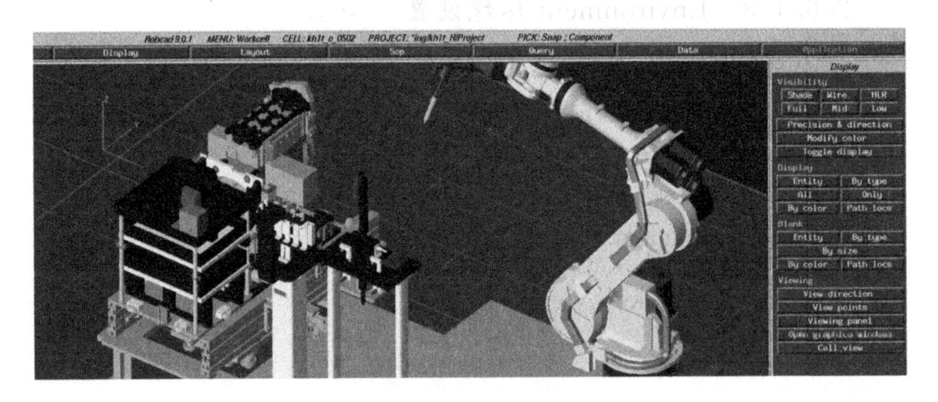

图 2-41 Display 菜单

2.6.2.1 Visibility

(1)显示模式设置。显示模式设置见表 2-1。

表 2-1 显示模式

Shade	实体显示
Wire	线框显示
HLR	线框显示的同时隐藏线不显示
Full	完全不透明的

续表 2-1

Shade	实体显示
Mid	中度透明的
LOW	低透明的

①使用 Wire 请注意转换前后的区别，如图 2-42 所示。

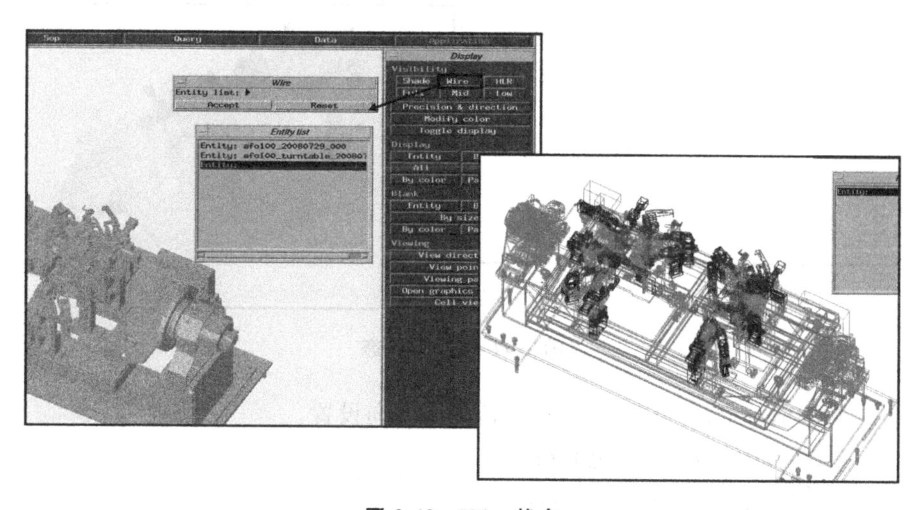

图 2-42　Wire 状态

②使用 HLR 请注意转换前后的区别，如图 2-43 所示。

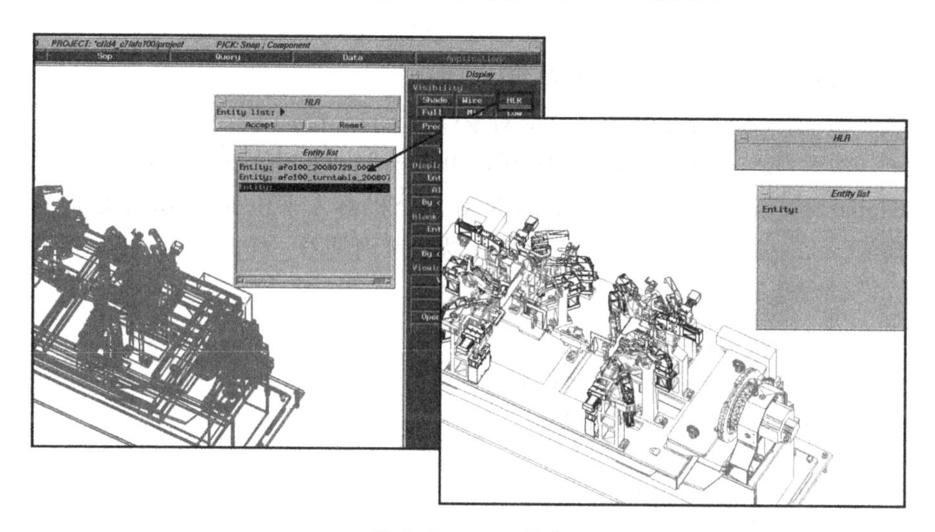

图 2-43　HLR 状态

③使用 Shade 请注意转换前后的区别，如图 2-44 所示。

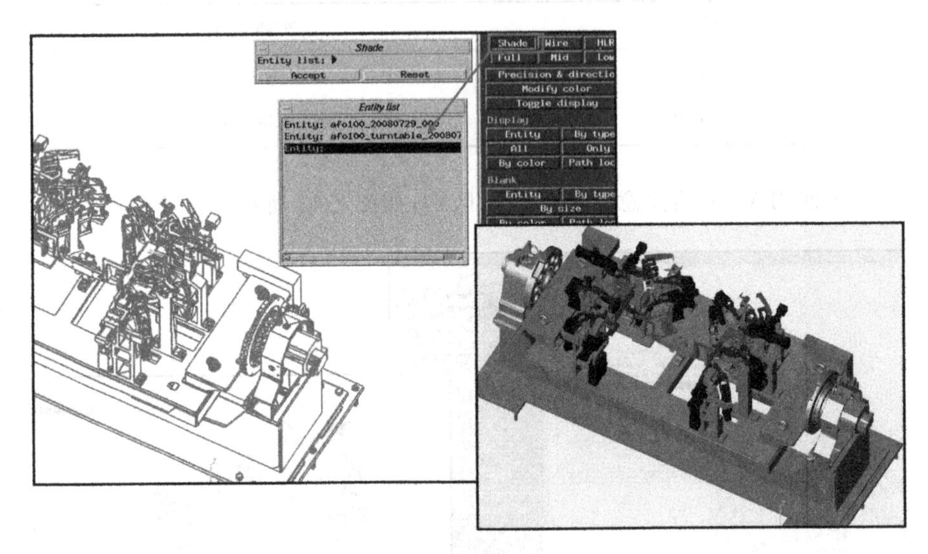

图 2-44　Shade 状态

(2)Precision&direction：显示精度及方向设置。

(3)Modify color：配色修改。

(4)Toggle display：反显示隐藏。

2.6.2.2　Display

显示设置：

(1)Entity：显示某个或某些实体。

(2)By type：显示某种类型的对象(Path、point 等)。

注意：Local 和 Global 的区别，All locations 包括 Local locations 和 Global locations。Local locations 是对某个机器人来说的，Global 是指全局的。All paths 与 All locations 的用法和区别是不一样的。

(1)All：全部显示。

(2)Only：单独显示。

(3)By color：显示某种颜色的对象。

(4)Path locs：显示路径点。

2.6.2.3　Blank

隐藏设置：

(1)Entity：隐藏某个或某些实体。

(2)By type:隐藏某种类型的对象(Path、point 等)。

(3)By color:隐藏某种颜色的对象。

(4)Path locs:隐藏路径点。

2.6.2.4　Viewing

视图环境设置,不要随便更改这些设置。如果没有做项目大家可以随便尝试。

(1)View direction:以某实体为中心视角。

(2)View points:创建某一视角。

(3)View panel:调整 3D 窗口亮度、地板大小和地板高度等。

(4)Open graphics windows:同时打开多个 3D 窗口,如图 2-45 所示。

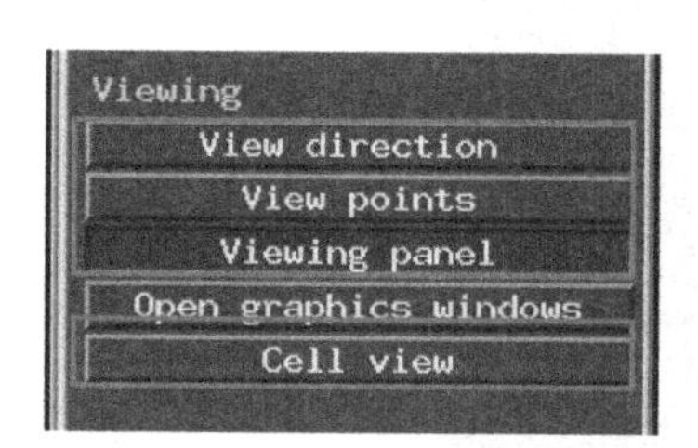

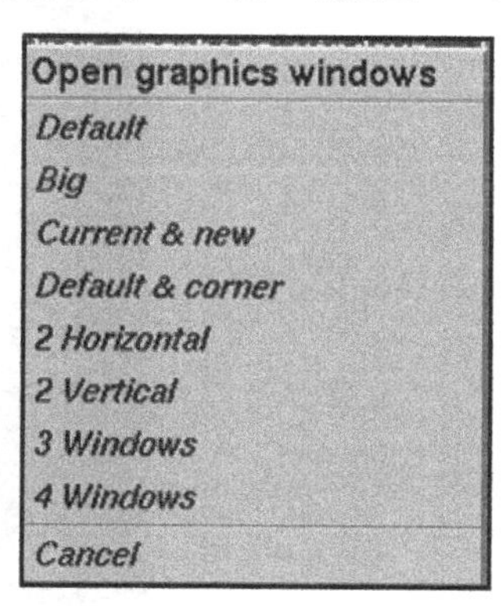

图 2-45　Open graphics windows

这个功能有时需用到,做下介绍:左键点击打开右侧对话框,其目的是分多个窗口多个角度来更清楚地观察这个 Cell,还可以对每个窗口进行操作。如图 2-46 所示。

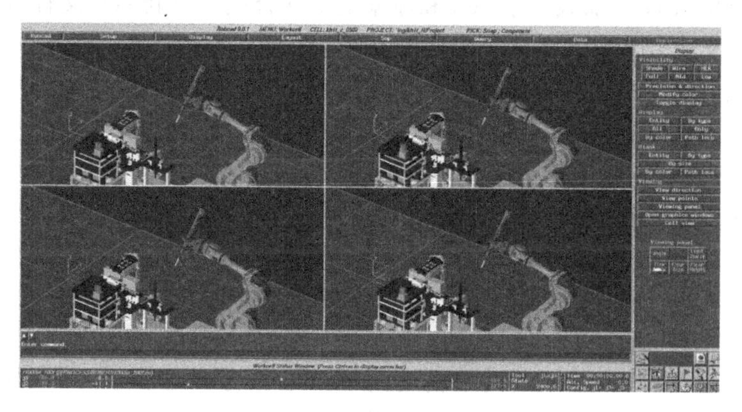

图 2-46　多窗口界面

(5)Cell view:保存窗口设置。

想要关闭某个窗口时,按“F5”然后单击“Close Window”即可。

2.6.3 Layout 菜单

对项目的整体操作基本在这里完成,如图 2-47 所示。

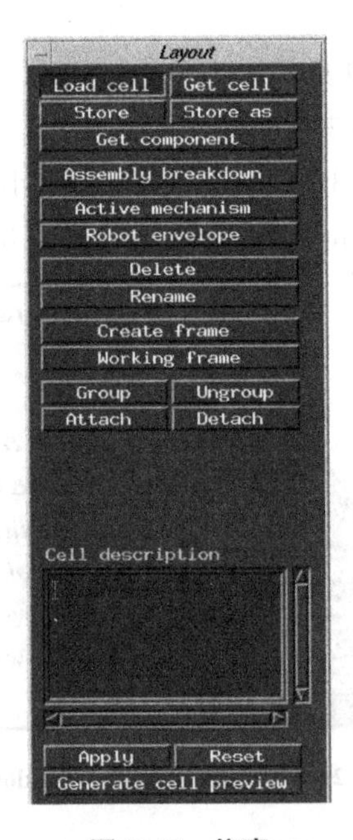

图 2-47 仿真

(1)Load cell:加载 CE 文件,也是加载新项目。

(2)Get cell:加载一个 cell 和原来的 cell 合成一个新 cell 文件,或者可以说是装载多个项目融合在一个环境中。

(3) Store/Store as:保存 cell/另存为 cell 文件。

(4)Get component:加载零件或组件。

(5)Assembly breakdown:组件拆分。

(6)Active mechanism:激活运动体。

(7)Robot envelope:构建机器人的工件范围。

(8)Delete:删除对象。

(9)Rename:重命名对象的名称。

(10)Create frame:有时候会用到 Frame 作为移动参考、TCP 等,这时需要自己创建 Working frame(有 3 种创建方式)。

（11）Working frame：选择当前的工作坐标系。

（12）Group：把多个对象组合成一个组，操作组对象时同时操作多个对象。

（13）Ungroup：把组对象拆分开，形成单个的对象。

（14）Attach：将对象 A 固定到另一个对象 B 上。其作用是移动一个物体使另外一个物体同时也移动，但是删除对象的时候要注意，防止误删除。Attach 分为单向和双向两种，但是通常只用单向，如表 2-2 和图 2-48 所示。

表 2-2　Attaching One-Way and Two-Way 功能区别

方法	Move A	Move B
One-Way Attached	Only A moves	A and B moves
Two-Way Attached	A and B moves	A and B moves

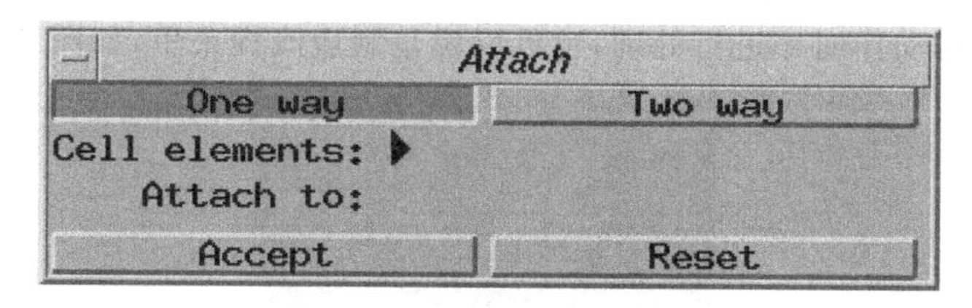

图 2-48　Attach 方式

举例，机器人 Attach（单向）在底座上，移动机器人底座的时候机器人同时也移动。反之如果移动机器人其底座位置不动。如删除机器人底座，则机器人同时被删除。反之只删除了机器人，底座仍在，如图 2-49 所示。

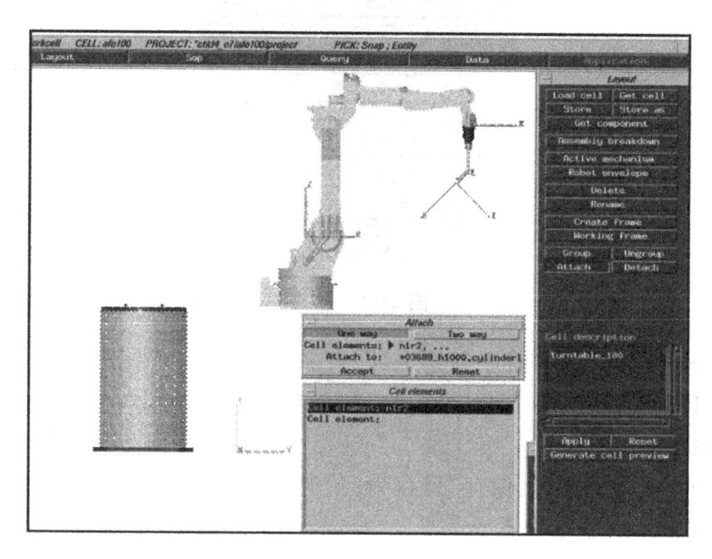

图 2-49　Attach 实例

(15)Detach:与 Attached 命令相反,将对象 A 从另一个对象 B 解除下来,如图 2-50 所示。

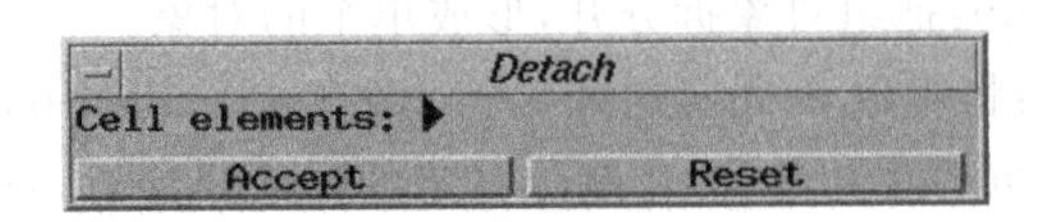

图 2-50 Detach 方式

(16)Cell description:工作站描述。

(17)Generate cell preview:生成预览图。

2.6.4 Sop 菜单

主要对动作时序进行处理,也可以说是制造流程菜单,如图 2-51 所示。

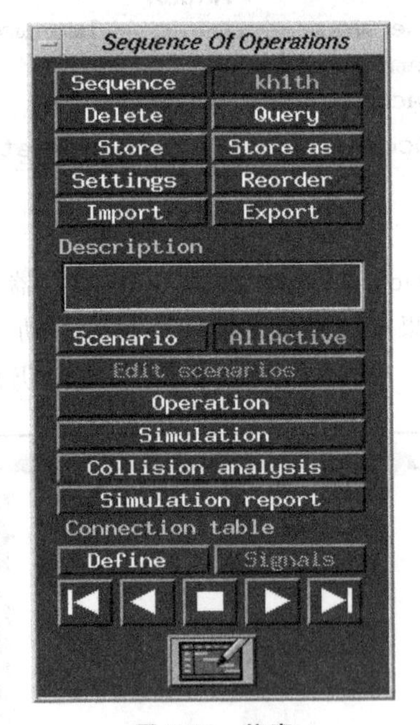

图 2-51 仿真

(1)Sequence:Sop 时序创建工具。

(2)Delete:删除。

(3)Query:查询。

(4)Store/Store as:保存/另存为。

(5)Setting:基本设置。

(6)Reorder:重新排序。

(7)Import：导入时序图。

(8)Export：输出时序图。

(9)Description：描述或注释。

(10)Scenario：选择当前的工序方案。

(11)Edit scenario：编辑当前的工序方案。

(12)Operation：操作。

(13)Simulation：仿真。

(14)Collision analysis：碰撞分析。

(15)Define：播放仿真动作时序按键。

(16)Signals：制作时序流程按钮。

2.6.5　Query 菜单

关于这个模块通常使用的只有几个，标记为红色框。后面对几个功能重点进行说明，如图 2-52 所示。

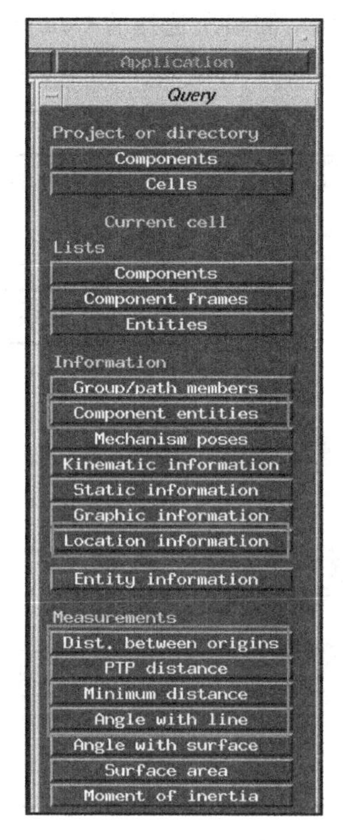

图 2-52　Query 菜单

2.6.5.1 Project or Directory

(1)Components:单击可查看当前 Project 路径下的 co 文件。

(2)Cells:单击可查看当前 Project 路径下的 CE 文件。

2.6.5.2 Current cell

Search:查找当前 cell 内的资源。

2.6.5.3 Lists

(1)Components:查看当前 cell 内的资源。

(2)Components frames:查看当前 cell 内资源的 frame。

(3)Entities:查看当前 cell 内资源的 frame、point 和 surfaces 等实体。

2.6.5.4 Information

(1)Mechanism poses:查看选中对象的 poses 信息。

(2)Component entities:测量所选择的 Component 相对于世界坐标系的位置。其坐标是 Component name:afo100_20080729 相对世界坐标系的位置,如图 2-53 所示。

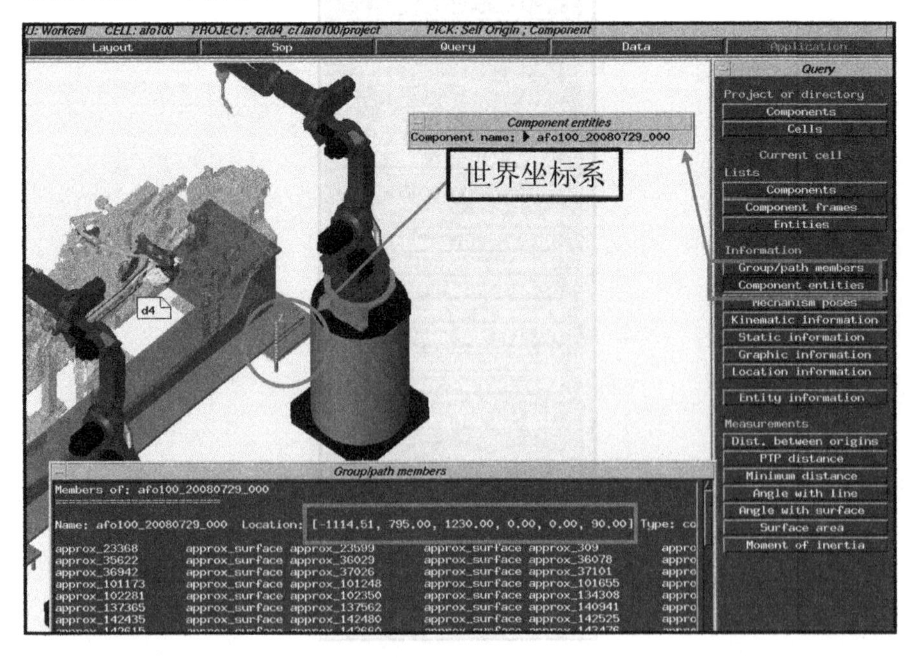

图 2-53 Component entities

(3)Kinematic information：查看选中对象的机构运动等信息。

(4)Location information：显示路径点的信息，如图 2-54 所示。

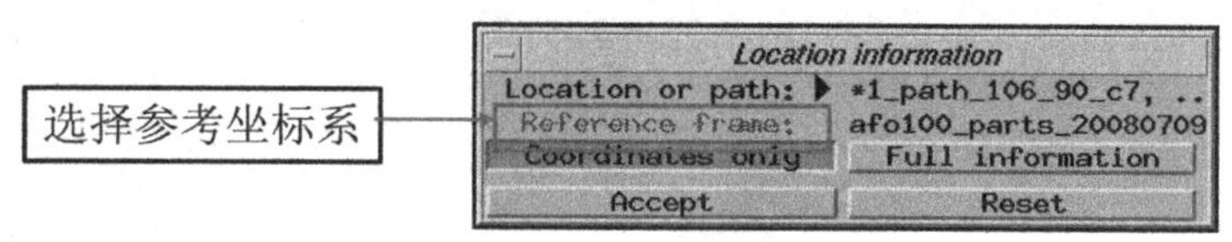

图 2-54　Location information

显示 Location 的信息如图 2-55 所示。

Location information

Location information

Reference Frame : afo100_parts_20080709

Location Name	X	Y	Z	Rx	Ry	Rz	Member of / Attached to
lo528	-212.601	-334.373	-180.402	-153.90	58.446	-176.63	comp c7_afo100_110
lo527	-216.803	-317.194	-177.294	-173.48	61.839	160.161	comp c7_afo100_110
lo658	-216.946	-309.000	-176.916	-177.47	56.011	155.385	comp c7_afo100_110
lo660	-216.945	-290.000	-176.913	-177.47	56.011	155.385	comp c7_afo100_110

图 2-55　Location 的信息

(5)Entity information：查看选中实体的信息。

2.6.5.5　Measurements

(1)Dist. Between origins：测量两个目标或者 Entity 之间原始 frame 的距离。注意这里必须是 Self Origin、Component，如图 2-56 所示。

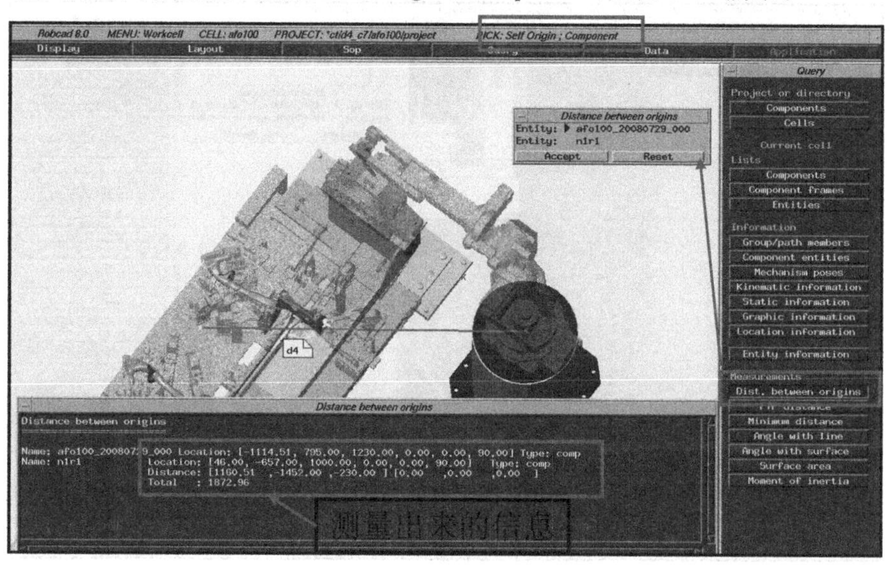

图 2-56　Dist. Between origins

(2)PTP distance：测量两个目标点之间的距离，如图 2-57 所示。

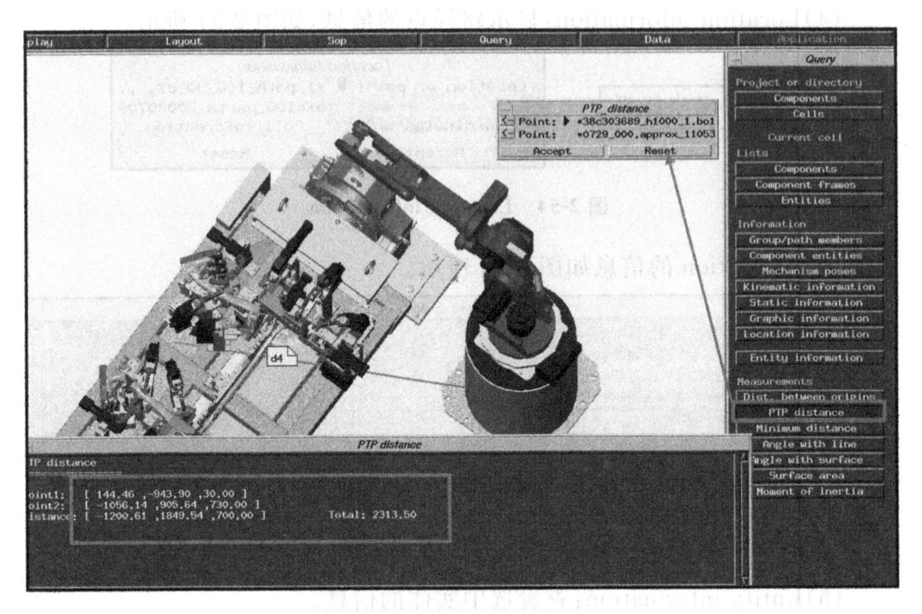

图 2-57　PTP distance

(3)Minimum distance：测量两个目标之间的最短距离，如图 2-58 所示。

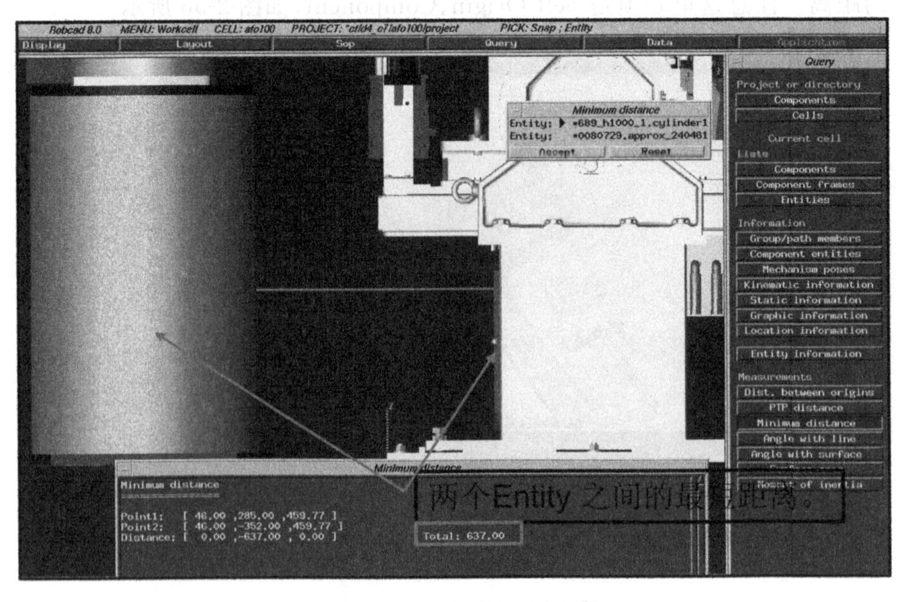

图 2-58　Minimum distance

(4)Angle with line:选择两条相交直线进行角度测量,如图 2-59 所示。

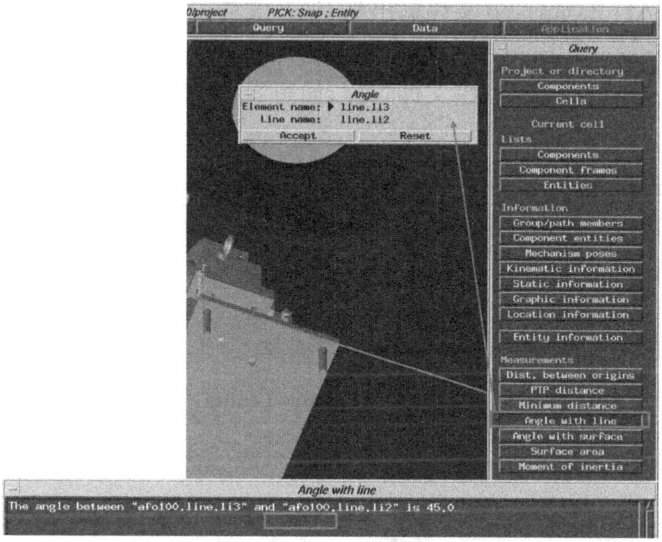

图 2-59　Angle with line

(5)Surface area:表面积测量。

(6)Moment of inertia:转动惯量测量。

2.6.6　Data 模块

实现 CAD 的导入导出,项目库、资源库管理等工作,如图 2-60 所示。

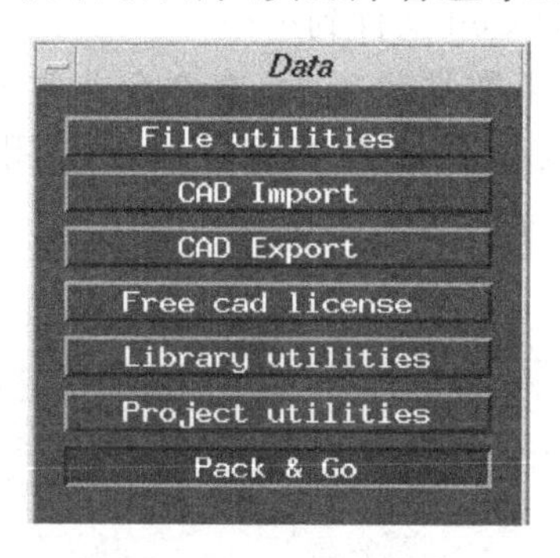

图 2-60　Data 模块

Robcad 软件可以与大多数主流软件进行数据交换,特别是通用格式 Iges、Stp、Stl,此外一定要有许可文件才可导入 PRO/E 与 UG 格式文件。

(1)File utilitties:文件工具。

(2)CAD Import:转入 CAD 文件到 co 文件。

(3)CAD Export:co 文件输出到 CAD 文件。

(4)Free cad license:License 文件管理。

(5)Library Utilitie:库文件管理,如图 2-61 所示。

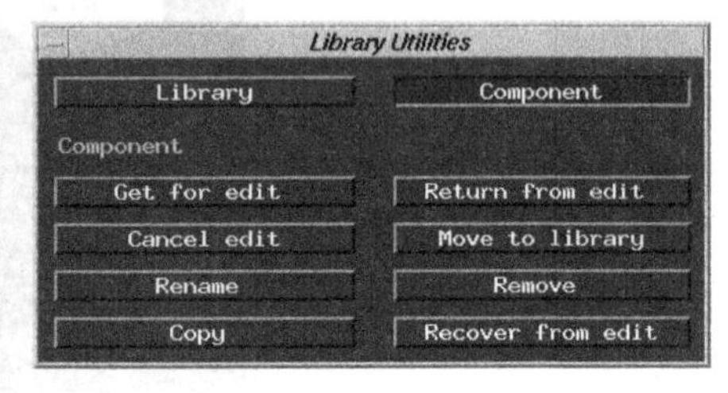

图 2-61　Library Utilitie

(6)Project Utilities:项目管理,如图 2-62 所示。

图 2-62　Project Utilities

在更新工装的时候,使用此功能比较方便。请小心使用此替换功能。

(7)Pack&Go:打包 Cell 文件到……

给用户演示时,如果数据量庞大,速度会非常慢,此时选择所需要的 Cell 进行打包,其作用是方便携带,数据很小,主要用于给客户演示,或者数据交流用,如图 2-63 所示。

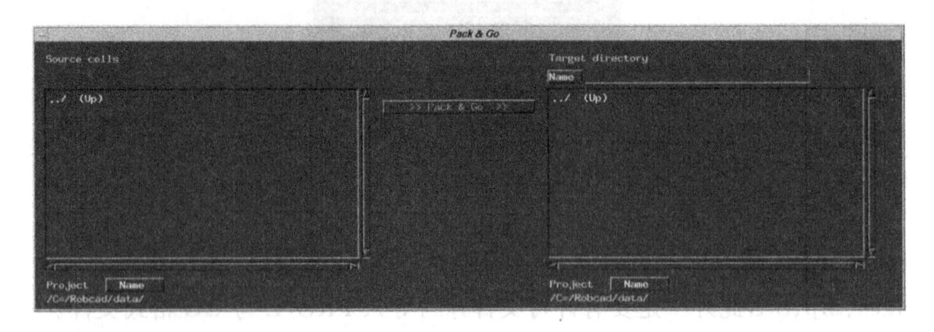

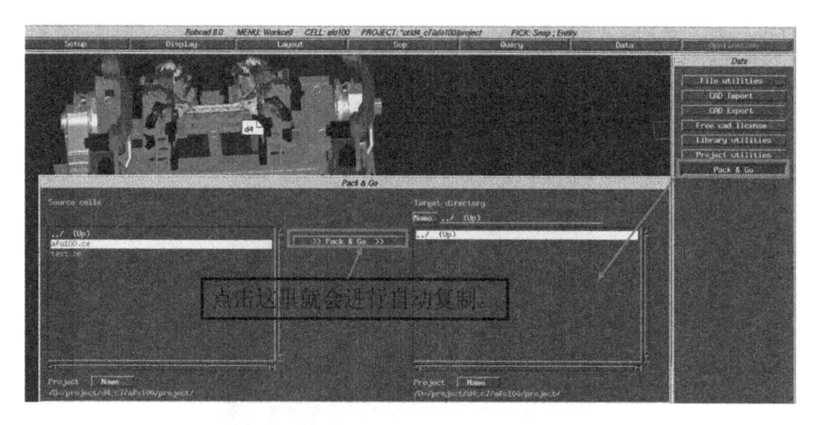

续图 2-63 仿真

2.6.7 Features 菜单

Features 菜单主要进行管道、横梁、Ncblocks 设置，如图 2-64 所示。

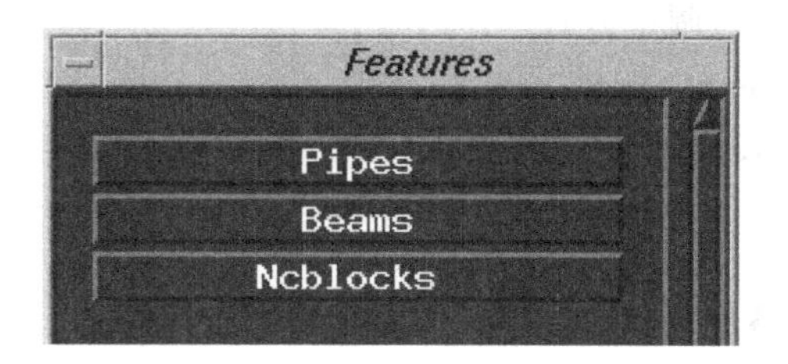

图 2-64 仿真

(1)Pipes：管道设置。

(2)Beams：横梁设置。

(3)Ncblocks：Ncblocks 设置。

2.6.8 OLP 菜单

离线程序是非常重要的工作部分，如图 2-65 所示。

(1)Active mech.：活动机械结构。

(2)Controller：当前控制器。

(3)Features：当前一些特征。

(4)Teach pendant：示教器。

(5)Simulation：仿真。

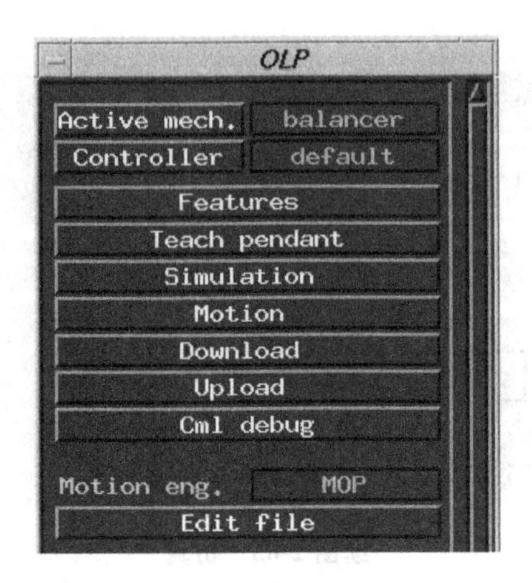

图 2-65 仿真

(6)Motion:运动。

(7)Download:下载。

(8)Upload:上传。

(9)Cml debug:调试方式。

(10)Motion eng.:运动。

(11)Edit file:编辑文件。

2.7 ROBCAD 窗口

2.7.1 最小化窗口

在软件中,点击窗口右上角的"一",可以把整个软件窗口最小化、隐藏;到桌面状态双击 Robcad 浮图标,可以重新最大化,如图 2-66 所示。

在软件中,任何一个窗口,点击窗口左上角的"一",弹出窗口命令:移动、隐藏、关闭,如图 2-67 所示。

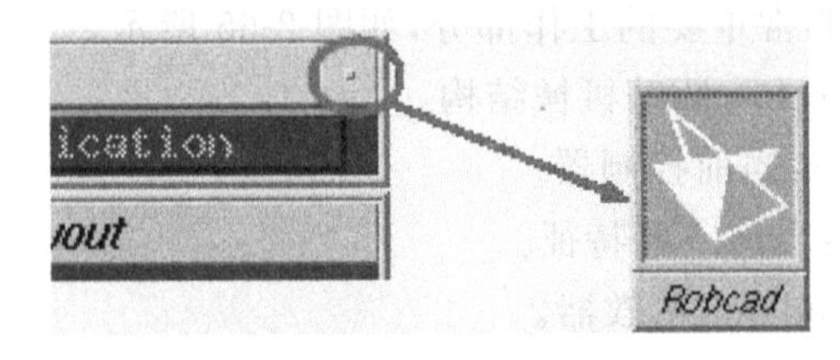

图 2-66 最小化、隐藏窗口

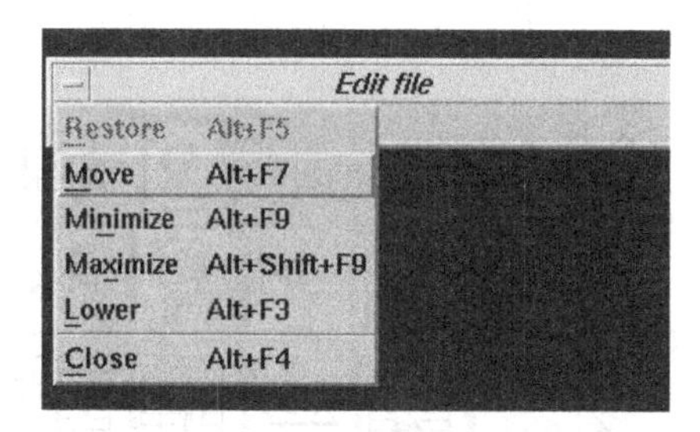

图 2-67　移动、隐藏、关闭窗口

2.7.2　信息窗口

信息窗口一般显示提示信息或报警信息等，如图 2-68 所示。

图 2-68　信息窗口

2.7.3　工作单元状态窗口

工作单元状态窗口一般显示选中工作单元的状态等信息。注意按 Ctrl+M 可显示相关菜单，如图 2-69 所示。

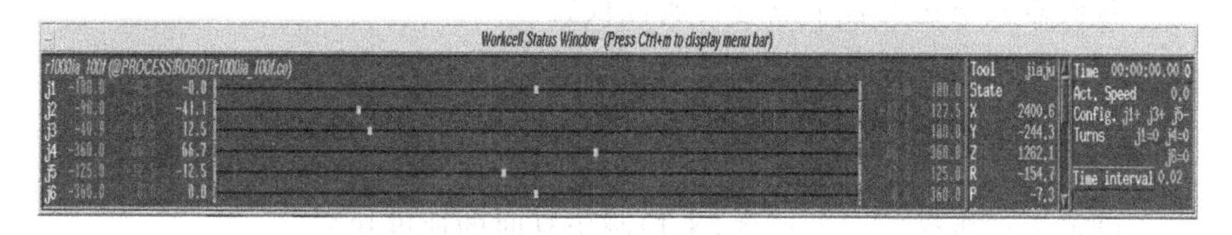

图 2-69　状态窗口

2.8　常用工具箱指令介绍

右下角的窗口是工具箱管理窗口，在这里按下按钮切换出现在图形窗口的子菜单显示，再按下这些子菜单按钮激活实际命令。注意不同功能模块下工具箱指令也不同，这里只介绍常用指令，如图 2-70 所示。

图 2-70　常用工具箱

2.8.1　Path Plane：路径自动规划

自动生成机器人优化轨迹。

2.8.2　Report Creator：报告创建

当前 CELL 相关情况的报告生成。

2.8.3　Location Attributes：路径点属性设置

对机器人轨迹的各个点进行属性设置。

2.8.4　Mechanism Status：机械状态

设置运动机械的运动速率，来控制仿真时的速度快慢。

2.8.5　View Manager：视角管理

主要用于创建视角及输出图片等，如图 2-71 所示。

(1)Create：建立窗口视图。

(2)Rename：重命名窗口视图。

(3)Update：更新窗口视图。

(4)Delete：删除窗口视图。

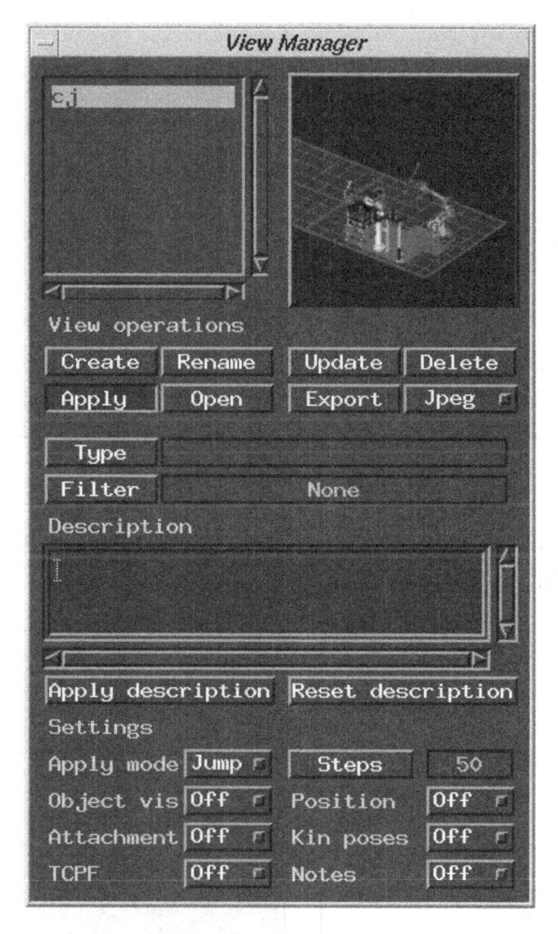

图 2-71　View manager

(5)Apply:应用窗口视图。

(6)Open:打开视图窗口。

(7)Export:输出窗口视图为图片。

(8)Jpeg:输出图片格式选项。

2.8.6　Tree:结构树

显示当前 cell 中的部件构成。

在 Tree 下可查看当前 cell 中的资源,也可进行相关操作。如显示所有对象,同时也可以隐藏或者显示工装等,如图 2-72 所示。

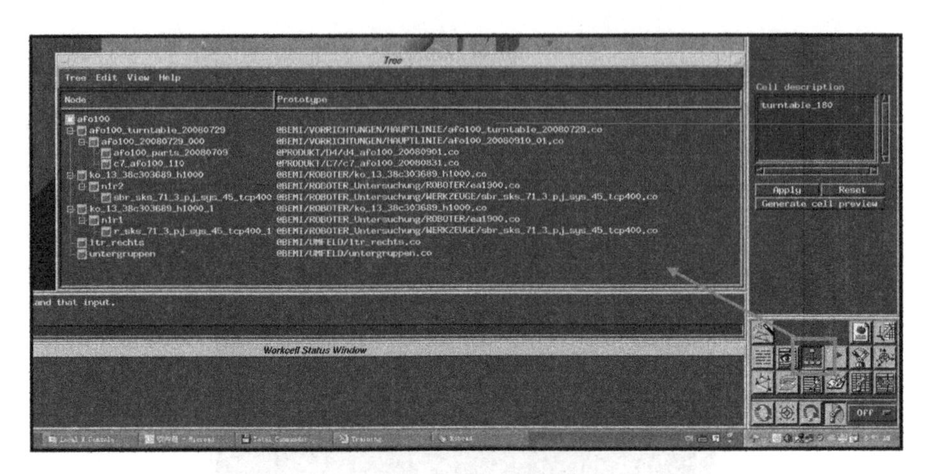

图 2-72　Tree 结构树

同时在这个图上也能看出它们之间的关系，是哪个 Component Attach Component，如图 2-73 所示。

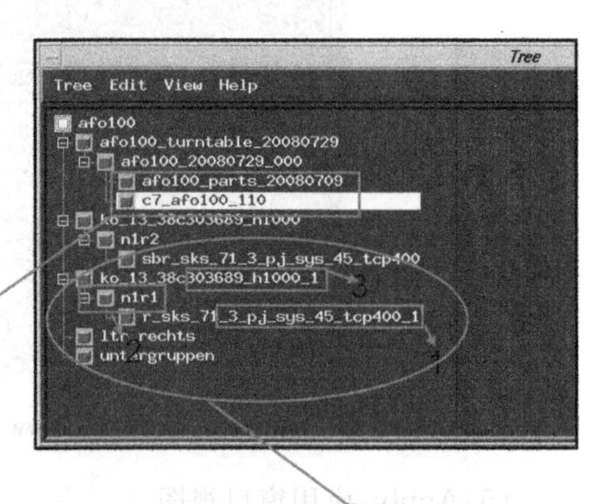

图 2-73　Tree 结构树中部件关系

选择操作对象，然后点击右键会弹出对话框，是删除、隐藏等一些操作命令，如图 2-74 所示。

Tree→Update：更新 3D 视图中物体的变化。

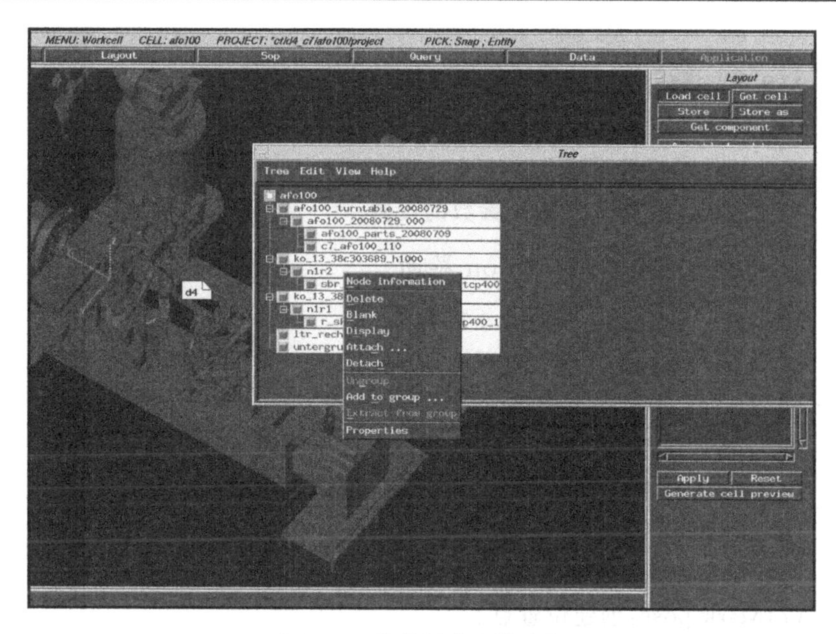

图 2-74　结构树中右键功能

2.8.7　Note editor:标识

主要用于创建一些标签,如图 2-75 所示。

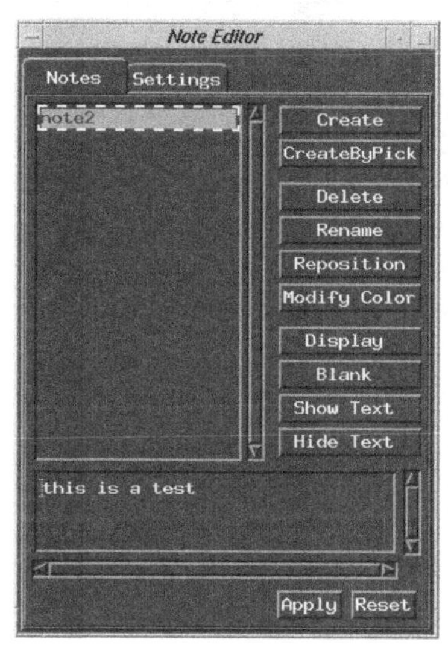

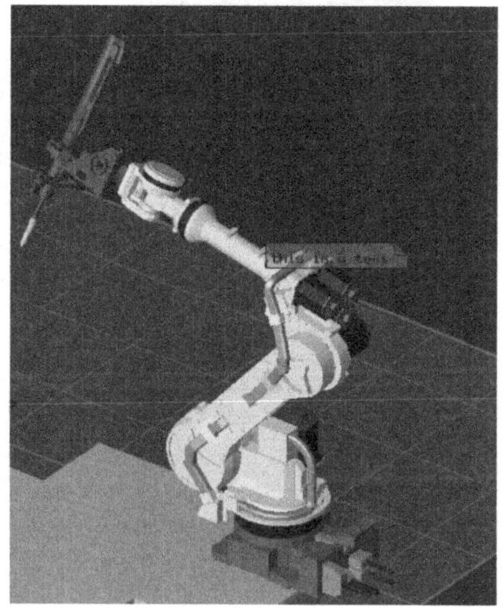

图 2-75　Note editor

2.8.8 Motion:运动部件操作

运动部件的设置及操作。

主要进行动作仿真及相关参数的设置。

2.8.8.1 Motion-motion 界面

Motion-motion 界面,如图 2-76 所示。

(1)Active mech:激活机械结构。

(2)Target:选择运动轨迹。

(3)Time Inerval:时间间隔(控制仿真运动时的速度)。

(4)Step by:步进方式。

(5)Mark loc:创建 location。

(6)Mark comp:创建带走行轴数据的 location。

(7)Mark pose:创建位置点。

2.8.8.2 Motion-Robot job 界面

Motion-Robot job 界面,如图 2-77 所示。

图 2-76 Motion-motion 界面

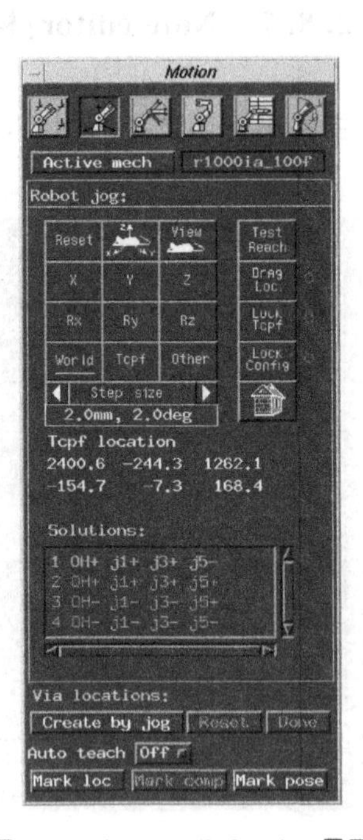

图 2-77 Motion-Robot jog 界面

(1)Test Reach:测试可达性。

(2)Drag Loc. :移动到 location。

(3)Lock Tcpf:固定 Tcpf。

2.8.8.3　Motion-Joint jog 界面

Motion-Joint jog 界面,如图 2-78 所示。

(1)J1、J2、J3、J4、J5、J6:为机器人的关节轴。

(2)JOG:选择 J1～J6 中的一轴后,可单轴运动。

(3)Reset Joint:复位。

(4)View:回到视图状态。

2.8.8.4　Motion-Pose 界面

Motion-Pose 界面,如图 2-79 所示。

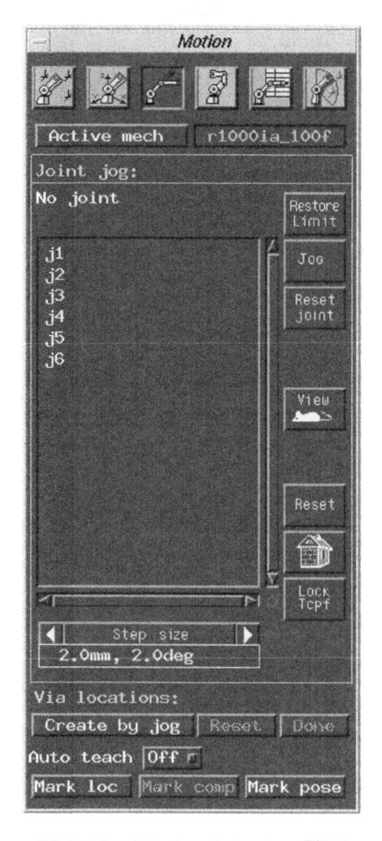

图 2-78　Motion-Joint jog 界面

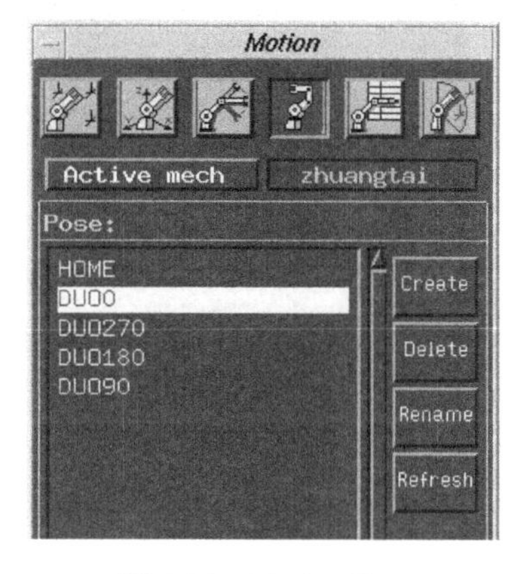

图 2-79　Motion-Pose

(1)Create:创建姿态。

(2)Delete:删除姿态。

(3)Rename:重命名姿态。

2.8.8.5 Motion-Setting 界面

Motion-Setting 界面,如图 2-80 所示。

(1)Tcpf:选择工具坐标系。

(2)Mount:安装工具。

(3)Add:添加外部轴。

(4)Define:定义外部 Tcpf。

2.8.8.6 Motion-Reachability 界面

Motion-Reachability 界面,如图 2-81 所示。

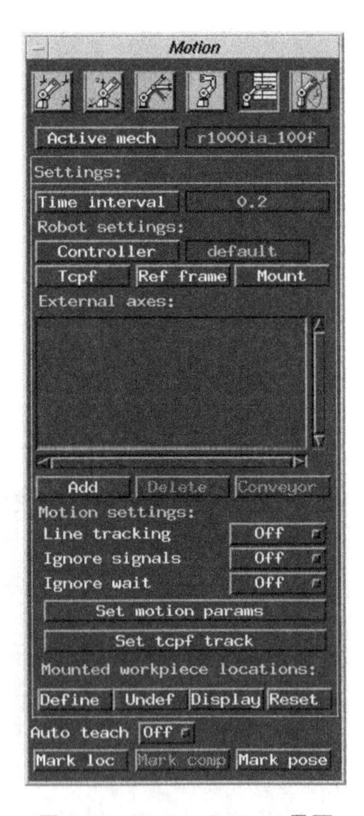

图 2-80 Motion-Settings 界面

图 2-81 Motion-Reachability 界面

(1)Full reach:可到达。

(2)No reach:不能到达。

2.8.9 Placement:放置对象

理解如下的定义将帮助你抓住 PLACEMENT COMMANDS 中的概念。

(1)Point/Position:依据一个基准的坐标中的 XYZ 值定义的位置,POSITION 不具有方向。

(2)Frame:定位具有位置和方向的坐标轴系统,例如(X Y Z R P Y)。

(3)World frame:图像空间的固定原点,这是空间坐标的默认位置。

(4)Working frame:每个元件的默认位置,一个可移动的基准坐标具有一个红色、绿色、黄色的轴,分别对应 X Y Z 轴。

(5)Self origin:每个原型都有一个唯一的坐标轴,它的位置和方向指向它在制作模型时的 World frame。这个点不是模型的重心或中心。

(6)Using the Shift command:使用变换命令。

(7)设置对象的位置:导入一个机器人 co 文件。选择机器人(F12 切换整体与部件)后右键选择 Placement,然后通过①输入一定坐标值,来实现多段移动和角度旋转(World 是原点坐标,self 是个体本身坐标,other 是任意位置坐标),也可以通过②输入坐标来实现移动,最后点击③view 来回到视图,如图 2-82 所示。

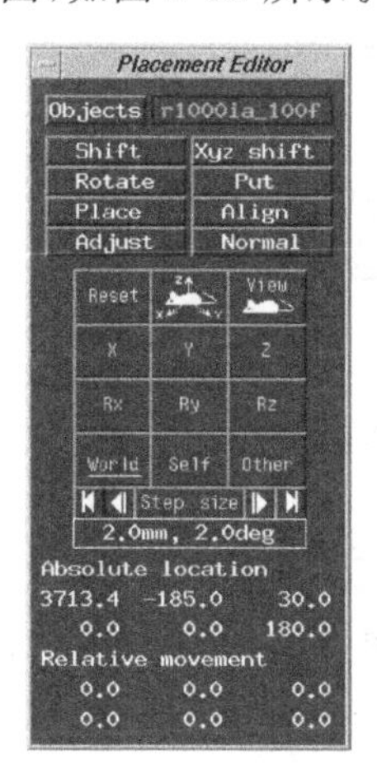

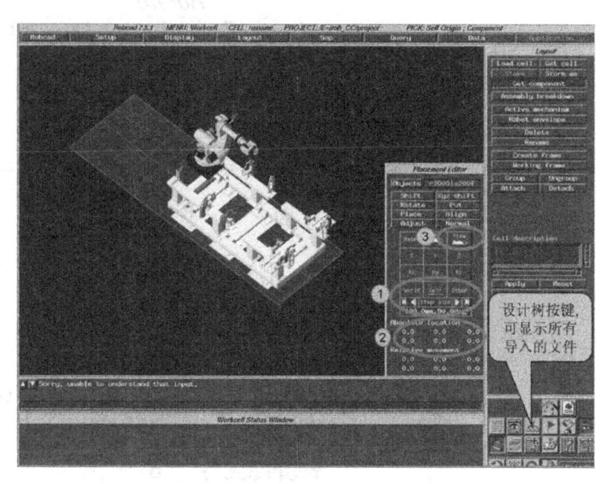

图 2-82 Placement 功能

(8)Objects:可以用 Objects 按钮选择要放置或移动的元件,右键打开的自动会出现目标元件。

(9)Shift:在上面按钮中选择要平移或旋转的轴线,在 distance 中输入要移动的距离或旋转的角度,如图 2-83 所示。点击 Accept 确认。

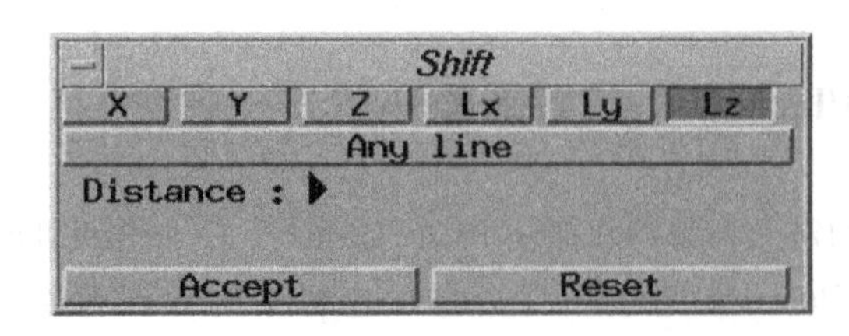

图 2-83　Shift 移动

(10)Xyz Shift:分别输入在 X、Y、Z 方向要移动的距离,如图 2-84 所示。

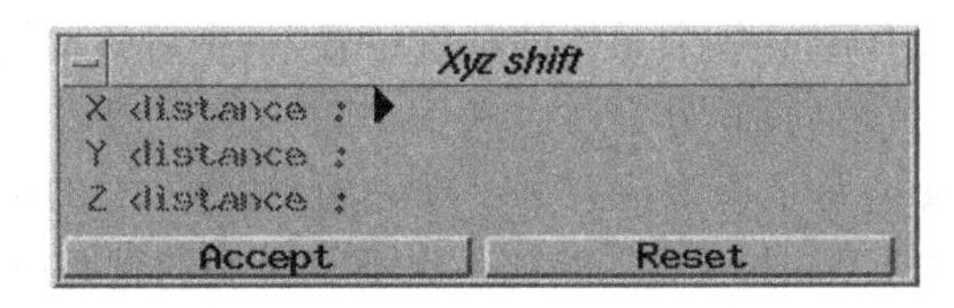

图 2-84　Xyz Shift 移动

(11)[Accept]:确认按扭。

(12)Rotate:选择旋转的参考轴(X/Y/Z,Lx/Ly/Lz)和旋转角度,如图 2-85 所示。

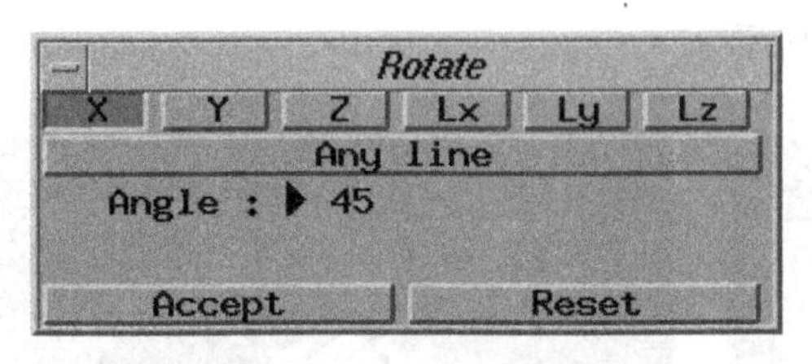

图 2-85　Rotate 移动

(13)Put:点选 Put 按钮,出现下面的界面,如图 2-86 所示。

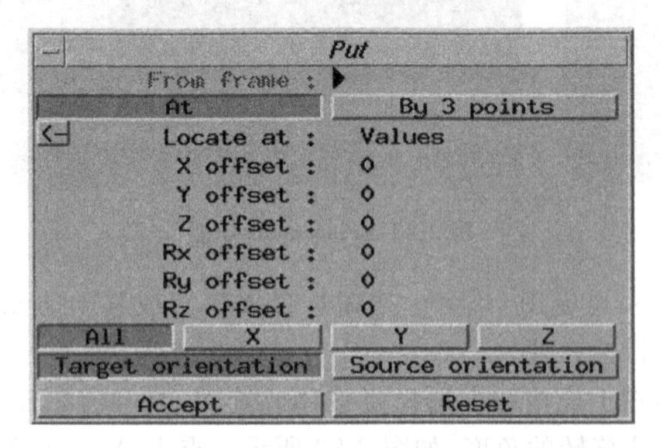

图 2-86　Put 放置

需要移动的对象，根据选择的参考点 P1 to P2 沿直线方向移动，同时将移动过来的对象根据选择的参考坐标系与 P2 保持一致，如图 2-87 和图 2-88 所示。

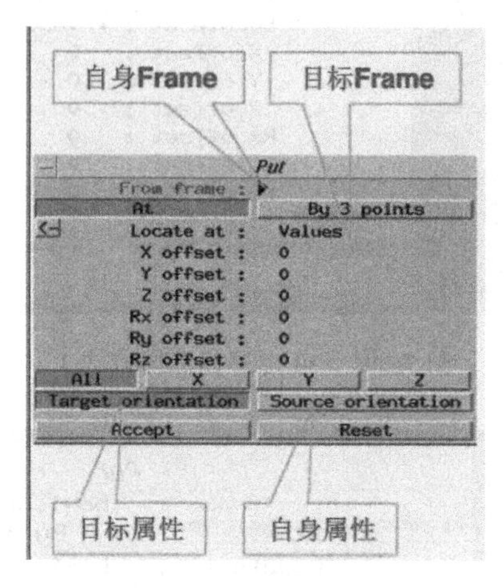

图 2-87 Put 中选择 FRAME

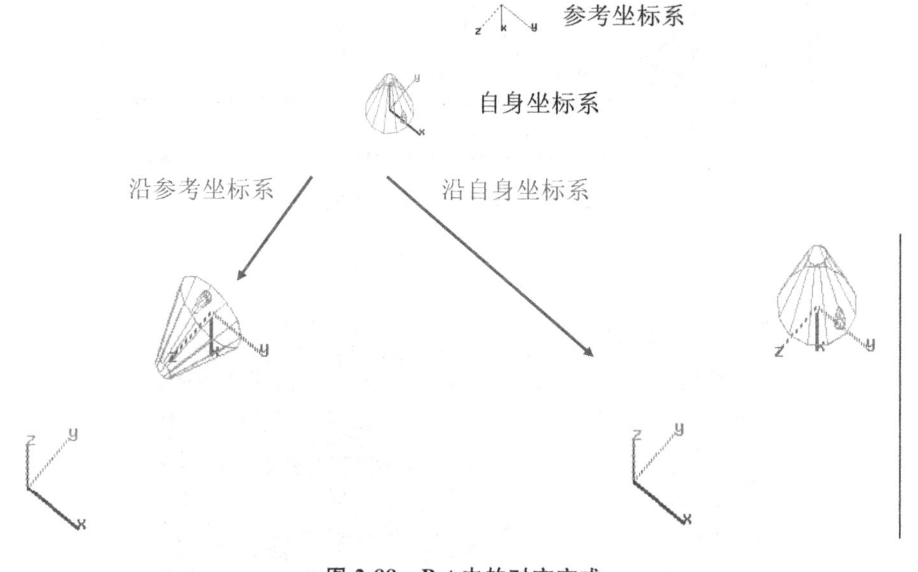

图 2-88 Put 中的对方方式

注意此时应确认捕捉方式和选择方式，用 F11 和 F12 确认，如图 2-89 所示。

在屏幕中左键点选择 Put 实体的可确定要对正的位置(面的中心或者某个角或者某条边的中心)。

然后选择要放置的参考位置，如图 2-90 所示。

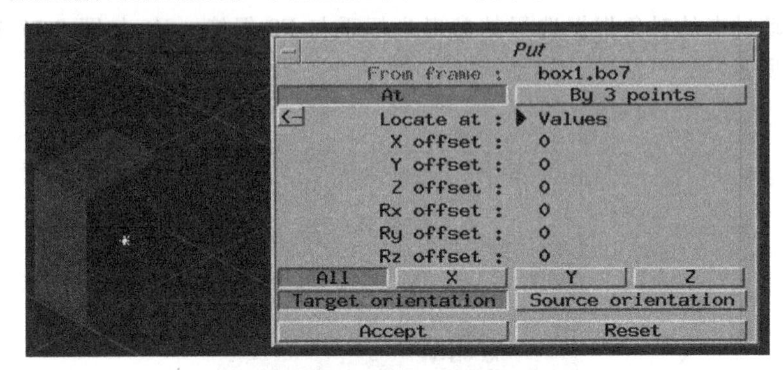

图 2-89　Put 中目标选择方式 1

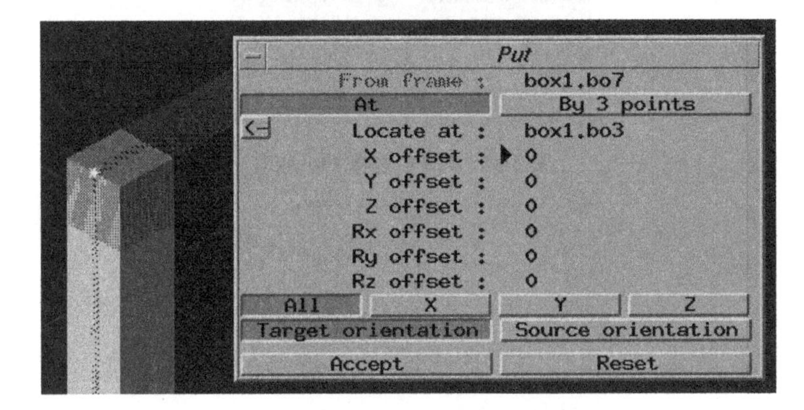

图 2-90　Put 中目标选择方式 2

Accept 确认后的效果，如图 2-91 所示。

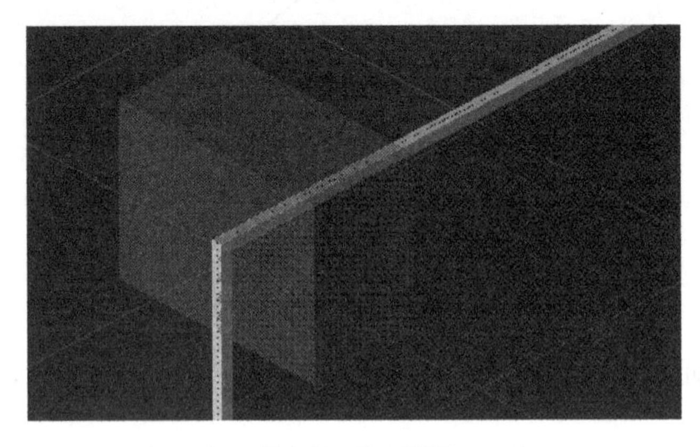

图 2-91　Put 效果

(14)Place:需要移动的对象,根据选择的参考点 P1 to P2 沿直线方向移动,同时约束对象自身的(X/Y/Z)坐标保持不变,如图 2-92 所示。

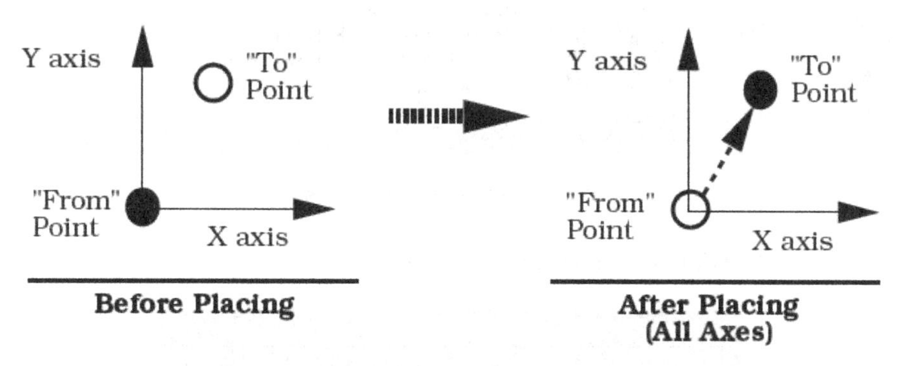

图 2-92　Place 功能说明

(15)Using the Place command:使用 Place 命令。

点选 Place 按钮,出现下面的界面,如图 2-93 所示。

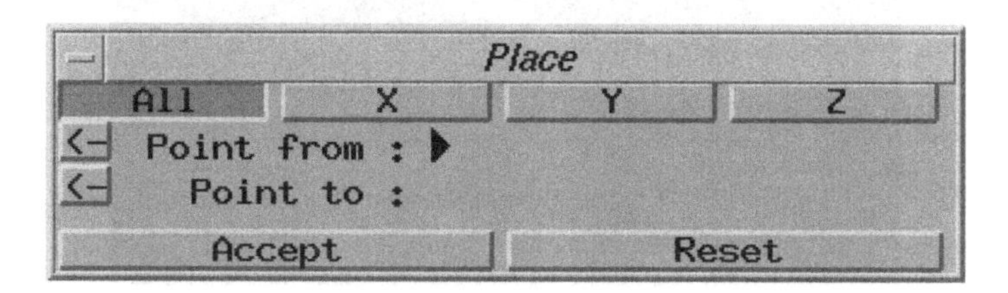

图 2-93　Place 功能

在屏幕中左键点选择 Place 实体的可确定要对正的位置(面的中心或者某个角或者某条边的中心),如图 2-94 所示。

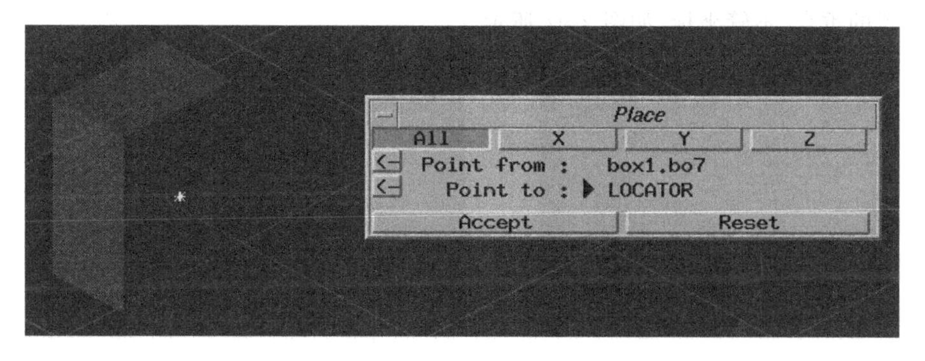

图 2-94　Place 功能 All 起点

然后选择要放置的参考位置,如图 2-95 所示。

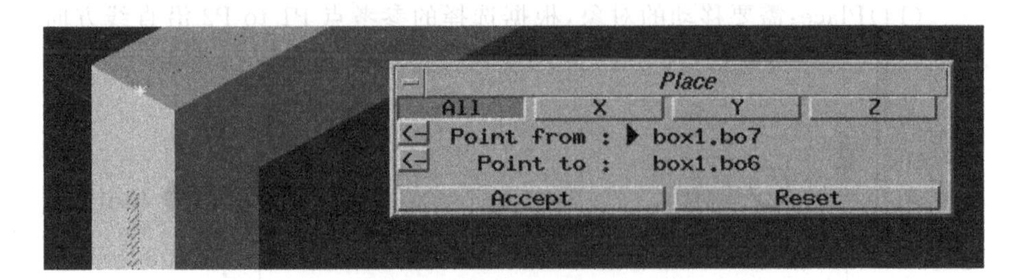

图 2-95　Place 功能 ALL 终点

Accept 确认后的效果，如图 2-96 所示。

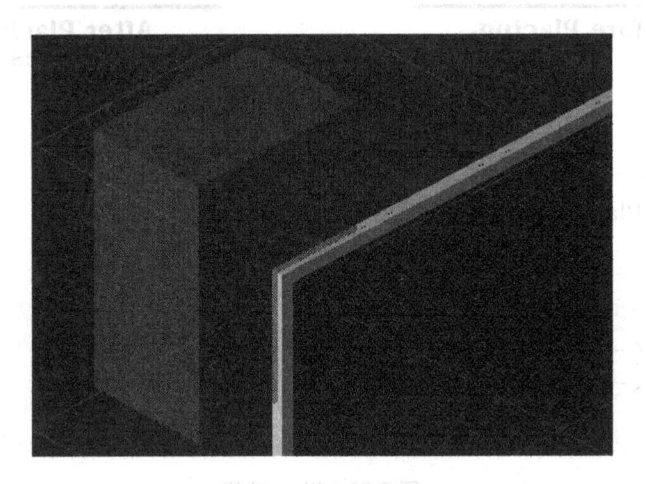

图 2-96　Place 效果

注意区别 Put 命令和 Place 命令的不同：所选的起点和终点位置都是相同的，但是结果却不同。Put 命令将 XYZ 方向重合，而 Place 命令只是位置的重合，不管坐标，如图 2-97 所示。

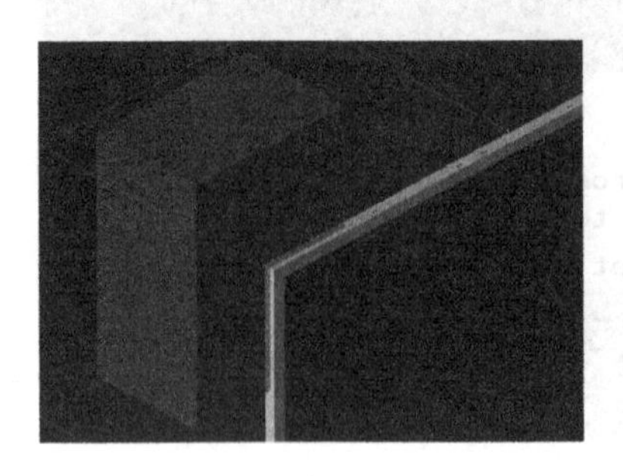
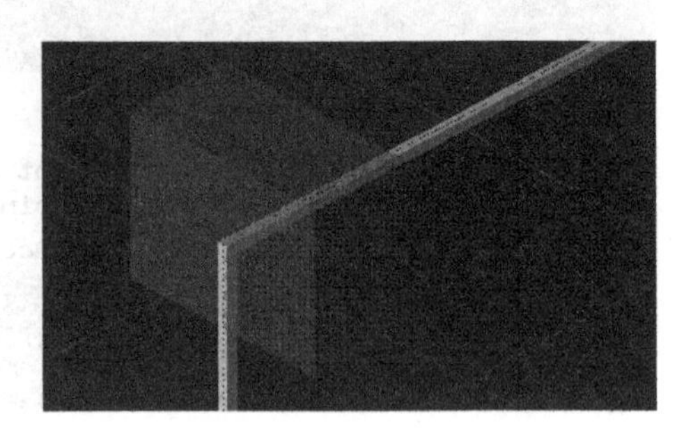

图 2-97　Place 命令的结果

(16)Align：对齐，如图 2-98 所示。

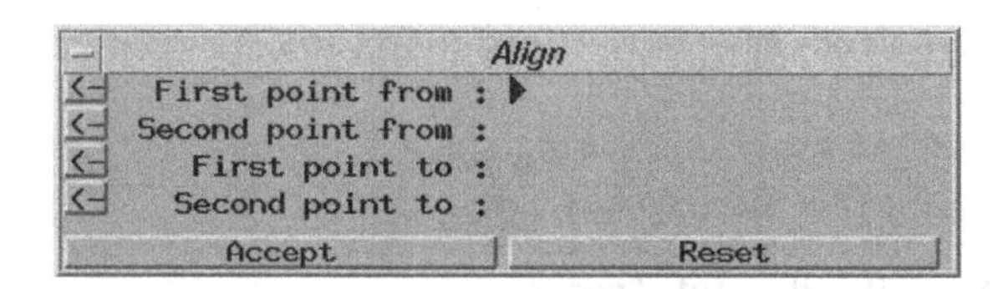

图 2-98　Align 功能

按照命令顺序在实体中选择要放置点，如图 2-99 和图 2-100 所示。

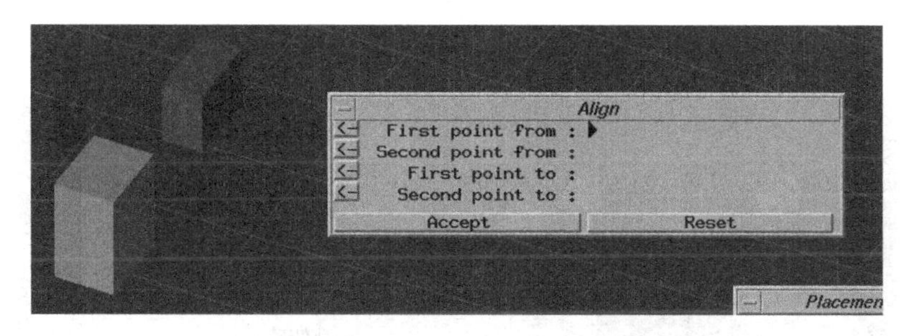

图 2-99　Align 起点

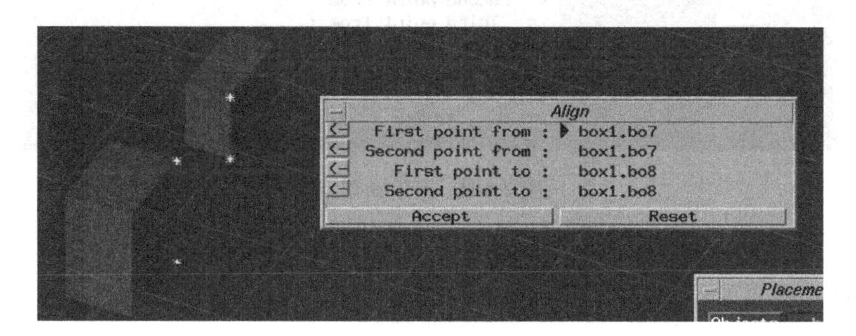

图 2-100　Align 终点

Accept 确认后的效果，如图 2-101 所示。

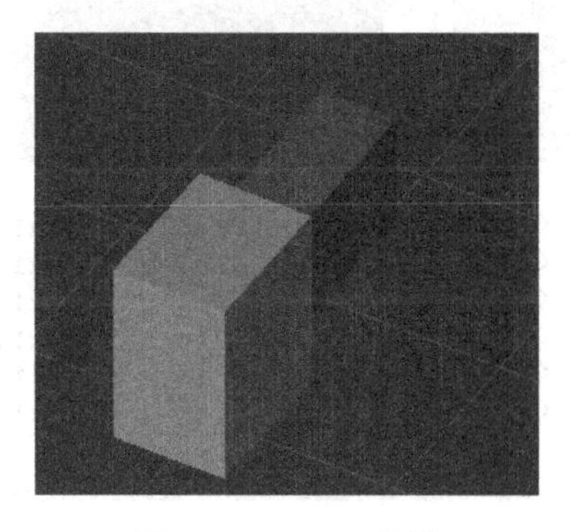

图 2-101　Align 效果

(17)Adjust:对齐,如图 2-102 和图 2-103 所示。

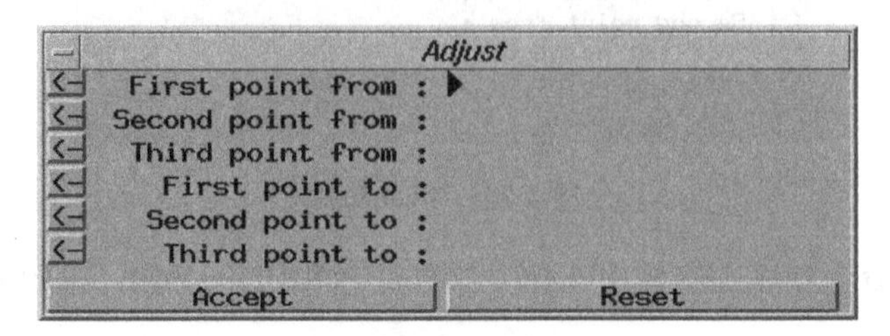

图 2-102　Adjust 功能

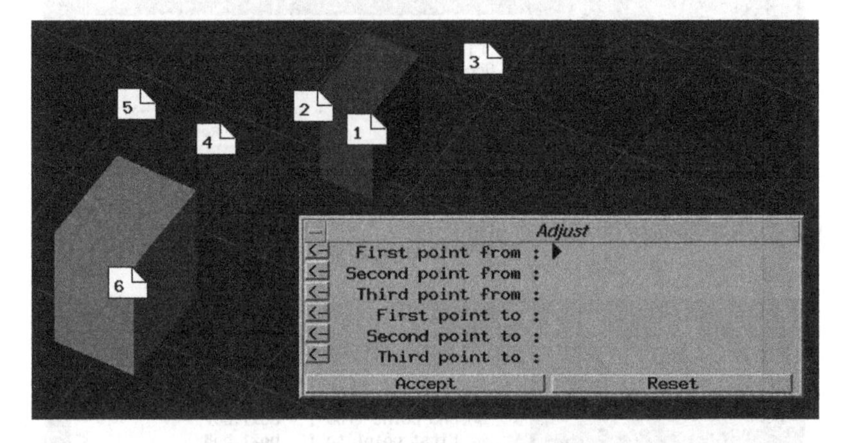

图 2-103　Adjust 起点

如果想 1、4 对齐,2 在 45 边上,3 在 46 边上,按照提示的顺序在屏幕中顺序选择点的位置,如图 2-104 所示。

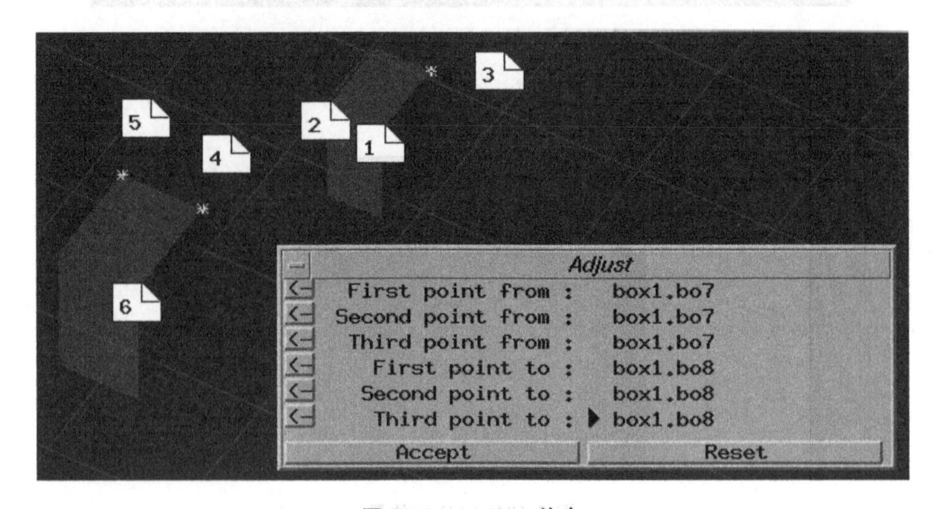

图 2-104　Adjust 终点

Accept 确认后的效果，如图 2-105 所示。

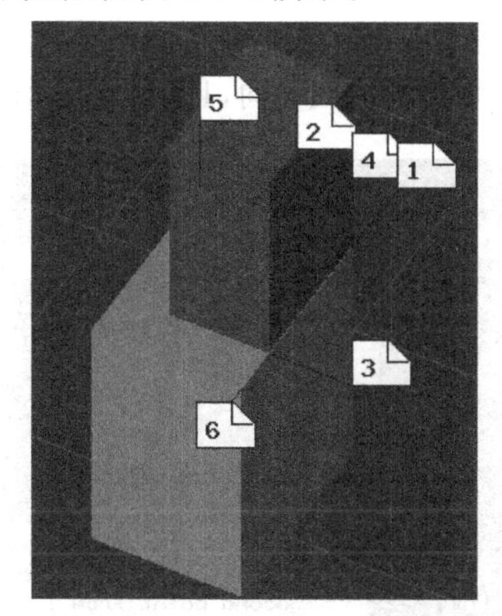

图 2-105　Adjust 效果 1

换个角度看，如图 2-106 所示。

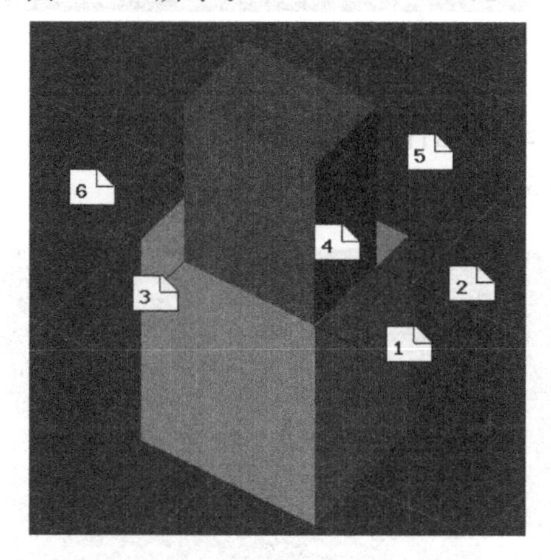

图 2-106　Adjust 效果 2

(18)Normal：普通，如图 2-107 所示。

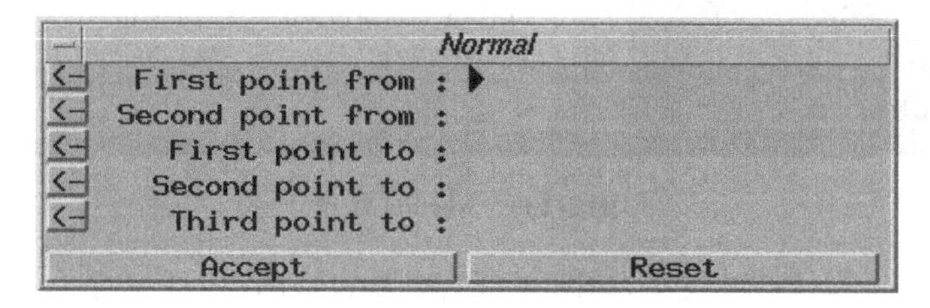

图 2-107　Normal 功能

该命令是使要移动的元件所选择的两点之间的直线与指向位置的 3 点所组成的面呈垂直状态。方向按照右手法则确定：3 点顺序所组成的方向是四指方向，拇指指的方向是直线方向，且第一点重合，如图 2-108 所示。

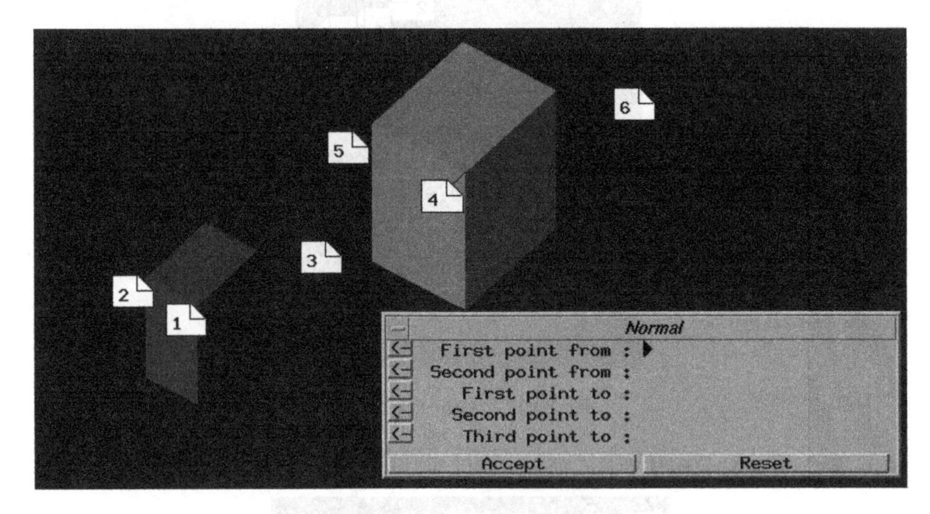

图 2-108 Normal 起点

12 点作为要移动的元件的直线基准，从 1 指向 2。4、6、5 作为基准面的定义点顺序为 465，如图 2-109 所示。

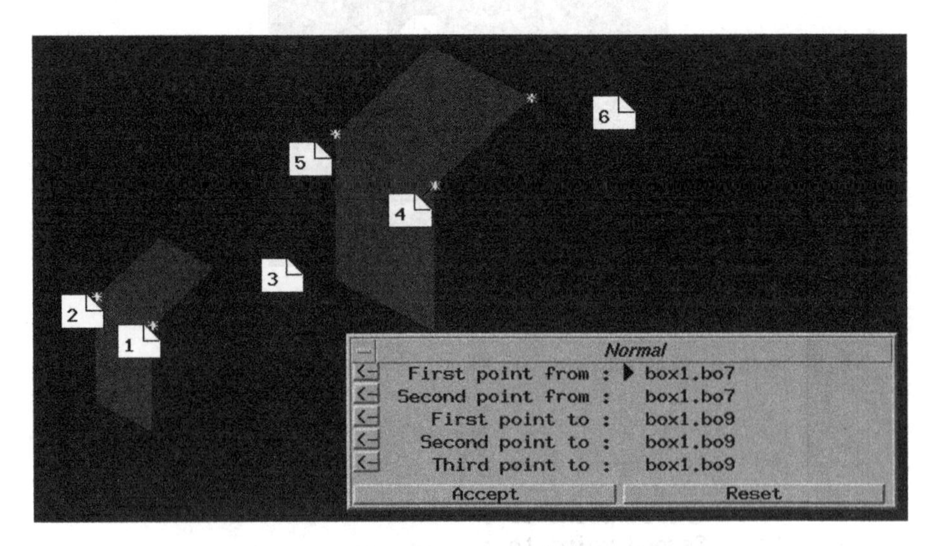

图 2-109 Normal 终点

Accept 确认后的效果，如图 2-110、图 2-111、图 2-112 所示。

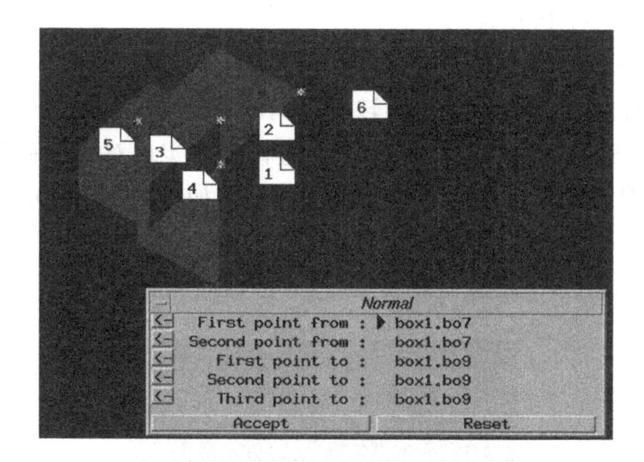

图 2-110　Normal 效果 1

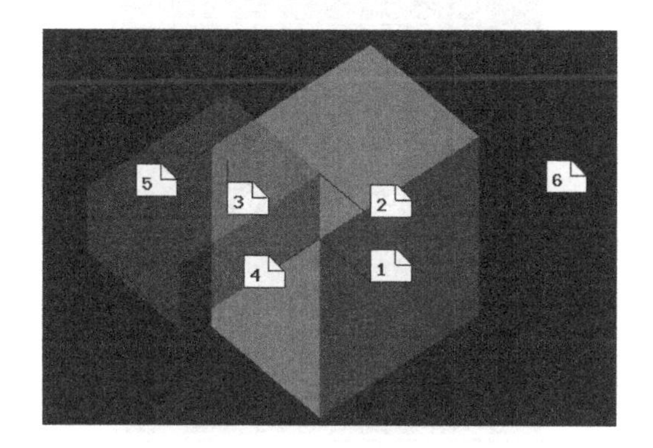

图 2-111　Normal 效果 2

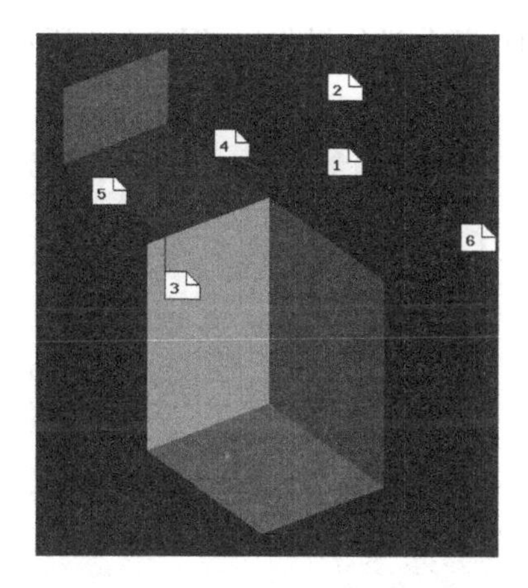

图 2-112　Normal 效果 3

(19)Transfer Panel：

①选择需要移动的对象(可以多个)；

②用鼠标左键选择移动或旋转的方向轴；

③在 3D 显示窗口按住鼠标左键通过移动来实现对象的移动和旋转；

④通过 RESET 键，返回前面对象的操作，如图 2-113 所示。

World、Self、Other 是 3 种参考坐标系，点 X、Y、Z 配合中键拖动就可以移动物体，Rx、Ry、Rz 是旋转物体，点 View 返回屏幕操作。

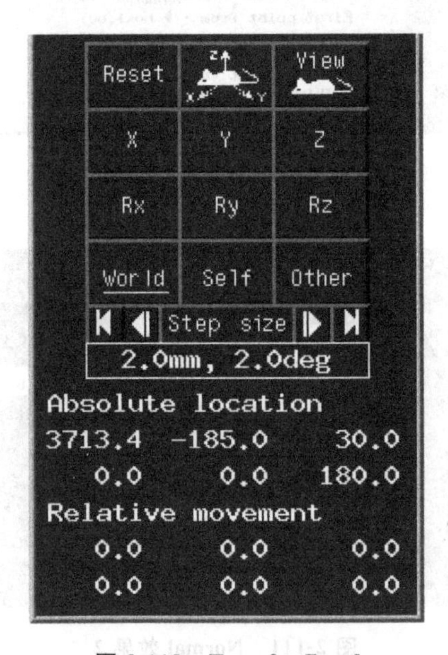

图 2-113 Transfer Panel

更多针对面板的这部分进行操作，如图 2-114 所示。

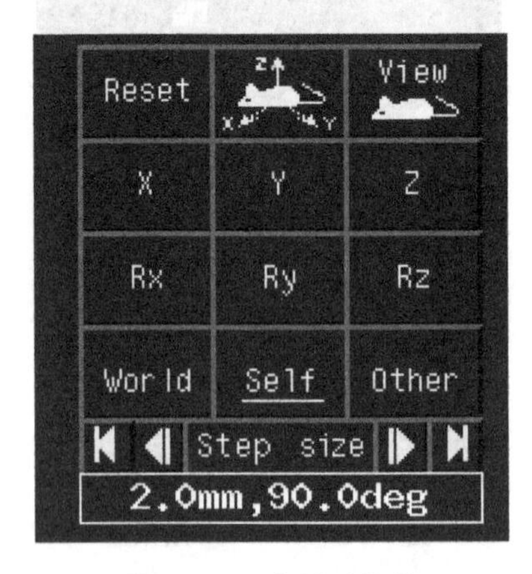

图 2-114 坐标系切换

World、Self、Other 用来选择变换的坐标系。

点击 Step size 可以设定步进值，然后用左右单步运行按钮，实现固定值的步进，如图 2-115 所示。

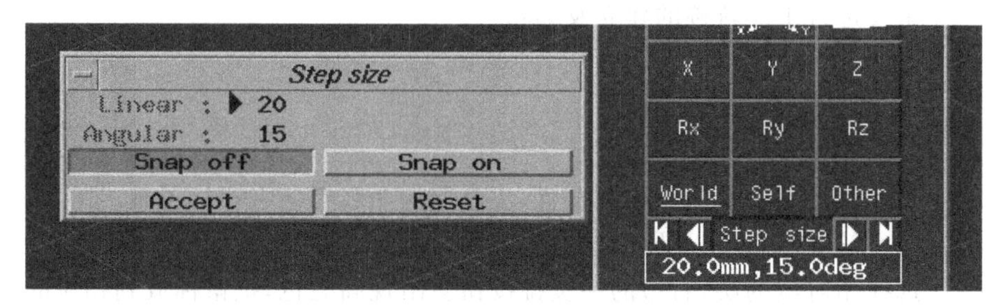

图 2-115　步进设置

(20)PLACEMENT EDITOR 工具的实际值输入法变换位置。

该工具最下面的数值上面一组是绝对值的坐标，下面一组是相对值的坐标，在想更改的数值上点击左键，如图 2-116 所示。

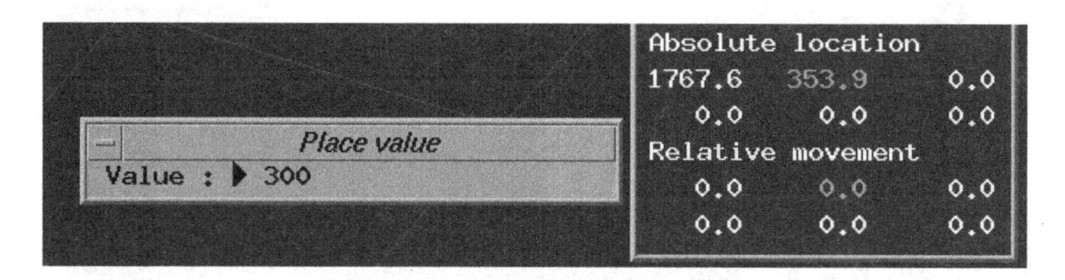

图 2-116　仿真

换回车键后即可按照固定数值移动，如图 2-117 所示。

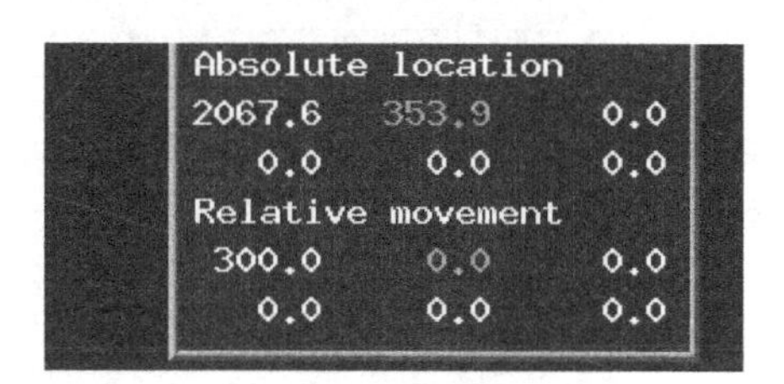

图 2-117　仿真

取消变换可以点击 RESET 键，要想鼠标回到正常的控制状态，点击 view 键。

注意事项：笔记本电脑用于 ROBCAD 学习时，注意把功能键关闭。

2.8.10 Path Editor:机器人工作轨迹编辑

主要进行工作轨迹的建立及编辑。

2.8.11 Layers:图层

可进行图层的添加和相关设置,注意层的命名要使人一目了然。工装、机器人、车零件等各在不同的层。

选择相对应的层,右边的一竖排按钮会出现高亮色,把鼠标放到相应的图标会有提示,根据提示进行操作,如图 2-118 和图 2-119 所示。

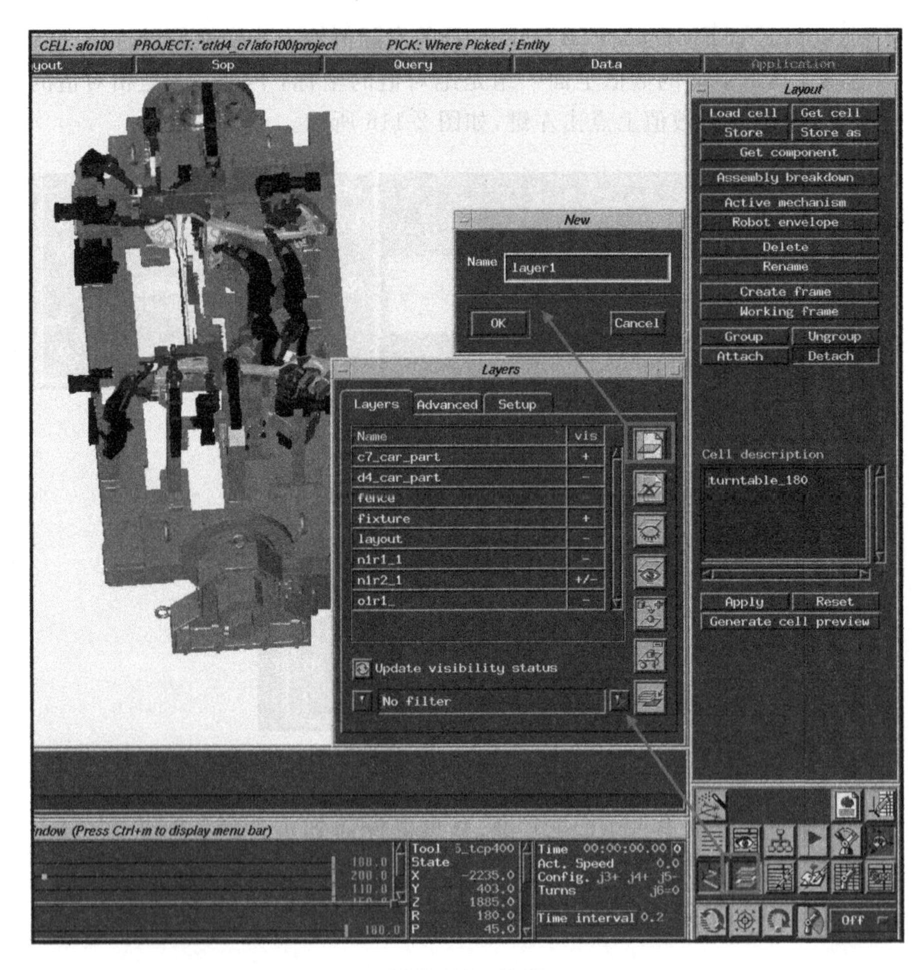

图 2-118 仿真

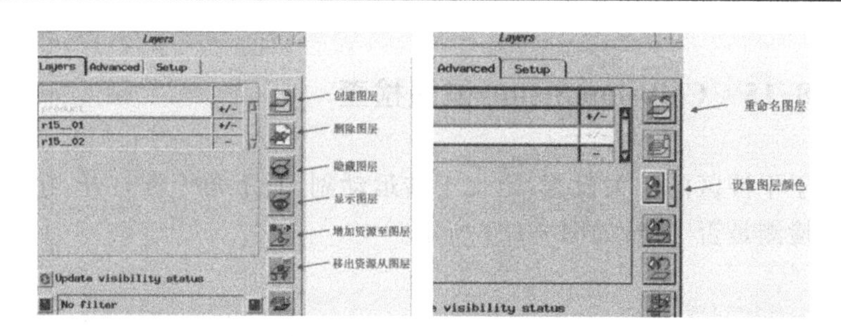

图 2-119　仿真

2.8.12　Attribute Editor:属性编辑

Cell 中一些属性的建立。

2.8.13　macROSE:宏程序

建立一个宏指令。ROBCAD 中的 Mac 宏,类似 CATIA 和 NX 中的 Mac 宏命令,相当于对 ROBCAD 进行二次开发。预置的 Mac 宏库中,同样可以在项目文件夹下生成预览图标,其他宏程序命令可以自己尝试使用(如果精通 C 语言,可以自己修改或编写宏程序,当然需要知道 ROBCAD 宏编写的要求和作用)。

2.8.14　Auto place:自动放置

可进行机器人的初步布局,如图 2-120 所示。

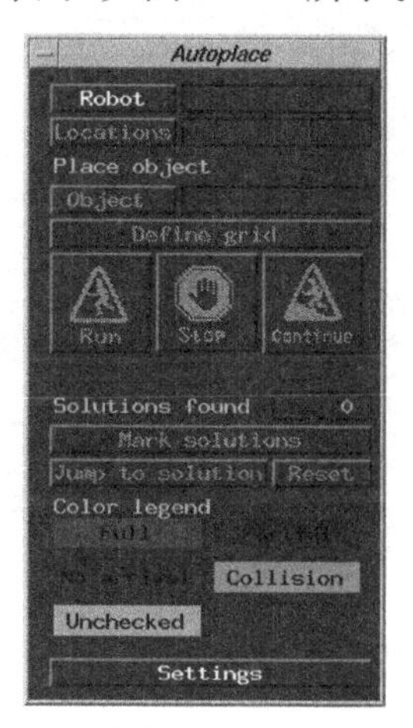

图 2-120　Auto place 界面

2.8.15 Collision Setup:碰撞检查

用于干涉区的相关设置,定义干涉运动副,右下角干涉打开,在过程仿真时能检测是否干涉,如图 2-121 所示。

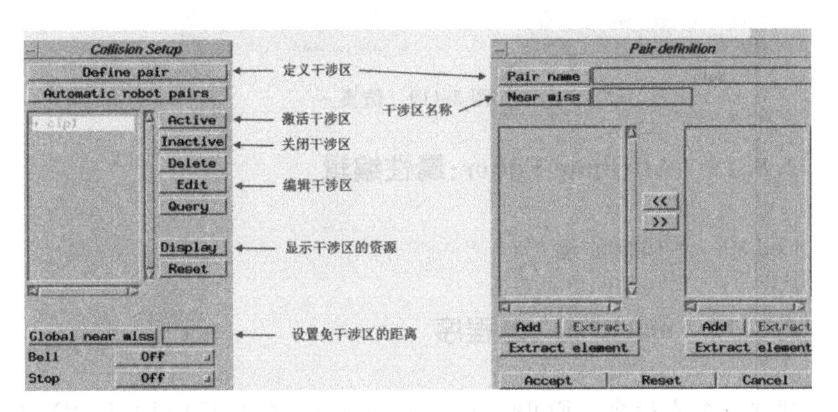

图 2-121 Collision Setup 功能说明

进入这个对话框,单击 1 选 ON(Bell 是指当发生干涉时要不要发出声音来),单击 2 选 ON(Stop 是指当发生干涉时要不要停下来),左右两部分进行设置碰撞。如果左右两部分出现干涉会有提示。出现干涉显示为红色或发出声且停下来,如图 2-122 所示。

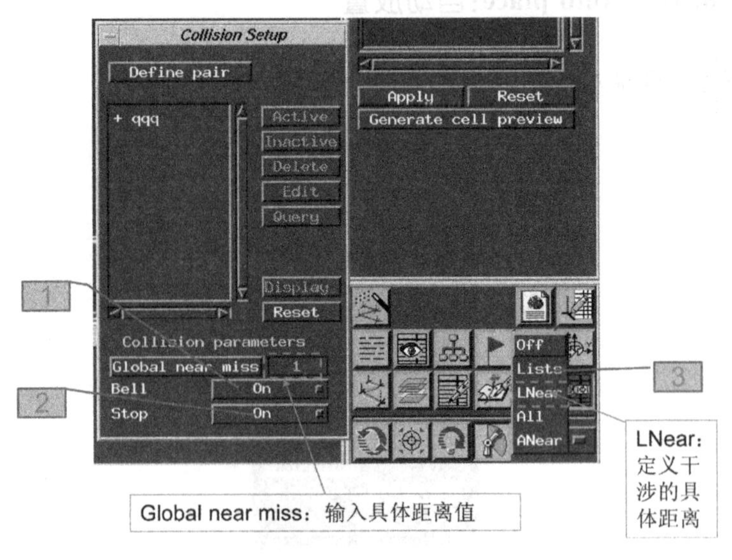

图 2-122 仿真

2.8.16　Undo:回退

回退一步。

2.8.17　View Center:视图中心

选中某个资源,即可创建以该资源为中心的视角,如图 2-123 所示。

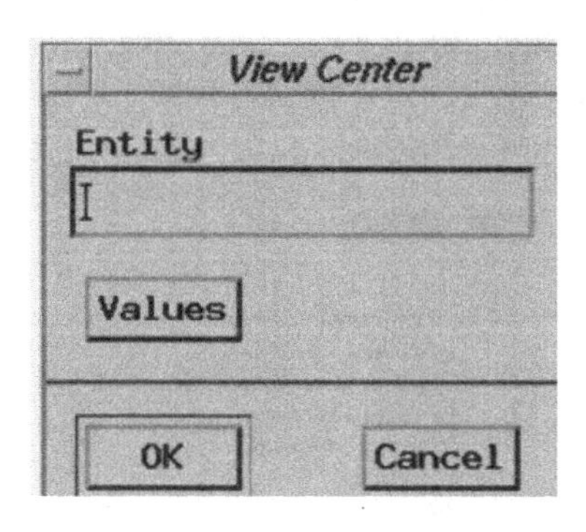

图 2-123　仿真

2.8.18　Reset:恢复

恢复一步。

2.8.19　Limits Check:限制检测

检测模式是否打开。

2.9　ROBCAD 基础知识

2.9.1　ROBCAD 数据类型

2.9.1.1　数据格式

ROBCAD 有两种数据格式:ce 和 co。ce 和 co 都是文件夹形式,里面包含许多个数据文件，其中有个文件是预览图。预览图需要手动添加，添加方法后文介绍。

ce 数据相当于 CATIA 的 product 文件，只包含装配信息。

co 数据相当于 CATIA 的 part 文件，包含三维数据。

2.9.1.2 数据存放结构

项目文件夹中必须包含 project 和 library 两个文件夹，如图 2-124 所示。

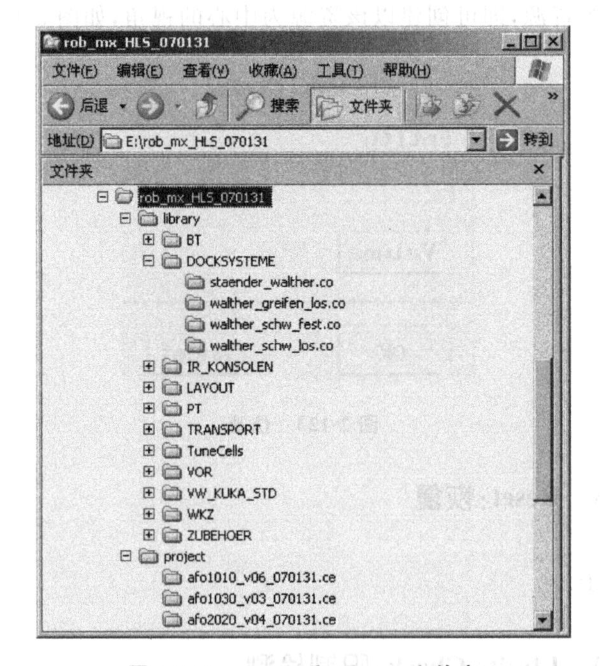

图 2-124　project 和 library 文件夹

project 文件夹存放 ce 数据；library 文件夹存放 co 数据，但 co 数据不能直接放到 library 文件夹中，必须再创建下一级文件夹分类存放。

2.9.2 设置工作路径

设置工作路径有两种方式：临时设置、永久设置。

2.9.2.1 临时设置

临时设置指每次使用时都要重新设置一遍。

(1)设置 project 路径：点屏幕左上角的 Robcad ◊点 Project 选项，如图 2-125 所示。

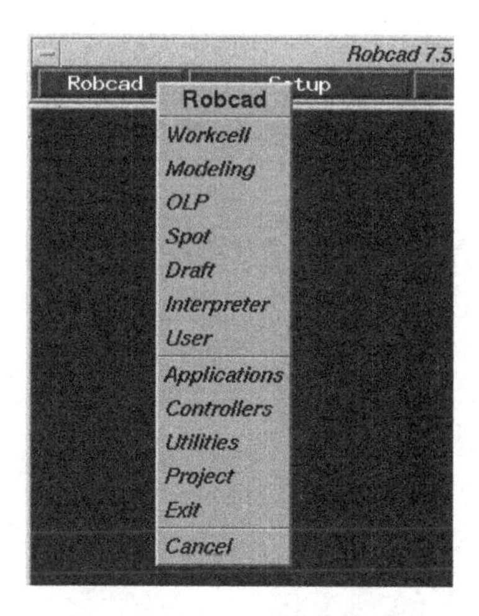

图 2-125　Project 路径设置 1

(2)点<Browse Project Tree>,如图 2-126 所示。

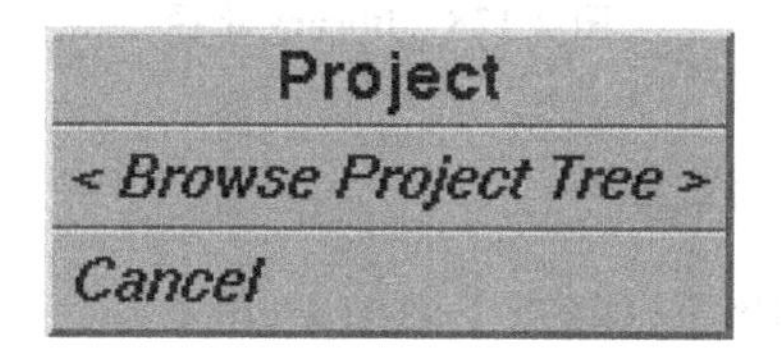

图 2-126　Project 路径设置 2

(3)双击“..”返回上级目录,“.”是当前文件夹(没用)。找到要模拟的项目文件夹,双击第三张图的 project 文件夹,点击 OK,如图 2-127 所示。

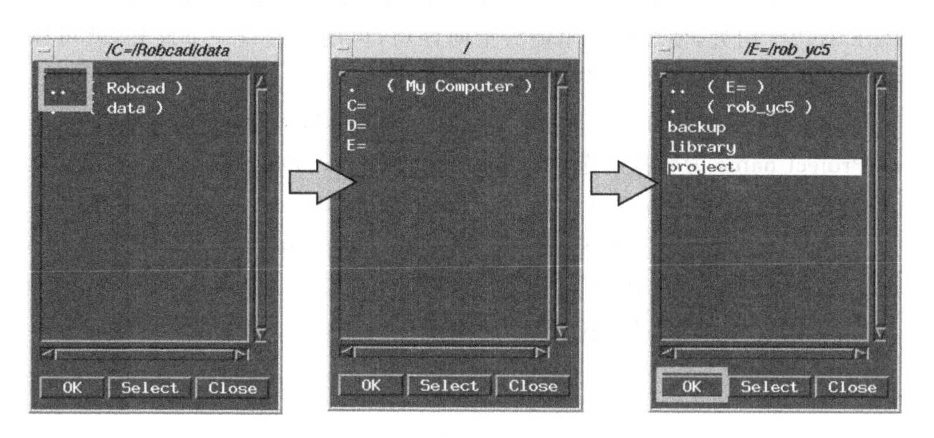

图 2-127　Project 路径设置 3

(4)设置 library 路径：点屏幕左上方的 Setup ◊点屏幕右侧 Projects ◊点 Set library root ◊如果第四步窗口中没有内容，点一下 Filter，再双击选择 library 文件夹◊OK 完成，如图 2-128 所示。

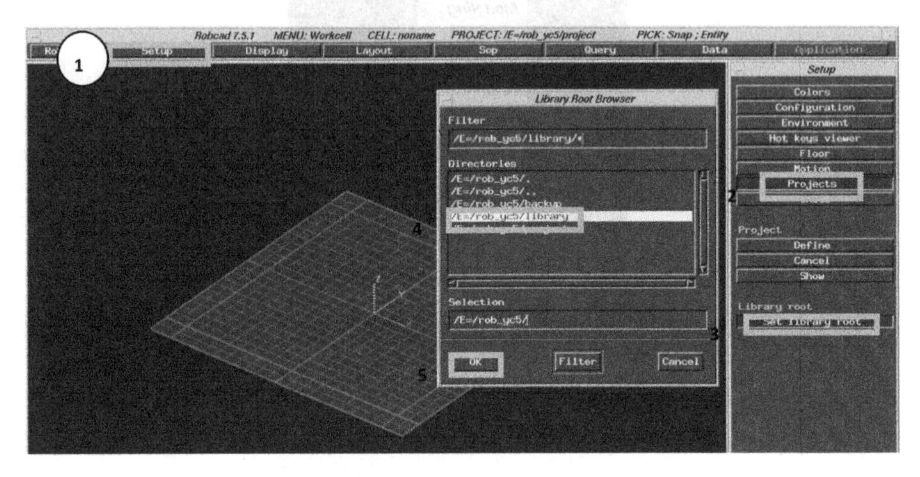

图 2-128 library 路径

2.9.2.2 永久设置

(1)点屏幕右侧 Projects ◊点下面的 Define ◊。

"Project name："项填入项目名称；

"Path："项填入 project 文件夹的完整路径。路径格式为："/E=/asdf/zxcv/project"。

技巧：填 Path 项时，可以先复制好路径，回到 Define 窗口，左键点一下 Path 右边空白处，使黑色三角箭头指向该项，再用中键点一下此处，就可以把路径粘贴上去，如图 2-129 所示。

(2)点屏幕左上角的 Robcad ◊点 Project 选项◊，出现一个以第一步定义的 Project name 为名称的选项，点击该项，如图 2-130 所示。

(3)临时设置的第四步。

(4)保存路径设置：点 Setup 选项卡的 Configuration ◊点 Store ◊点 User project，如图 2-131 所示。

(5)以后打开软件使用时，只需执行第二步即可。

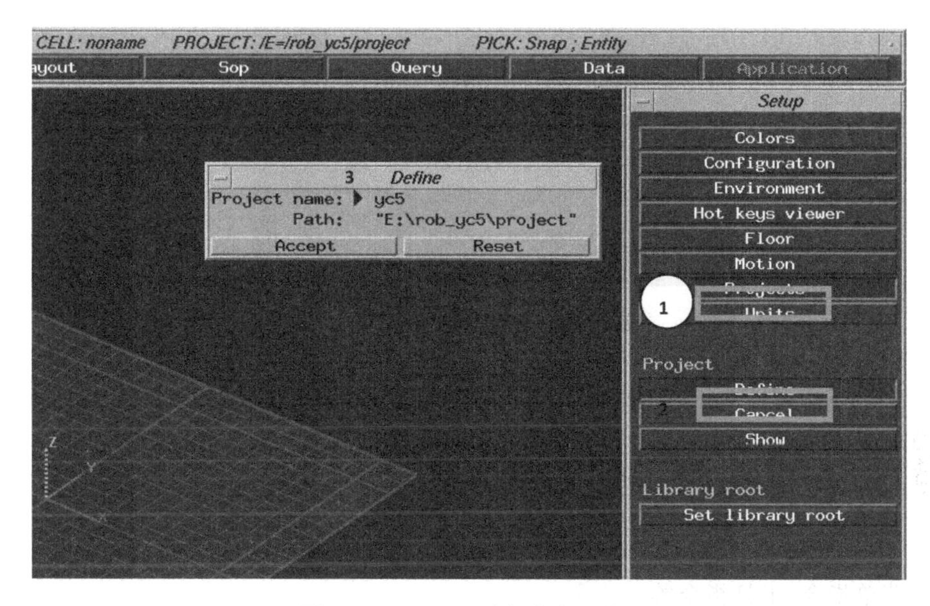

图 2-129　Project 路径永久设置 1

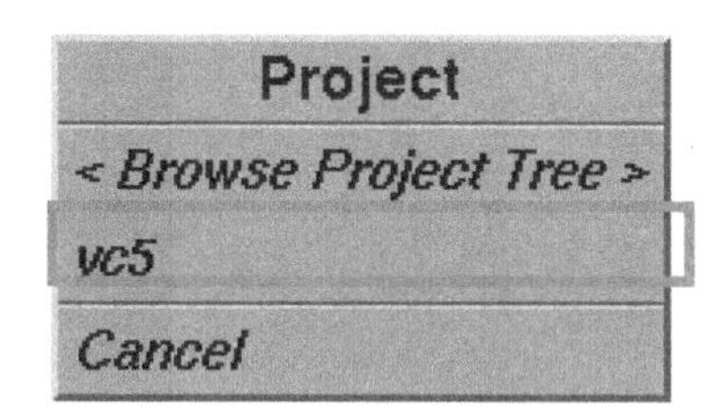

图 2-130　Project 路径永久设置 2

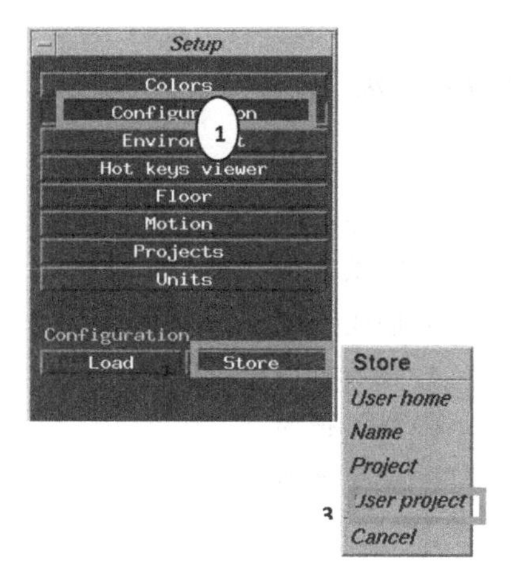

图 2-131　Project 路径永久设置 3

2.9.3　把一般的 Frame 定义成 Working Frame

根据实际使用要求，需设定当前的工作坐标系，方法如图 2-132 所示。按 F12 键，选择 entity 模式，在 Frame 上右键单击，Set Working Frame 中选择 Selected。

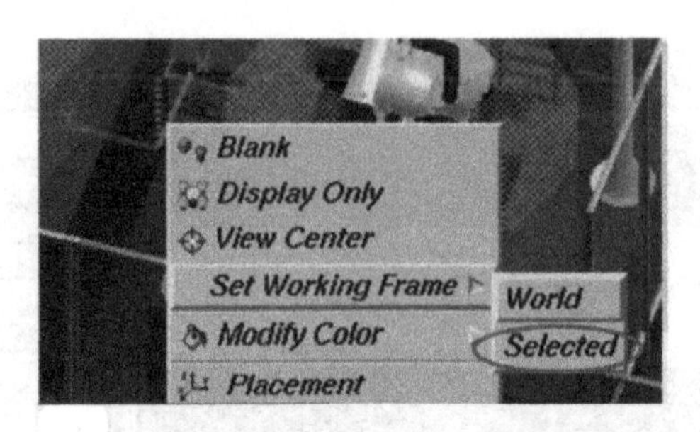

图 2-132 设定当前的工作坐标系

2.10 小结

主要介绍 ROBCAD 软件在实际中的应用，主要讲解了软件功能模块、菜单指令、工具指令等。

要求初步认识每个指令并保证将来能够熟练使用。

2.11 练习

(1)熟悉基本操作和快捷键。
(2)熟悉软件的基本模块。
(3)创建一个新项目。
(4)载入所需项目资源。
(5)资源布局。
(6)保存该项目。

第 3 章　MODELING 建模模块

3.1　MODELING 模块菜单

常用菜单见第 2 章 2.6 节，本节介绍 Modeling 模块中的专用菜单。

3.1.1　Files 菜单

Files 菜单主要对部件文件进行处理、管理等，如图 3-1 所示。更多的是对 .co 文件（零件或是部件）进行编辑。在编辑前必须保证被编辑文件在当前项目的 Project 文件夹下。

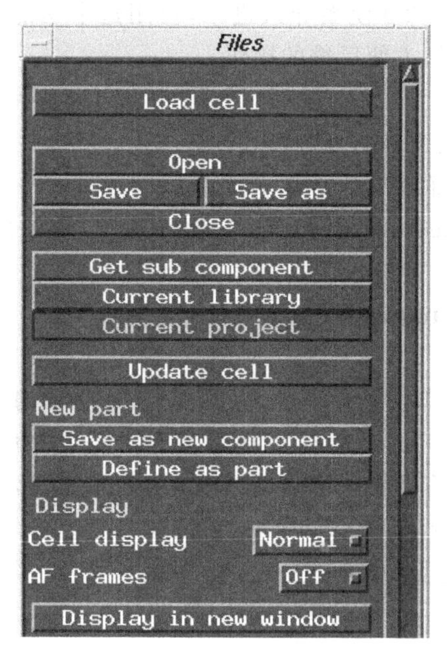

图 3-1　Files 菜单

（1）Load cell：加载一个工作站。加载工作站，打开后可对其进行操作，很少在这里 LOAD，更多在 Layout 中进行加载操作。

(2)Open:打开或新建零部件。打开一个已有 .co 零件/新建一个 .co 文件。

(3)Save/Save as:保存/另存更改的零件。把编辑好的零部件进行保存或另存,注意需随时进行保存操作(5~10min)。

(4)Close:关闭当前打开的零件。关闭当前编辑的零部件,一般习惯是保存、关闭,打开另一个零部件进行编辑。

(5)Get sub component:加载已有的零部件到当前的零件中。把多个零部件组合成一个大的部件。

(6)Current Library:设置当前文件所在的库文件地址。

(7)Current project:设置当前文件所在的项目文件地址。

(8)Update cell:更新工作站。

(9)New part。

①Save as new component:在当前零件中,另存一个新的零件。这是一个非常适用的功能,可整体把 3D 模型导入进来,再用这个功能划分为各个功能零部件,有了功能零部件后,方便后继的操作。

②Define as part:在当前零件中,另存一个新的部件。这是一个非常适用的功能,可整体把 3D 模型导入进来,再用这个功能划分为各个功能部件,有了功能部件后,方便后继的操作。

(10)Display。

①Cell display:工件站显示模式。

②AF frames:框架。

③Display in new window:打开一个新的 3D 视图窗口。

3.1.2 Kinematics 菜单

Kinematics 菜单主要进行活动关节定义、旋转轴的定义等工作,最终实现机械运动定义。机械运动结构制作是 ROBCAD 中非常重要的一个部分。它可以定义所有能模拟的运动学机构和机械工具,然后在仿真中应用,如图 3-2 和图 3-3 所示。

(1)Link:机构运动单元,定义各个构件。

①Create:创新一个运动构件。

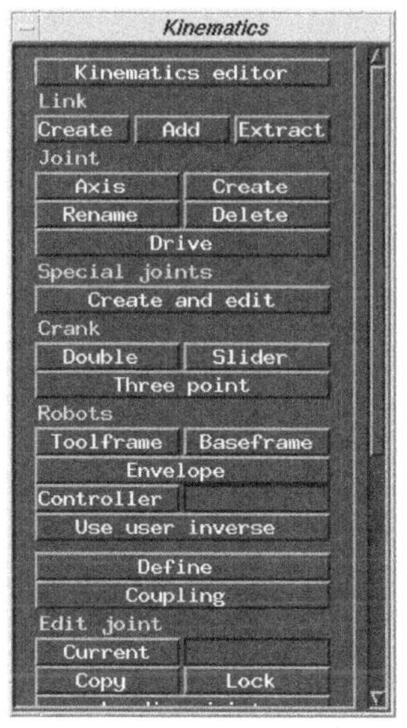

图 3-2　Kinematics 菜单上半部

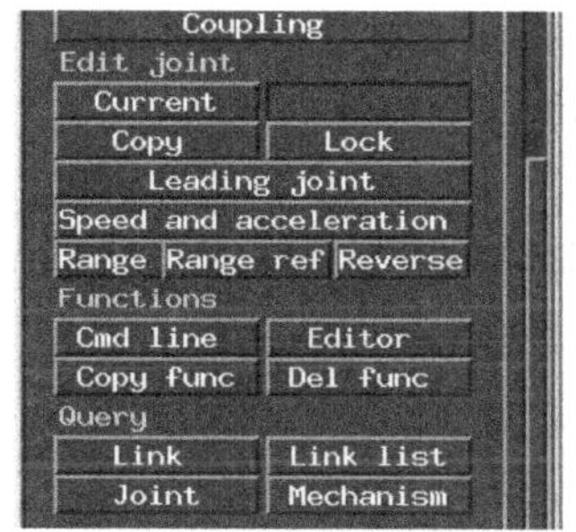

图 3-3　Kinematics 菜单下半部

②Add：在现有构件中增加实体。

③Extract：在现有构件中去除实体。

(2)Joint：建立运动机构，两个运动构件之间的相对运动关系。

①Axis：创建机构运动的旋转轴或直线。

②Create：建立运动机构。

③Rename：重命名运动机构。

④Delete：删除命名运动机构。

⑤Drive：驱动运动机构。

(3)Special Joint：特殊运动机构。

Create and edit：创建与编辑，按 New 按键，输入名字后，选择特殊运动机构类型，如图 3-4 所示。

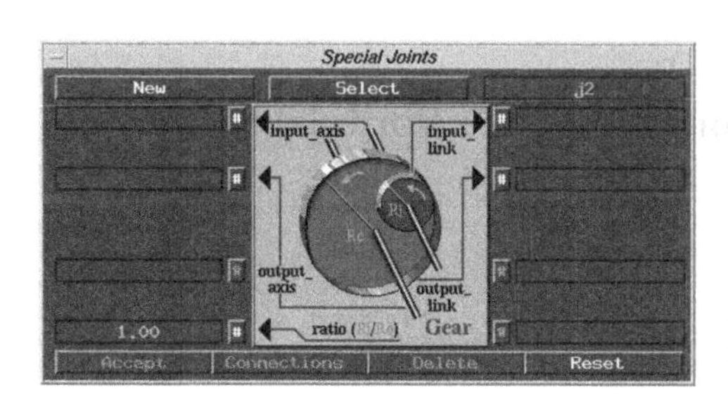

图 3-4　Special Joint 窗口

(4)Crank:曲柄机构。

①Double:4 连杆结构。

②Slider:3 连杆滑动结构。

③Three point:复合结构。

(5)Robots:机械从机构。

①Toolframe:工具坐标。

②Baseframe:基本坐标。

③Envelope:工作范围。

④Controller:控制系统。

⑤Use user inverse:用户反转。

⑥Define:运动机构定义,设置完成后必须按定义,才能最终完成运动机构的设置。

⑦Coupling:管线包定义。

(6)Edit joint:编辑运动机构。

①Current:激活当前运动机构。

②Copy:复制。

③Lock:锁止。

④Leading joint:引导机构。

⑤Speed and acceleration:设置运动速度和加速度,如图 3-5 所示。

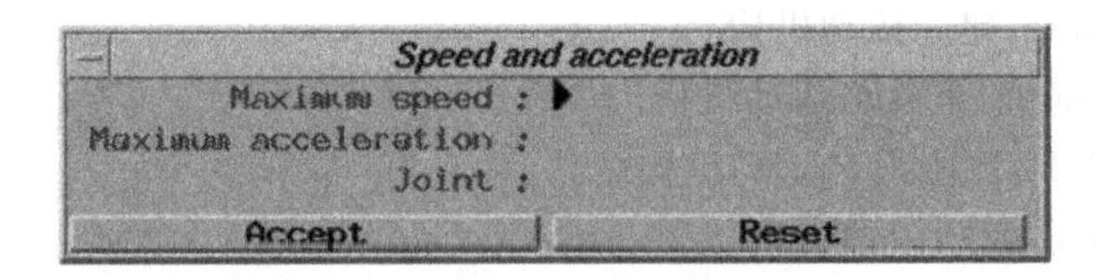

图 3-5 Speed and acceleration 窗口

⑥Range:设置运动的范围,如图 3-6 所示。Constant 为运动范围,Variable 为常数值。

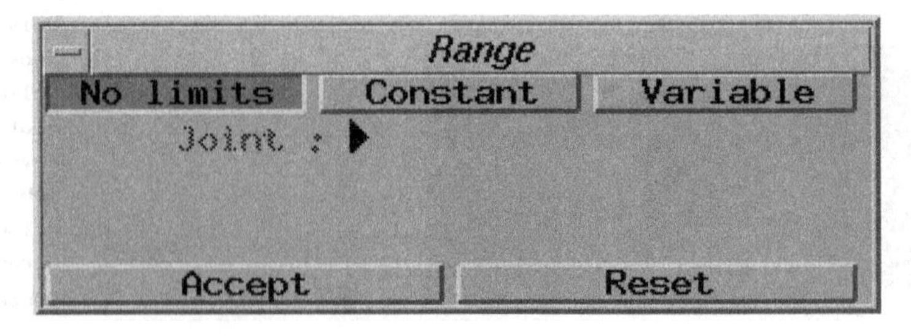

图 3-6 Range 窗口

⑦Range ref：运动范围的参考。

⑧Reverse：反向运动。

(7)Functions：功能设置。

①Cmd line：控制构件。

②Editor：编辑功能。

③Copy func：拷贝功能。

④Del func：删除功能。

(8)Query。

①Link：显示当前有几个构件。

②Link list：构件列表。

③Joint：显示当前有几个机械结构。

④Mechanism：机械结构列表。

新增功能 Kinematics Editor，在一个界面中实现上述 Link 与 Joint 的功能，同时在一个界面中操作直观，可提高工作效率，如图 3-7 所示。

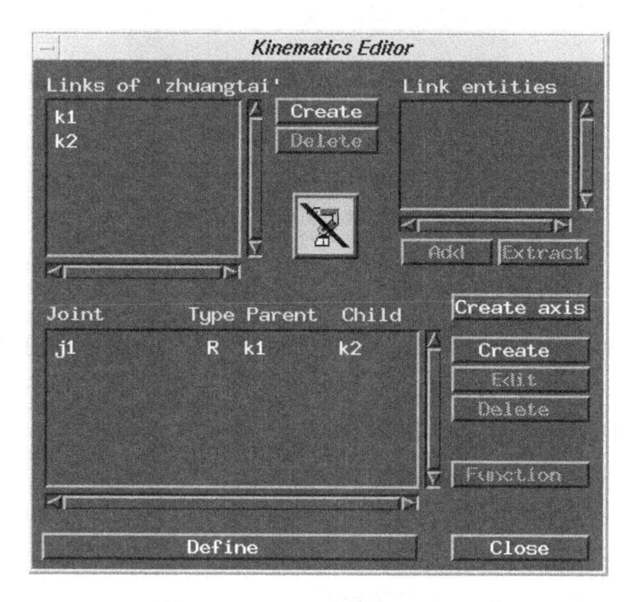

图 3-7　Kinematics Editor 窗口

3.1.3　States 菜单

State 一般指机构的运动姿态，或者设置机构的几个运动姿态。一般指工作姿态和回退姿态，还有一个默认值 HOME 的姿态，其是运动体零位的状态，所有运动体都有零位或者初始状态，在离开这个界面时必须单击 Move to：HOME 这个状态，否则容易出现错误，如图 3-8 所示。

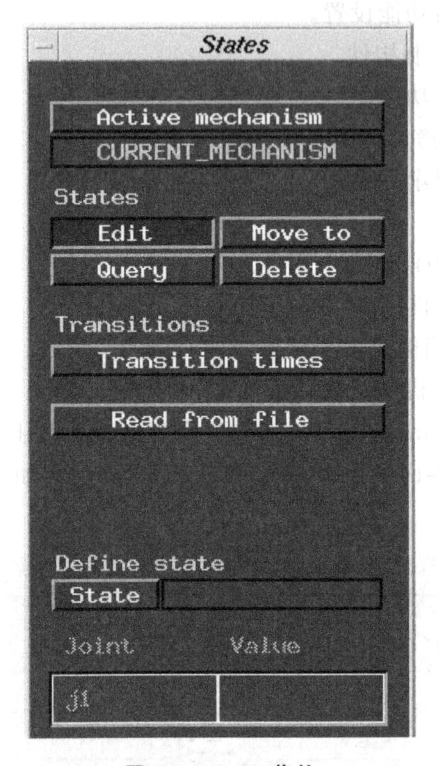

图 3-8 States 菜单

（1）Active mechanism：当前激活的机械结构，下面为当前选择的机械结构。

（2）Edit：选择已定义的某个机械结构。

（3）Move to：激活当前是哪种姿态。

（4）Query：查询。

（5）Delete：删除。

（6）Transition times：状态转换时间。

（7）Read from file：从文件中读取。

（8）State：设置状态，点击输入状态名。注意状态名必须采用大写字母。

一般机构有 OPEN、CLOSE 两种状态及默认 HOME 状态。

如果机构为焊枪，其状态有 open、semiopen、close 三种状态及默认 home 状态，如图 3-9 所示。

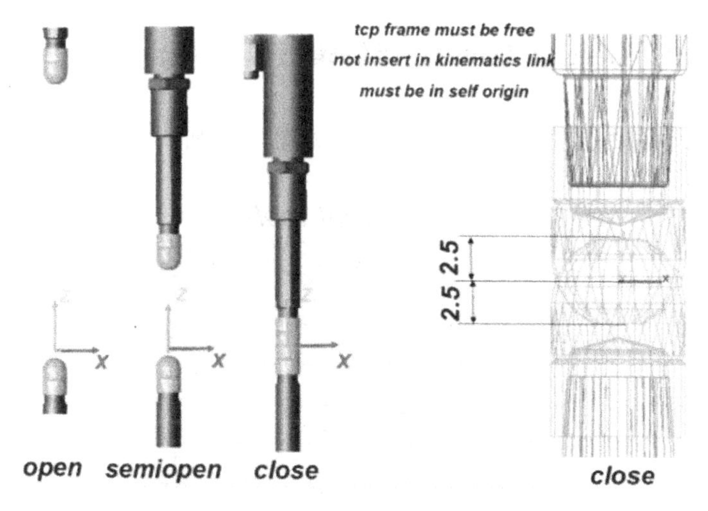

图 3-9　焊枪的姿态

(9)Value:设置运动关节状态值。

每设置一个姿态,需按 Accept 来确认保存,所有姿态设定完成后,按 Move to 选择 HOME,再进入 Kinematics 菜单,单击 Define 按键完成全部定义。

3.2　Modeling 常用工具箱指令介绍

Modeling 功能模块下的工具,工具箱所显示的内容也不同,如图 3-10 所示,部分在第 2 章介绍过,这里不再讲解。

图 3-10　Modeling 功能模块下的工具

3.2.1 General Tools:常用编辑工具

完成常用功能,这些功能必须掌握,如图 3-11 所示。

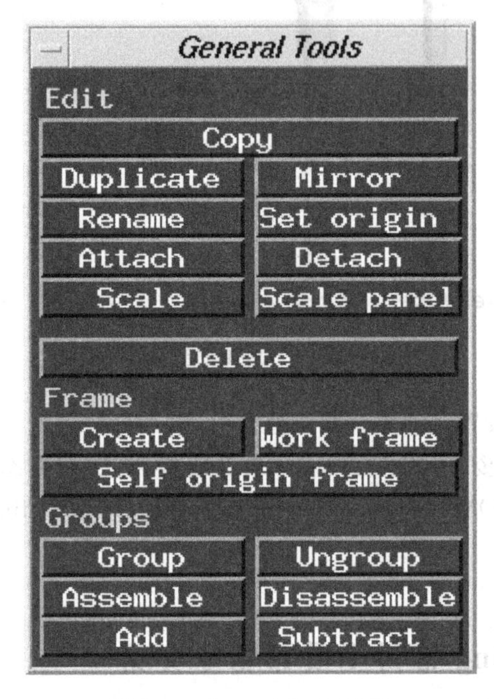

图 3-11 General Tools 窗口

(1)Edit:常用编辑工具。

①Copy:复制。

②Duplicate:阵列复制。

③Mirror:镜像。

④Rename:重命名。

⑤Set origin:单体原点设置。

⑥Attache:附着到单体。

⑦Detach:取消附着。

⑧Scale:比例缩放。

⑨Scale panel:缩放面板。

⑩Delete:删除。

(2)Frame:坐标工具。

①Create:创建坐标。

②Work frame：设置工作坐标。

③Self origin frame：设置原点坐标。

(3)Group：合集工具。

①Group：制作组合集。

②Ungroup：取消组合集。

③Assemble：制作装配合集。

④Disassemble：取消装配合集。

⑤Add：添加对象到组中。

⑥Subtract：从组中减除对象。

3.2.2　2D Sketcher：2D 绘图

2D 草绘工具，如图 3-12 所示。

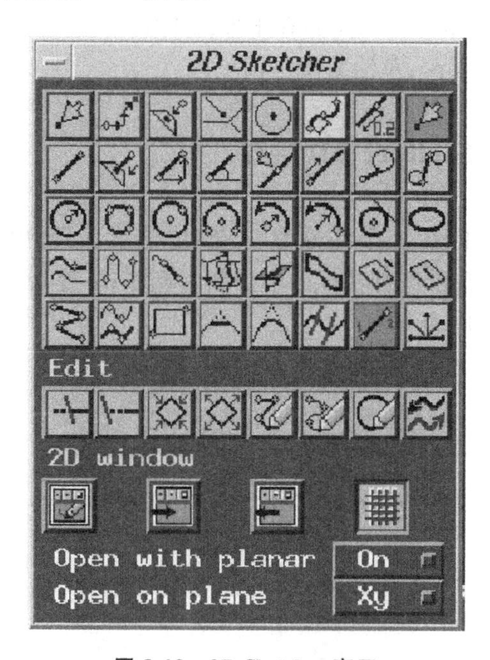

图 3-12　2D Sketcher 窗口

(1)第一行点创建工具：不同方式的点创建命令。

(2)第二行线创建工具：不同方式的线创建命令。

(3)第三行圆/弧创建工具：不同方式的圆/弧创建命令。

举例如图 3-13 所示，Arc by three points 三点画弧或画圆。

(4)第四行曲线创建工具：不同方式的曲线创建命令。

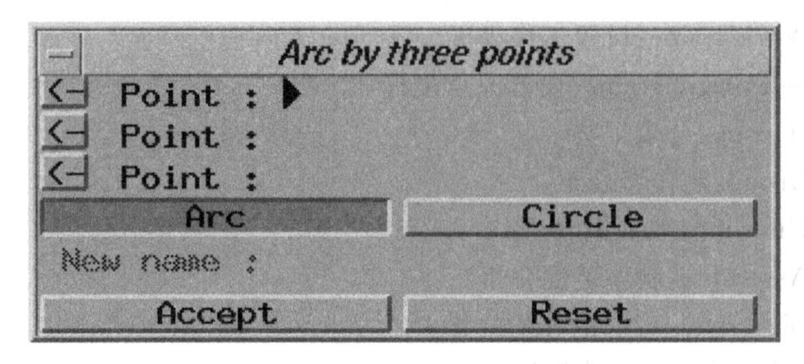

图 3-13　Arc by three points 窗口

(5)第五行特征创建工具:创建矩形倒角、倒圆角、平分线等命令。

(6)Edit:线编辑工具。

(7)2D window:草绘编辑视图窗口,打开新的窗口,在新窗口中可进行操作。

(8)Open with plannar:是否在平面上工作。

(9)Open on plane:草绘编辑平面更改。

3.2.3　3D Sketcher:3D 绘图

3D 实体编辑工具,上半部分为 3D 实体草绘工具;中间为实体布尔运算,实体编辑采用布尔进行特征的增加削减操作;下部为实体建立时的一些默认参数,如图 3-14 所示。

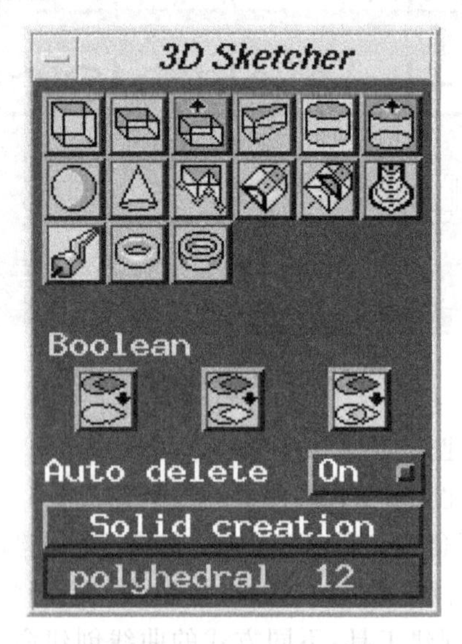

图 3-14　3D Sketcher 窗口

3.2.4　Surface:曲面

曲面草绘工具,上半部分为 3D 曲面草绘工具,下半部分是曲面编辑工具,如图 3-15 所示。

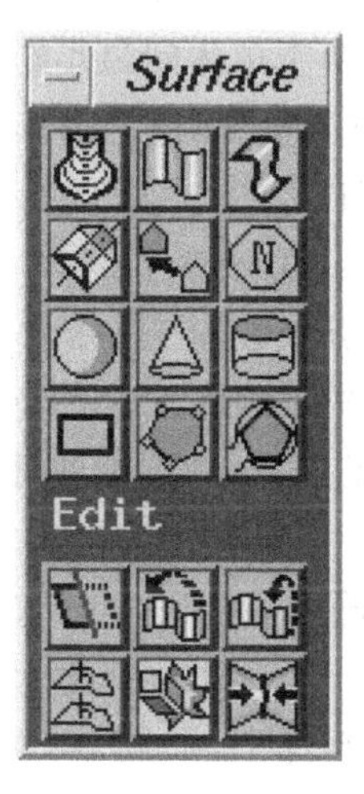

图 3-15　Surface 窗口

3.2.5　Query:查询

测量工具,如图 3-16 所示,查询信息在状态窗口中显示。

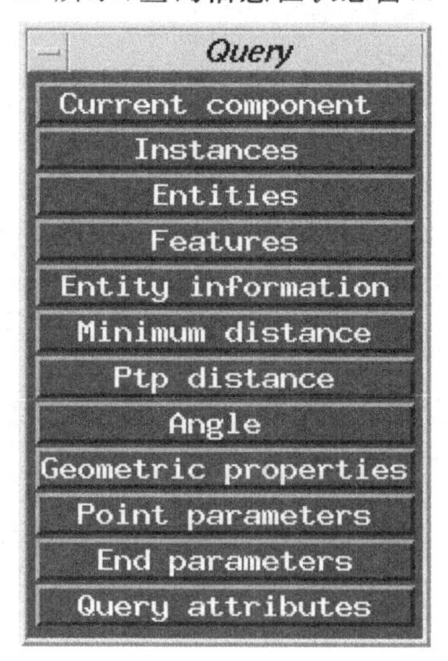

图 3-16　Query 窗口

(1)Current comonent:当前部件汇总。

(2)Instance:当前实例汇总。

(3)Entites:当前实体汇总。

(4)Features:当前特征汇总。

(5)Entity information:单体信息工具。

(6)Minimum distance:两个单体间最小距离测量工具。

(7)Ptp distance:点到点测量工具。

(8)Angle:角度测量工具。

(9)Geometric properties:几何特性。

(10)Point parameters:点参数。

(11)Query attributes:查询属性。

技巧:操作时注意视图的选择,视图的快捷键的应用。

3.2.6 Browser:浏览

查找文件,加载到当前部件中,如图 3-17 所示。选择好零部件后,按【Insert】键,按 part 类型插入当前文件中。

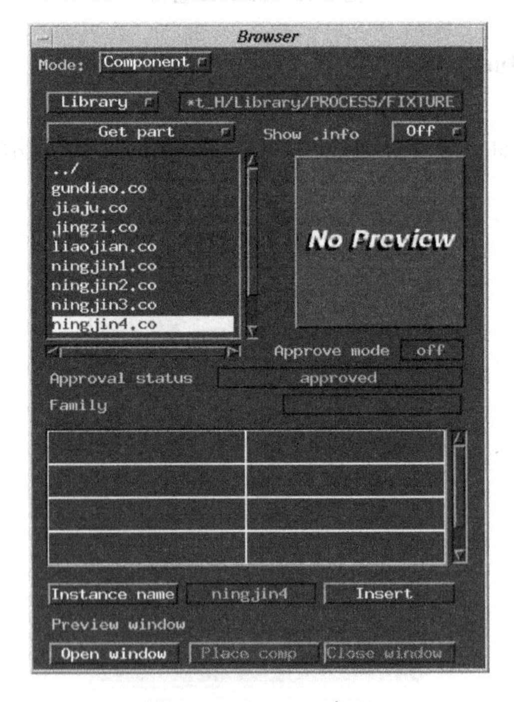

图 3-17 Browser 窗口

3.2.7 Smart Search:敏捷搜索

敏捷地进行查找,如图 3-18 所示。

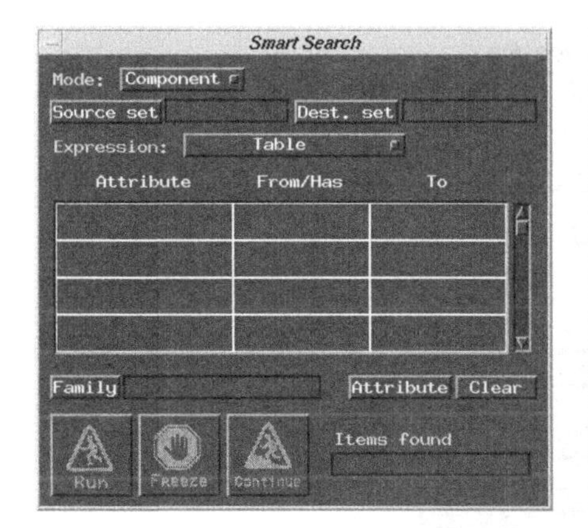

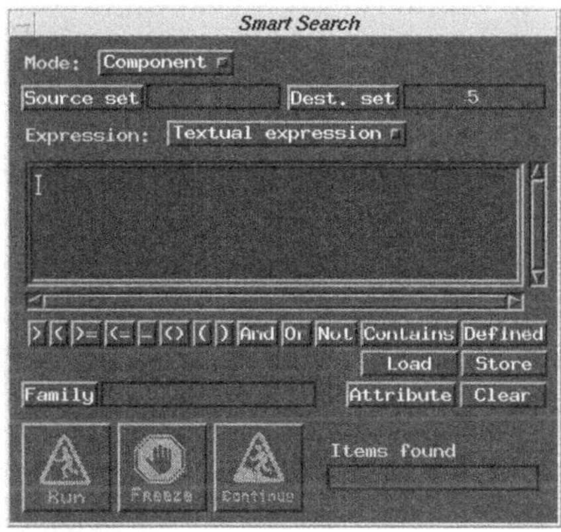

图 3-18 Smart Search 窗口

3.2.8 Set Editor:设置编辑

Set Editor 窗口如图 3-19 所示。

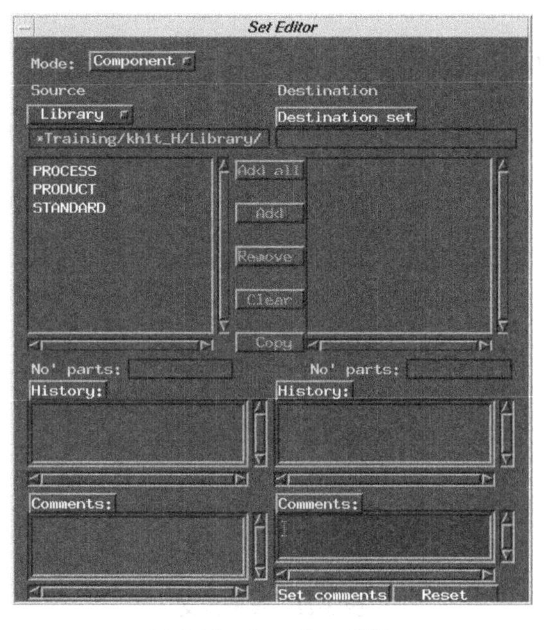

图 3-19 Set Editor 窗口

3.2.9 Device Jog:简易驱动

Device Jog 窗口如图 3-20 所示。

图 3-20 Device Jog 窗口

3.2.10 Gun Defined:焊枪定义

如果当前机械结构是焊枪,必须再定义该机构为焊枪,点击 Gun Define 命令,完成焊枪定义,如图 3-21 所示。

图 3-21 焊枪定义

(1)Tcp frame:选择工具坐标。

(2)Add:增加不检测干涉部分,如 2 个电极帽。

(3)Define as gun:定义为焊枪。

(4)Define as servo:定义为伺服。

(5)Center of gravity:指定质心。

3.3 建模命令详解及演示过程

3.3.1 3D sketcher 实例 1

3D sketcher 工具的主要功能是建立实体。

Cube 是立方体指令,点击该指令,出现如图 3-22 所示的窗口。输入长度及选择当前坐标系,则在 XY 平面上建立一个立方体,如图 3-23 所示,下底面的中心与坐标系重合。

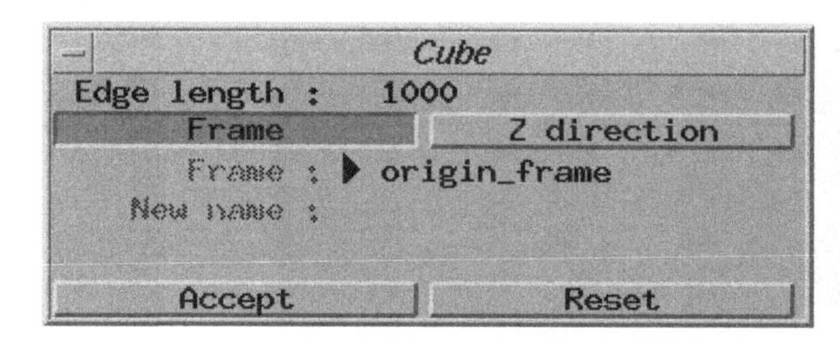

图 3-22 Cube 窗口

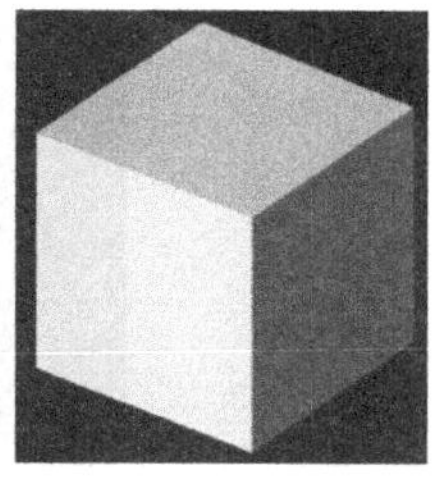

图 3-23 生成的立方体

3.3.2 Surface 实例 1

Surface 工具的主要功能是建立曲面。

Rovolution 表示旋转曲面命令,点击该命令,出现如图 3-24 所示的两个窗口,如果没有曲线的需先建曲线。

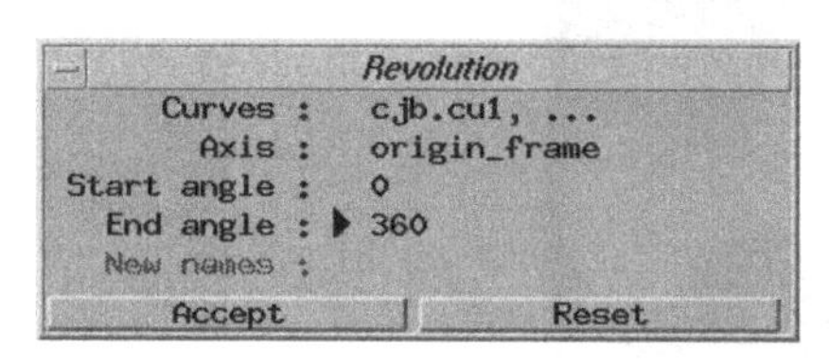

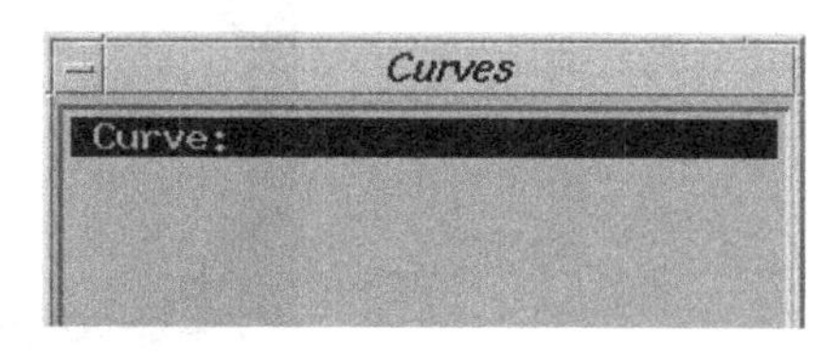

图 3-24 Rovolution 窗口

在建立曲面之前，首先建立曲线，点击 2D Sketcher ，选择一个曲线命令 Cover by points，出现如图 3-25 所示的页面，在 XY 平面上点击几个位置点，设置曲线点，如图 3-26 所示。单击 Accept，曲线如图 3-27 所示。

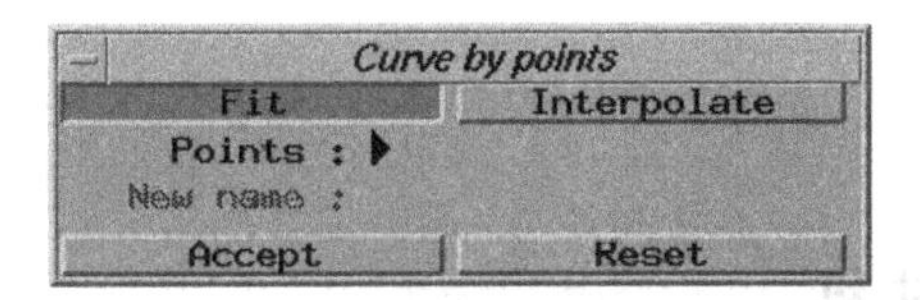

图 3-25　Cover by points 窗口

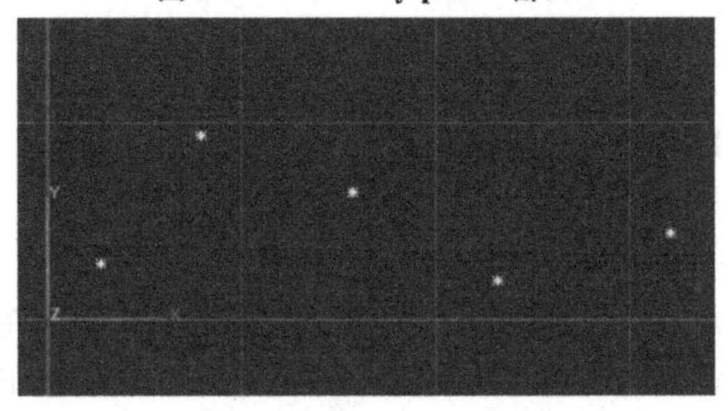

图 3-26　Cover by points 的曲线点

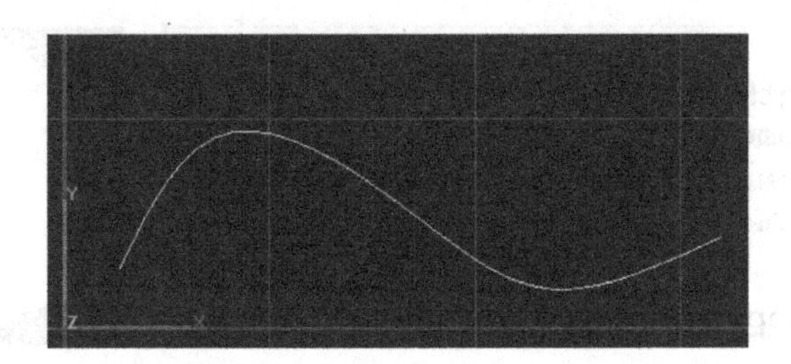

图 3-27　Cover by points 的曲线

在 Revolution 窗口选择当前曲线、坐标系的 X 轴，设置 Strat angle(起始范围)和 End angle(结束范围)。生成图形如图 3-28 所示(隐藏地板所示)。

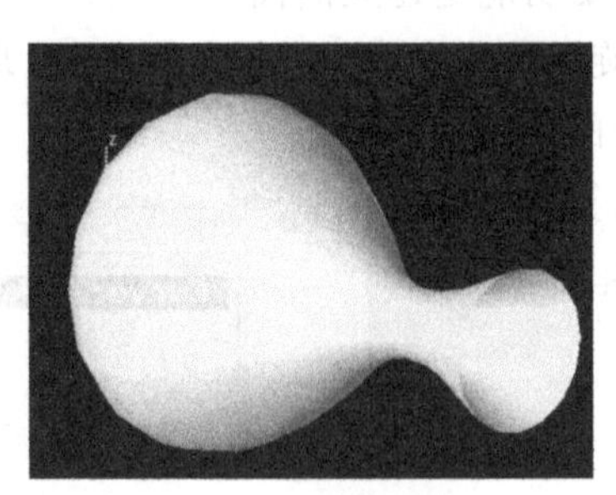

图 3-28　曲面图形

3.4 Modeling 模块一些常用技巧

3.4.1 如何使 component 能编辑

(1)单击 data 菜单,选择 Library Utilities,如图 3-29 所示。选择 Get For Edit,进入相应的 Library 里面以选择需要编辑的零件。再单击 Get for edit 只是把这个部件由 Library 文件下转移到 Project 文件下。

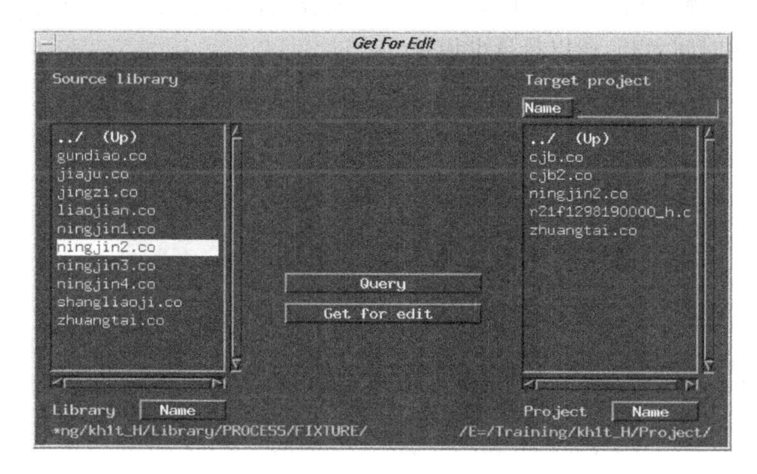

图 3-29 Get For Edit 窗口

(2)在 Modeling 模块中打开部件时,采用 Independent(单独打开)的方法,而不是 In cell(在工作站),如图 3-30 所示。当前 Project 文件夹下的 .co 文件显示,选择一个,点击 Accept,然后在 Confirm 窗口中单击 Confirm 后,这个部件单独装入,可进入编辑处理,编辑完成后,再复制到 Library 原位置。

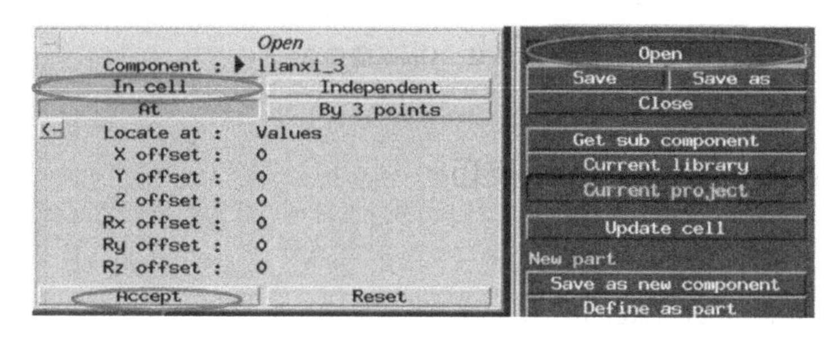

图 3-30 Open 窗口

3.4.2 重命名的一种快捷方法

(1)Layout→Delete→Close 当前窗口,目的是激活功能。

(2)在输入框中输入"Rename",然后回车。

(3)在 Component 状态选中需要重命名的目标。

(4)重命名,并确定。

注意:可以批量改名,工位再次打开后名称才有效。

直接在 Layout→Rename→Add→出现窗口,如图 3-31 所示,单击 Add→OK 后,弹出如图 3-32 所示窗口,需先保存当前 Cell,如果 Cell 比较大的话,占用时间太长,所以尽量少用。

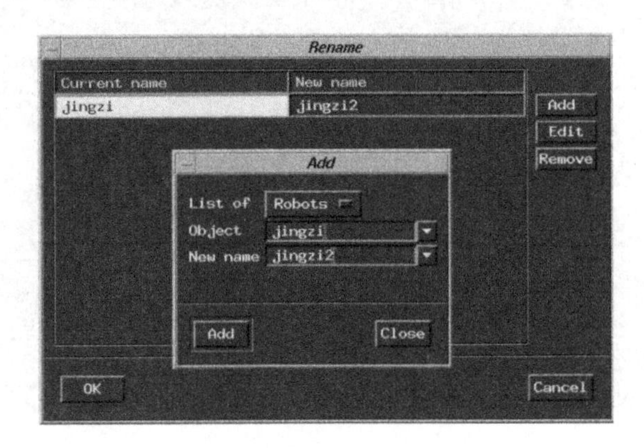

图 3-31 Open 窗口 1

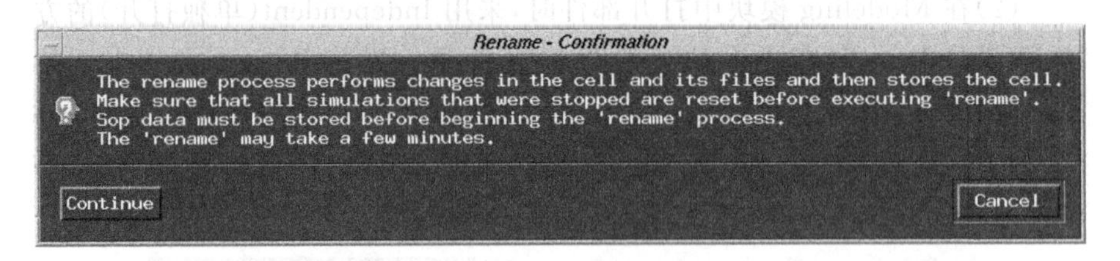

图 3-32 Open 窗口 2

3.4.3 创建孔的轴线技巧

建立孔轴,如图 3-33 所示。

(1)先进入 2D Sketcher 工具菜单。

(2)做圆 Arc by three points,如图 3-34 所示。

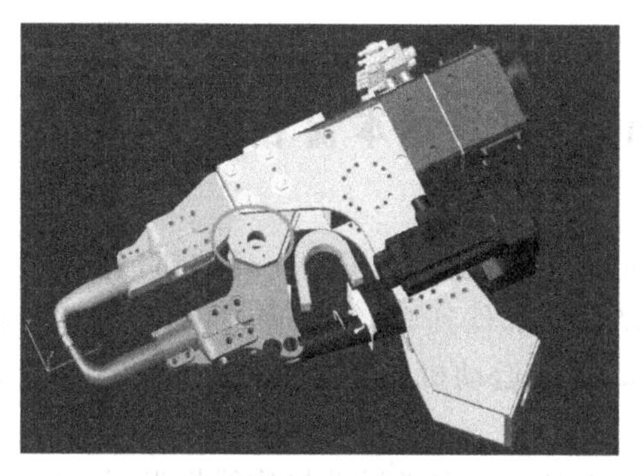

图 3-33　仿真

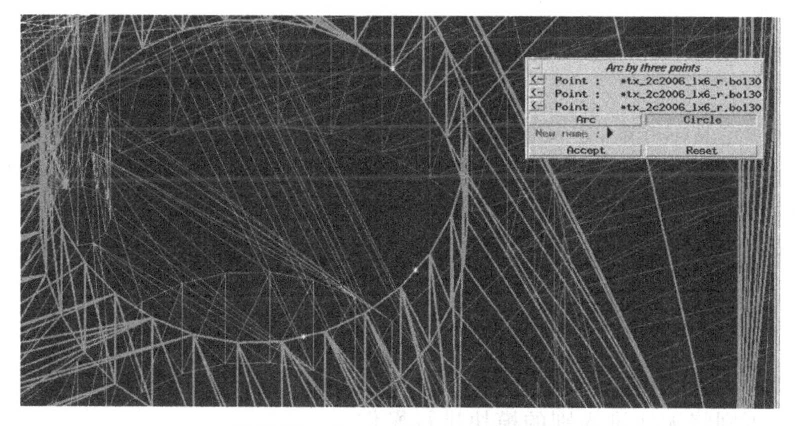

图 3-34　Arc by three points 技巧

(3)做出圆中心【Point center】,如图 3-35 所示。

图 3-35　Point center 技巧

(4)同理再做出另一面的中心点,最后连接两点,即轴。

3.5 Kinematics 制作基本流程

(1)进入【Modeling】模块,点击【Open】按钮,打开一个部件(采用独立打开的方法),LOAD 零部件到 3D 视图窗口中,然后开始制作 Kinematics。

(2)创建 Link,定义运动机构必须有 2 个及以上的 LINK,如:K1、K2、K3……

(3)创建 Axis 或 Point,定义运动机构线性形式,如:直线运动的方向或旋转轴。

(4)创建 Joint,选择创建好的 LINK,如:父体选择 K1、子体选择 K2 等形式。

(5)定义 Range,定义各运动机构 LINK 的行程。

(6)定义 Define,完成前面工作或更改后,必须进行定义,这样运动机构才能做好。

(7)定义 Pose(这步需在 States 模块下完成)。

(8)创建 Tcpf 和其他 Frame。

(9)定义焊枪非干涉区、Tcpf 和焊枪类型。

(10)保存数模,保存并关闭编辑状态,注意保证 save 之后必须点击 close,否则将无法进入别的模块进行操作。

注意:(1)、(2)无先后顺序,(7)和(8)为定义焊枪时需要的步骤,前提是已选择项目。

3.6 夹具 Kinematics 设计实例

3.6.1 夹具类机械装置 Kinematics 设置流程

(1)LINK 定义连接父结构、子结构。区别静止和可动件。

(2)AXIS 定义旋转轴或滑动轴(轴线)。

(3)JOINT CTEATE(定义机械装置)。

(4)DEFINE 必需要点,保证机械装置设置完成。

(5)STATES(主菜单)HOME 状态(退出时必须回到 HOME 点,否则做其他工作时,HOME 点会被变更,所有数据就乱了),OPEN、CLOSE 、SEMIOPEN 等的设置。

(6)DEFINE。

(7)SAVE。

(8)CLOSE。

(9)WORKCELL(主菜单)LAYOUT DELETE(如果不删除,即多调入一个)。

(10)WORKCELL(主菜单)LAYOUT GET COMPONENT。

(11)ROBCAD 软件在做数据转换时,最好有台单独的机器。

(12)CATIA 文件转换需安装 CATIA 及 TRANSLATER 软件。

(13)PACK GO 功能比较适用。

3.6.2　压头夹具结构运动设计实例

(1)选择要编辑的项目目录:ROBCAD/projet/……

(2)打开 Modeling 模块:ROBCAD/MODELING。

(3)打开零部件:OPEN,注意按下 Independent,如图 3-36、图 3-37 所示。

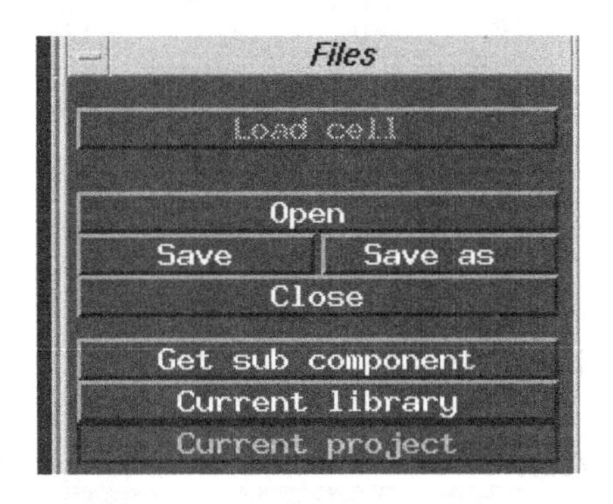

图 3-36　Files 菜单中选择 Open

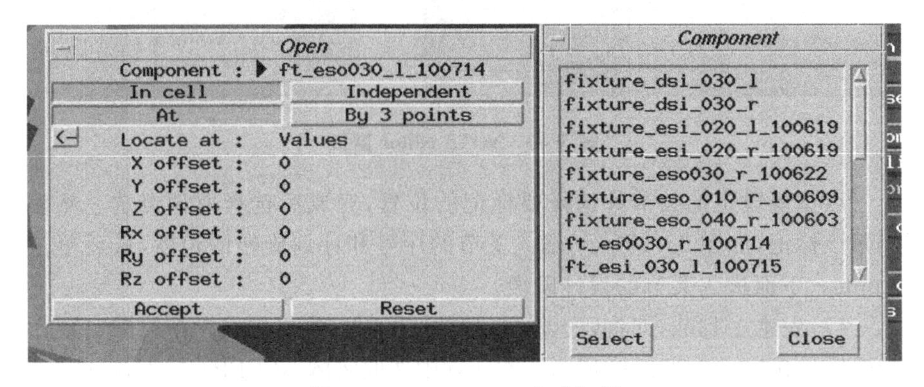

图 3-37　Independent 方式打开

(4)编辑元件的部件颜色:Display/Modify Color,如图 3-38 所示。

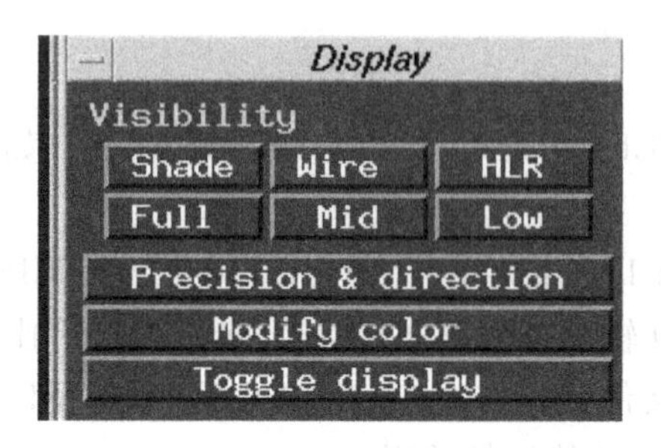

图 3-38 Display 菜单中 Modify color

选取相应的颜色,改变部件的颜色,如图 3-39 所示。

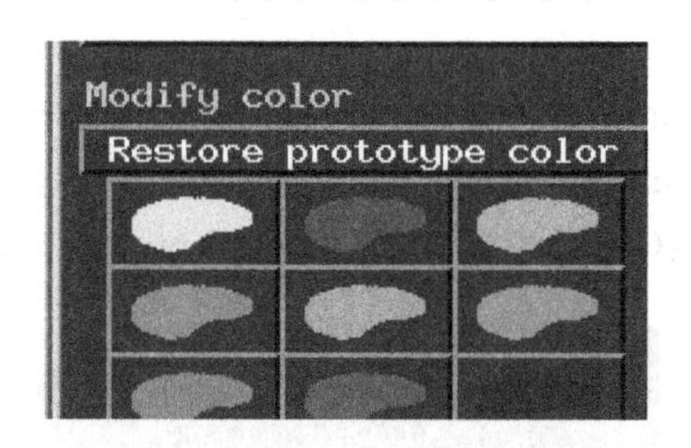

图 3-39 更改部件颜色

(5)选取菜单的 Kinematics。

(6)先在要建立的关节处做好标记,选取图标菜单中的 Note Editor→Create By Pick,如图 3-40 所示。

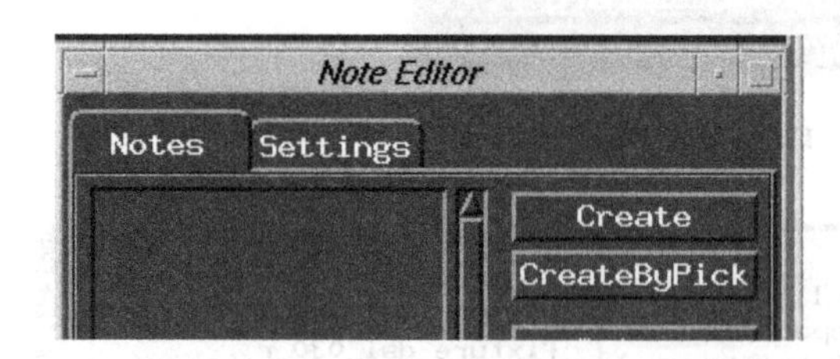

图 3-40 NOTE editor 窗口

点选要设定的关节处选择要标记的位置,完成后选择取消点选。然后编辑该标记,如图 3-41 所示,输入关节的序号和计划旋转的角度,最后单击 Apple。下面进入关节的设计阶段。

(7)先建立 Link,即将要运动的关节部分的部件集合成一个将来可动作的部件,如图 3-42、图 3-43 所示。在元件中选取实体 ACCEPT 后 Link 建立。

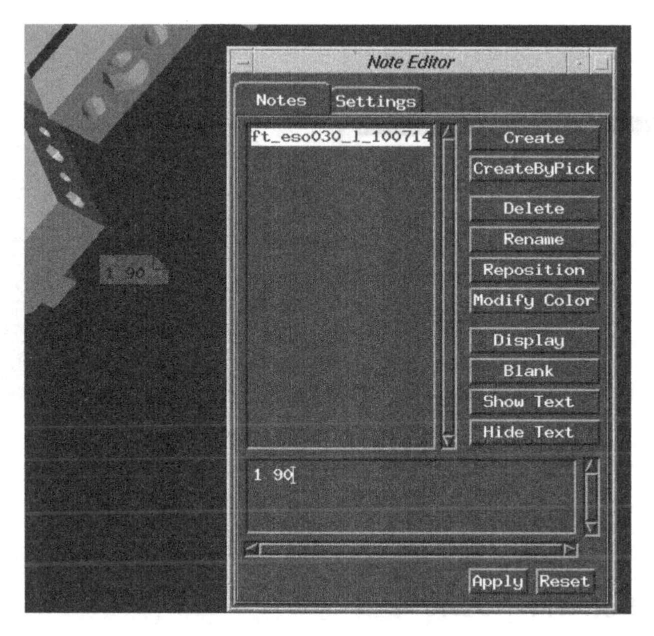

图 3-41　仿真

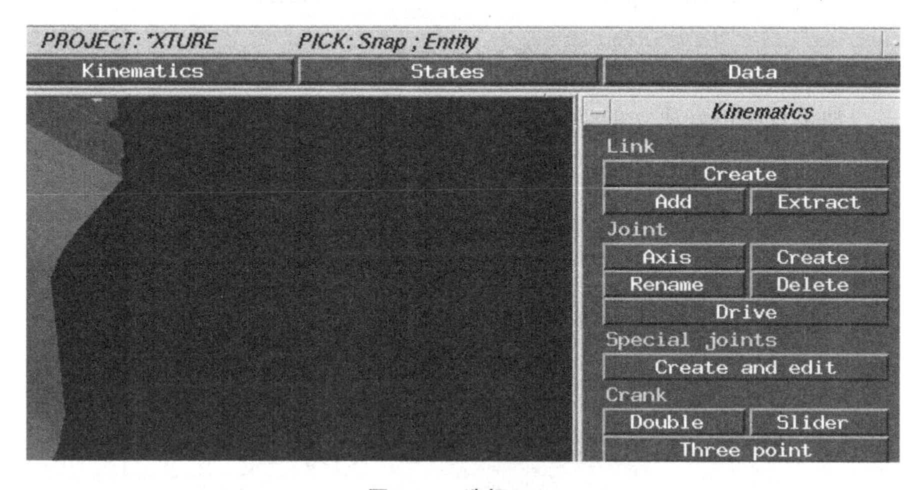

图 3-42　选择 Link

(8)编辑轴线,在图 3-42 中选择 Axis,如图 3-44 所示,通过 2 点来建立一条轴线。

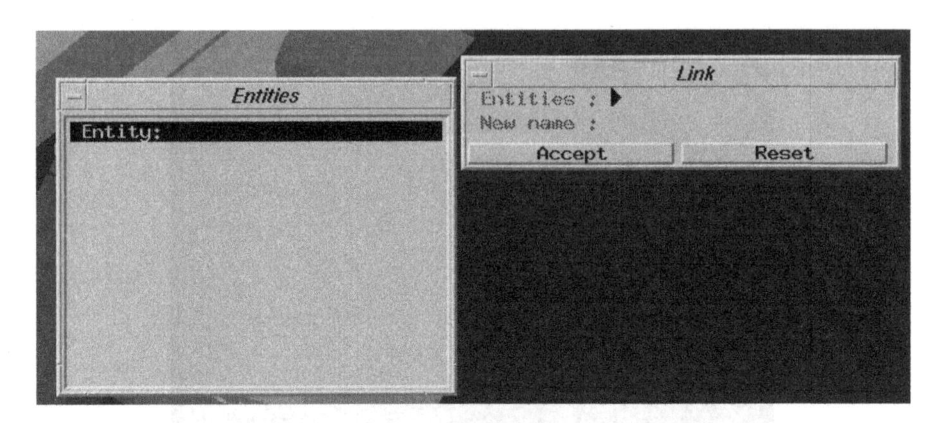

图 3-43　Links 建立

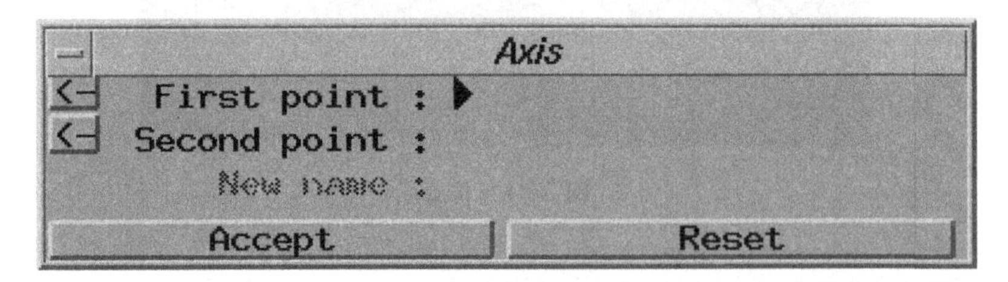

图 3-44　仿真

如果直线不好建立的话，可通过 2D Sketch 中的直线指令前期先建立一条直线。选取直线图标，如图 3-45 所示。

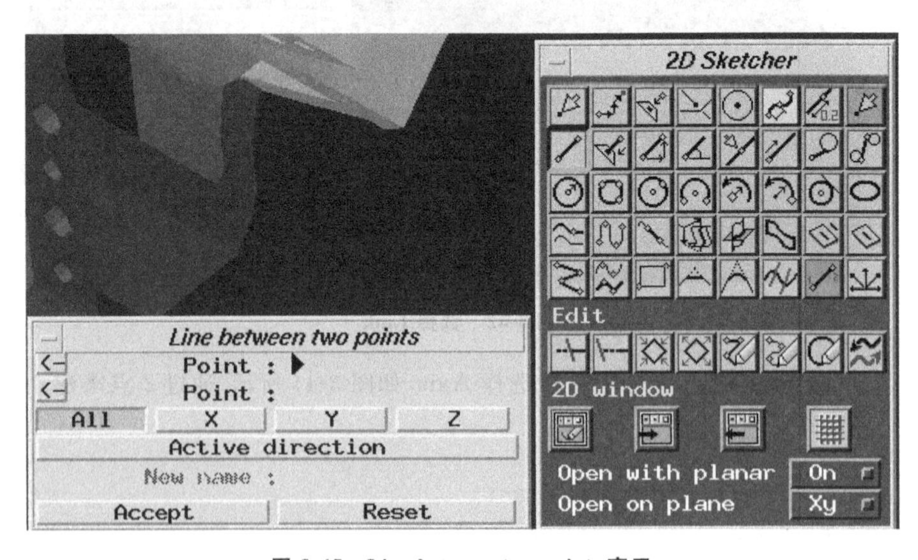

图 3-45　Line between two points 窗口

注意先按 F11 和 F12 将选取状态定义为 Snap 和 Component 状态。

从所想定义的轴线两端分别选点来建立一条直线做轴。注意轴线的起止方向。五指张开，拇指为轴线的方向，其他四指所指的方向就是关节运动的正方向。

(9)Creat 中选择父辈的 Link 和子 Link，选取轴线，Revolute 是圆周运动，PRISMATIC 是平行滑动。接受后建立关节运动，之后要选取 Define 确认。如图 3-46、图 3-47 所示。

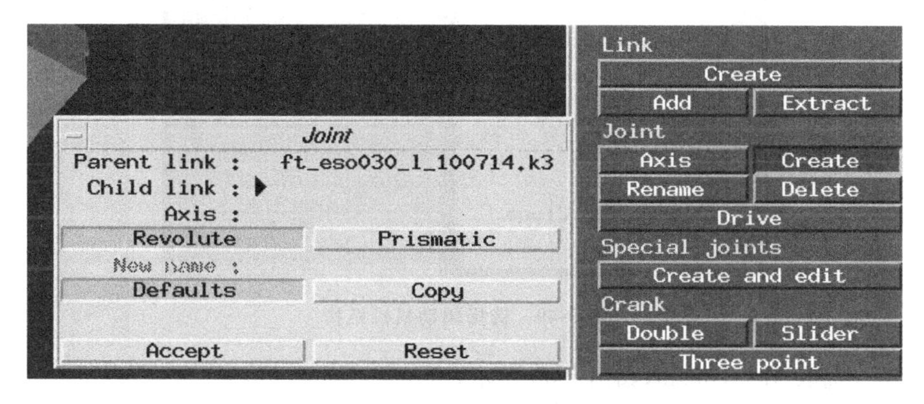

图 3-46 Create Joint 窗口

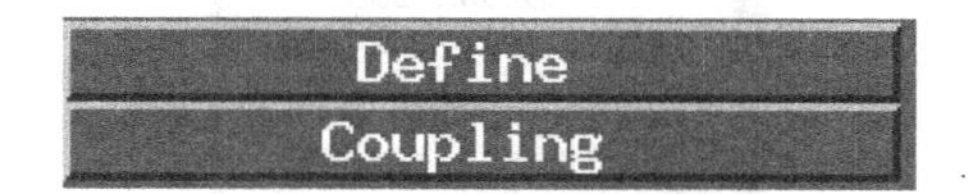

图 3-47 确定按键

(10)关节运动的验证：选取 Device Jog，如图 3-48、图 3-49 所示。

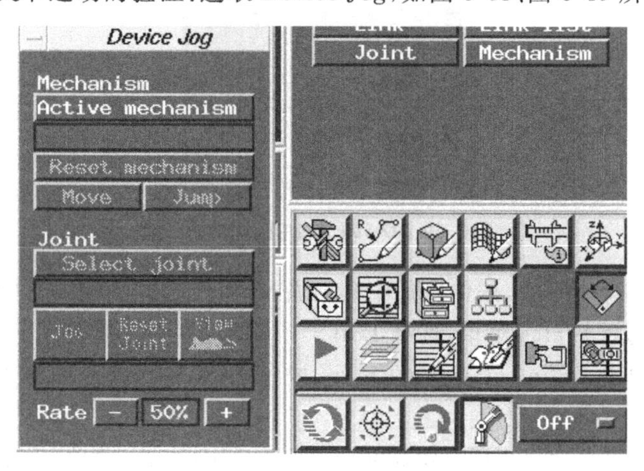

图 3-48 Device Jog

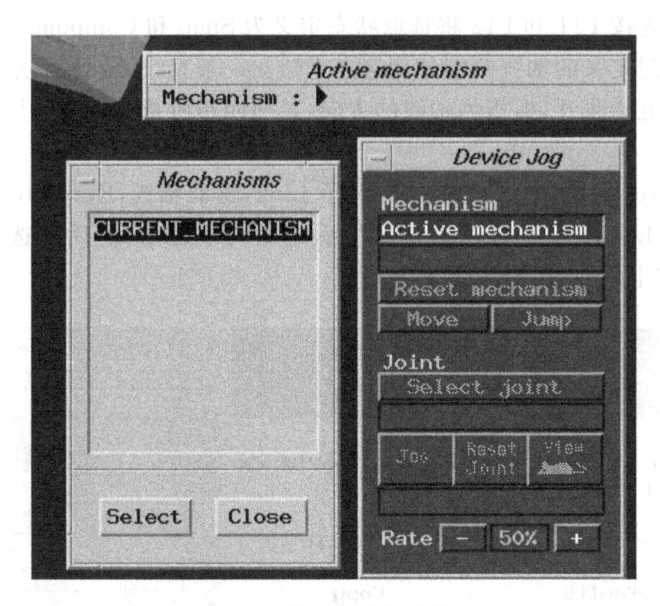

图 3-49 选择驱动机械结构

选取 Mechanism，如图 3-50 所示。

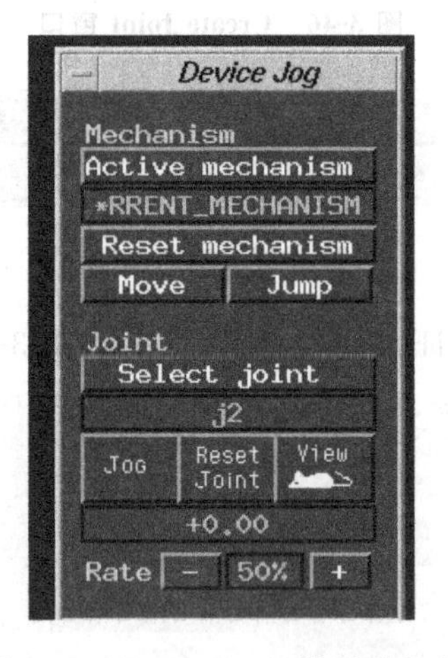

图 3-50 Device Jog 初始设置完成

(11)选择 Jog 后，按住鼠标中键向右拉的，关节应该按照正向运动。

(12)选择 States 菜单，选择 Edit。

(13)单击 Define state 下的 State 按钮，然后在 Value 中输入相应的角度值。

(14)关节运动的 State 建立完成，返回 Kinematics 菜单，设定关节运动的极限，如图 3-51 所示。

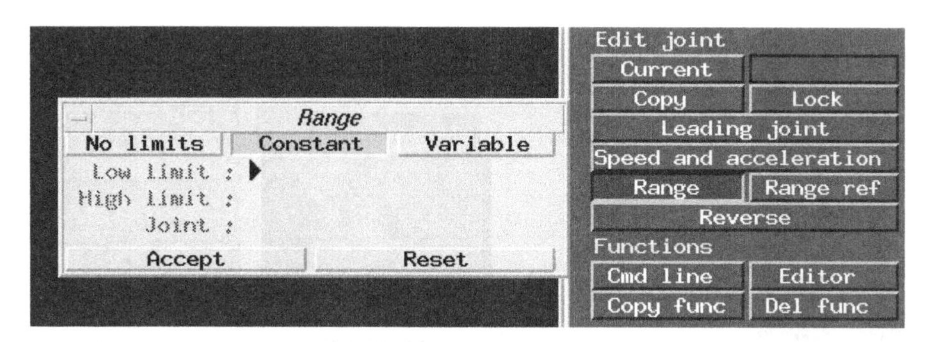

图 3-51 Range 设置

选择编辑关节，选 Range，点选 Constant，输入下限上限值和关节号，接受。必须要再点 Define 后该编辑才能被确认。

(15)删除标记，如图 3-52 所示。

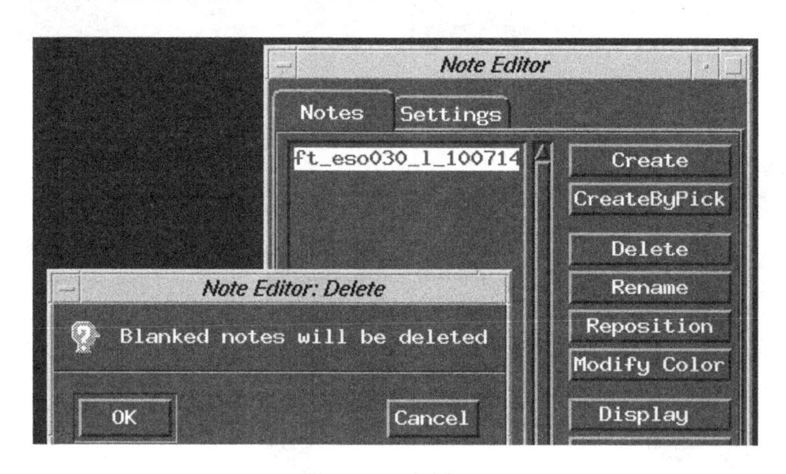

图 3-52 删除标记

3.7 气缸 Kinematics 设计实例

气缸是 ROBCAD 软件中常用的装备，设置过程如图 3-53～3-57 所示，共 8 步。

(1)在模型创建 3 个转轴 1、2、3 的端点。首先建立空心圆的圆心，步骤分别是在空心圆上创建 3 个点，然后通过这 3 个点画出空心圆曲线，根据该圆曲线生成圆心。然后创建活塞转轴点，创建气缸和底座连接转轴点。如

图 3-53、图 3-54 所示。

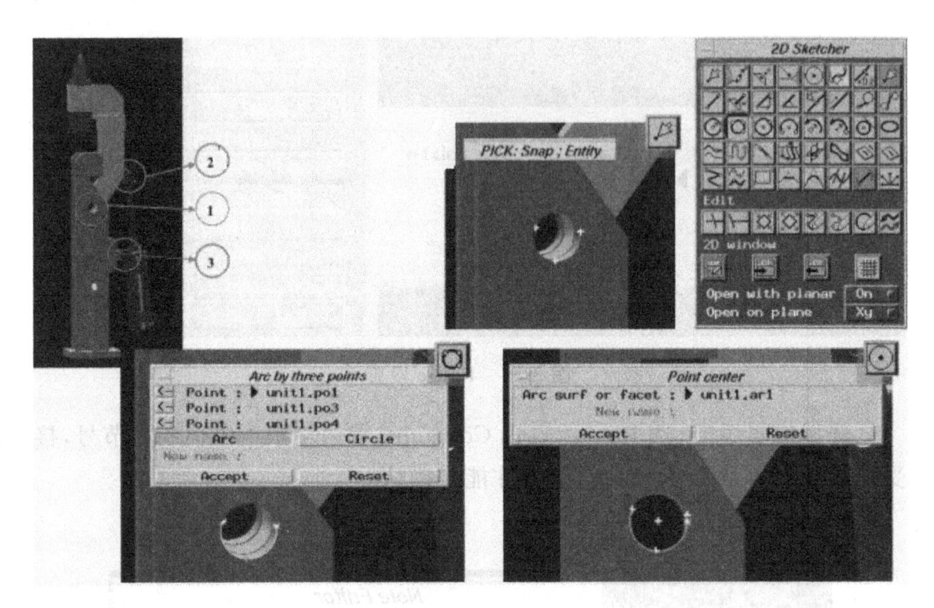

图 3-53 步骤一

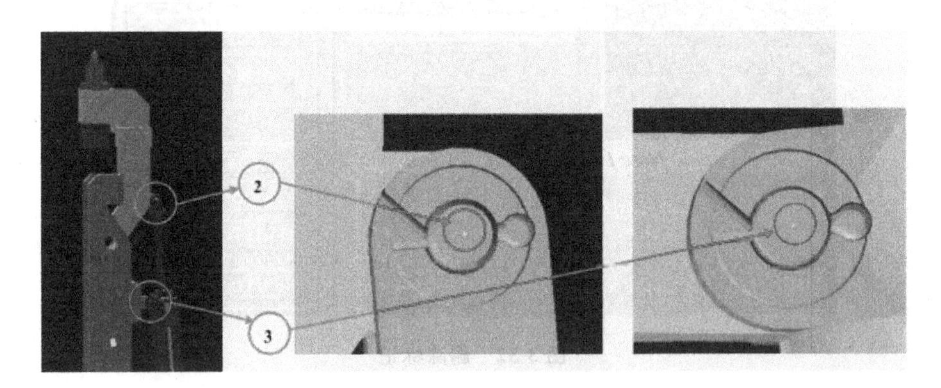

图 3-54 步骤二

(2)调整这 3 个点,使其构成的平面平行于汽缸机构侧平面。

(3)创建一条线,使该线通过端点 2,并与活塞轴线平行,如图 3-55 所示。

(4)单击 Kinematics→Slider 选择气缸模块,如图 3-56 所示。根据气缸模型选择汽缸类型,这里是 RPRR 型,选择各个转轴点和线,完成后点击 Accept。

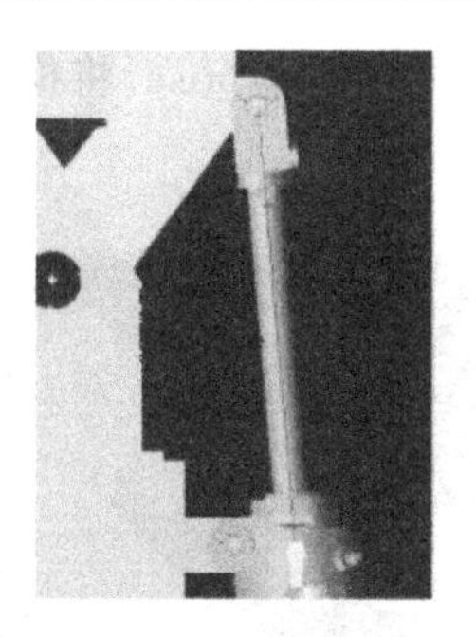

图 3-55　步骤三

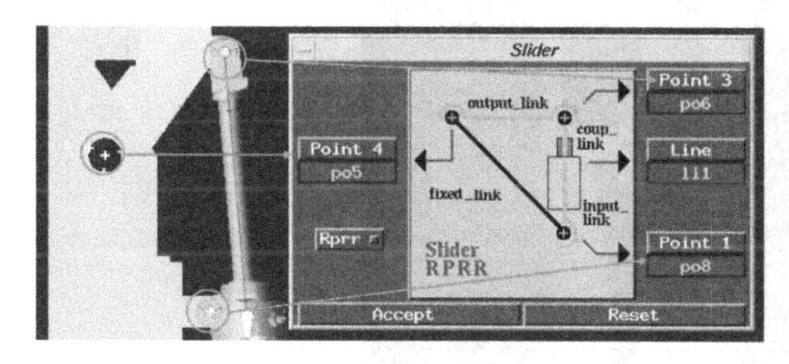

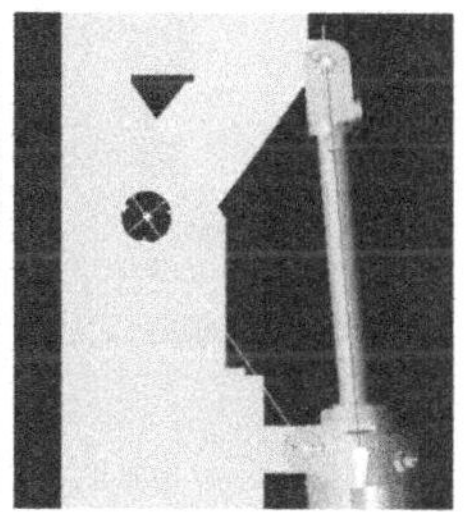

图 3-56　步骤四

(5)定义各个 link 所包含的实体，将 output_link、coup_link、input_link、fixed_link 所包含的实体添加到各个 link 中，如图 3-57 所示，完成后单击 Define。

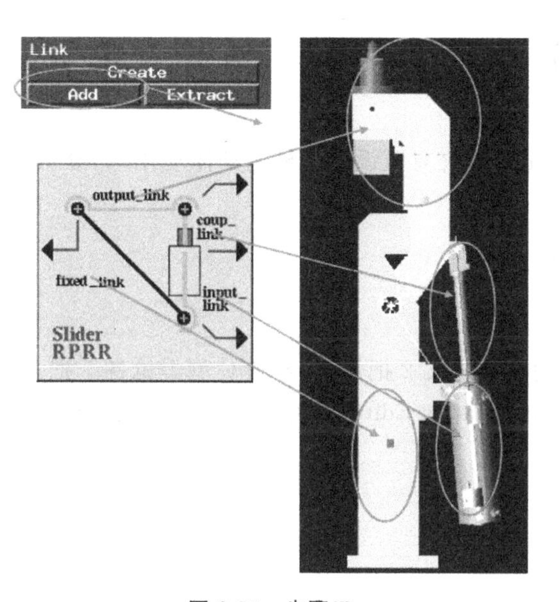

图 3-57　步骤五

(6)在 States 中编辑气缸机构的 pose,将模型中的点和线隐藏,如图 3-58 所示,然后保存,关闭。

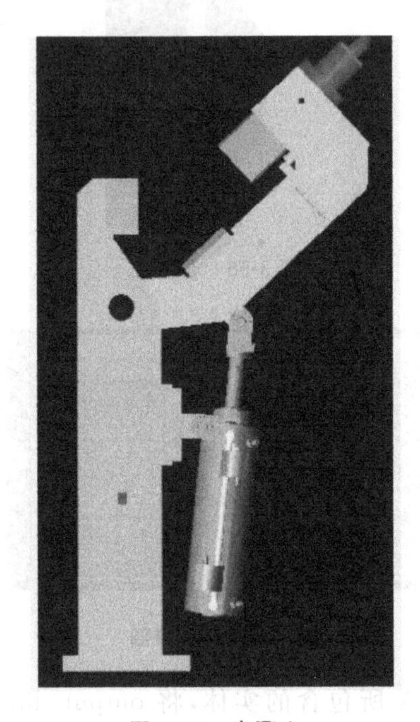

图 3-58　步骤六

3.8　小结

主要介绍了制作夹具及设备机械运动体动作,焊枪动作定义。

3.9　练习

(1)用通用方法定义 2 把焊枪,X 和 C 型焊枪各 1 把。

(2)通过 Kinematics Editor 指令快速定义 2 把焊枪,X 和 C 型焊枪各 1 把。

第4章　资源定义、Cell的建立

4.1　项目的数据结构形式

为了快速找到并打开需要的文件，一般的项目必须包含Project和Library两个文件夹。Project文件夹主要存放各仿真工作站，属于装配文件，文件格式为.ce，记录了工作单元的三维布局、运动关系和机器人的程序等信息。Library文件夹主要存放仿真工作环境设备，属于资源库。文件格式为.co文件（单个的机构），但co数据不能直接放到Library文件夹中，必须再创建下一级文件夹分类存放，co文件一般通过CATIA、UG或Solidework等软件转换生成。

强调Robcad有两种数据格式ce和co都是文件夹形式，里面包含许多个数据文件，其中有个文件是预览图。预览图需要手动添加。为便于理解，可认为ce数据相当于CATIA的product文件，只包含装配信息；co数据相当于CATIA的part文件，包含三维数据。数据结构如图4-1所示，也可以是如图4-2所示。

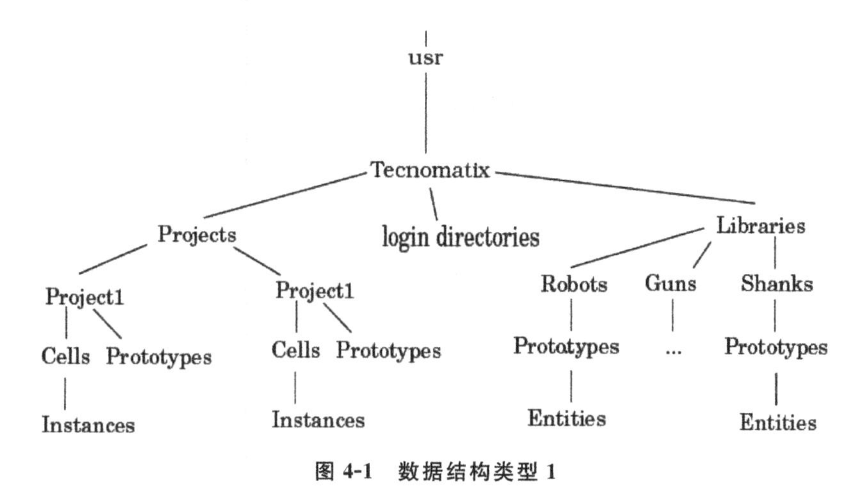

图4-1　数据结构类型1

不同企业的数据结构不同，下面以大众的数据结构来说明：

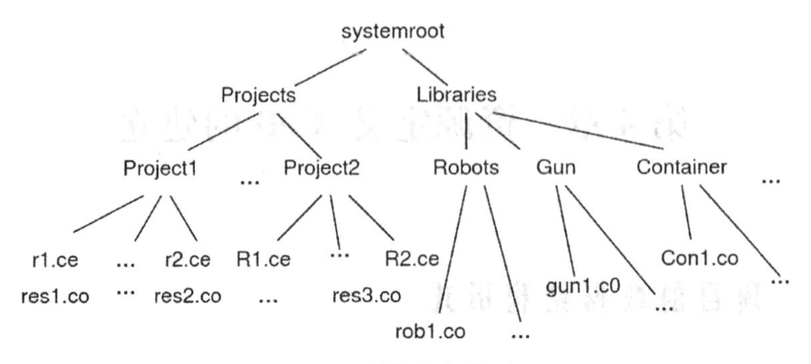

图 4-2　数据结构类型 2

(1)确定文件夹结构，因为 ROBCAD 数据最后要导入 Em_planner，所以文件夹结构要一致。

(2)Library 一定要根据大众给的数据结构进行定义，否则后面会有问题，如图 4-3 所示。每个企业的标准不同，可采用不同的文件树形结构，长期受益。

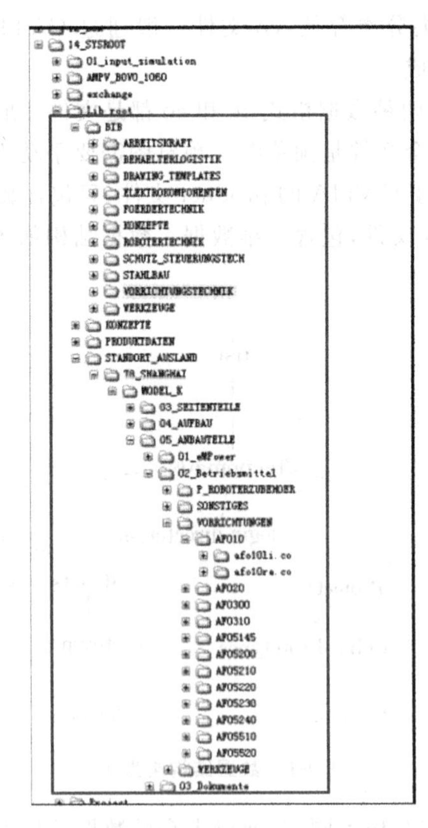

图 4-3　大众的数据结构

(3)企业文件名命名规则也不同,下面提供的是大众标准,如图 4-4 所示。

Definition :

production equipment

body in white

cz_21_59d008408_YYYYMMDD

Date (date of issue in CAD-System)

Bemi-number (equipment number)

Abbreviation for C-gun

paint shop

bm_Tuerfeststeller_k1

design state

Designation of part

Abbreviation for production equipment

alternative

bm_Tuerfeststeller_YYYYMMDD

Date (date of issue in CAD system)

Designation of part

Abbreviation for production equipment

vehicle parts　tm_8e0809029a_YYYYMMDD

Abbreviation for vehicle

part-number

Date (date of issue in CAD-System)

图 4-4　大众的数据的命名规则

(4)此文件夹用于存放模拟时出现的问题,并且命名有要求。每次都在这个文件夹下转换最新的 CATIA 数据,然后放到 ROBCAD 的相应结构下面。此文件夹下面的子文件夹结构如图 4-5 所示。并且 co 文件名也要标清日期,这样就可以顺利地找到原文件。

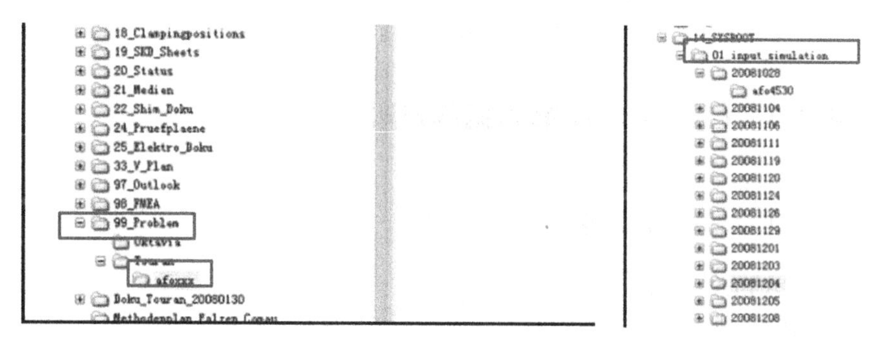

图 4-5　问题文件夹具及按日期定义文件夹

(5)在 Project 文件夹下面的子文件夹结构。

1)01_pack_go 文件夹用来与其他公司数据交换,其结构入图。

2)02_backup_cell 文件夹对自己的 Cell 进行备份,以免自己做错了以及其他人的错误操作。

3)03_backup_co 文件夹是存放所有用过的 co 文件进行保存,以便日后查用。

其余后缀名为 CE 的为 Cell,并且要一直保证在此位置的 Cell 是最新的,如图 4-6 所示。

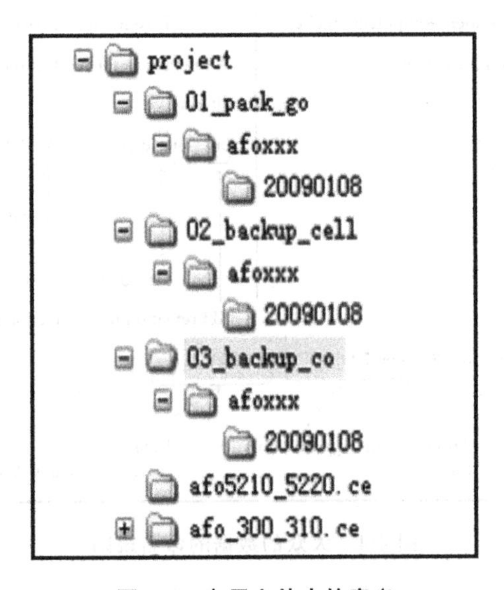

图 4-6 专用文件夹的定义

4.2 数据转换的相关问题

4.2.1 CATIA to co 转数据的方法

4.2.1.1 软件准备

(1)CATIA V5R19;

(2)Robcad 9.0.1;

(3)Cad Translators;

(4)Robcad 软件支持数据转换的 License。

4.2.1.2　数据转换方法

转换数据前，先将 CATIA 每个单元转成一个 catpart 文件，注意命名时不要有大写字母。数据转换成 ALLCAT Part 格式，如果数据是 Part 格式则不需要此步骤，如图 4-7 所示。

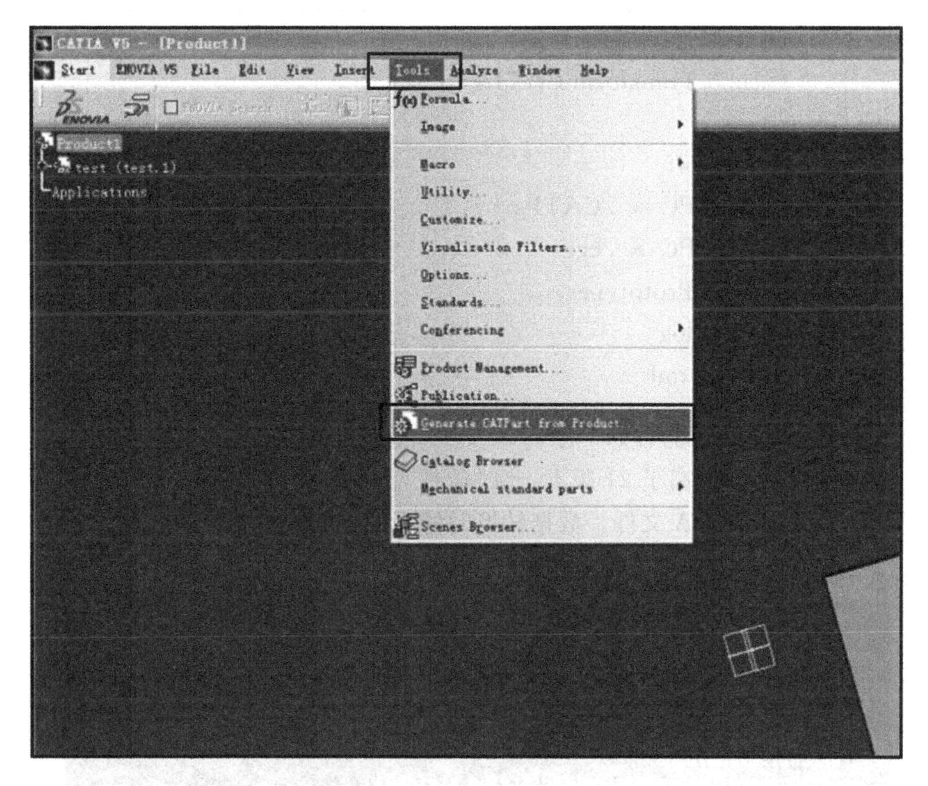

图 4-7　装配件转为整体部件

(1)三维数模一般用一个灵活的插件 catia2co. bat 批处理文件，也可以将 cgr 格式的文件直接转换成 co 文件，而 co 文件就是 Robcad 能直接打开的文件类型；cgr 文件是通过 catia 进行转换的，可以将如 stp 等的数模转换过来（需要的辅助插件还有 translator3. 0）。

(2)二维图其实是布局图，将 cad 或 dxf 文件转换成 iges，然后在 Robcad 里进行数据的转换。

(3)转换方法如下：

①使用插件批处理转换数据，将要转换的数据与插件放在一个文件夹内，如图 4-8 所示，然后双击插件，按提示进行操作，转好之后将不需要的文件删除。

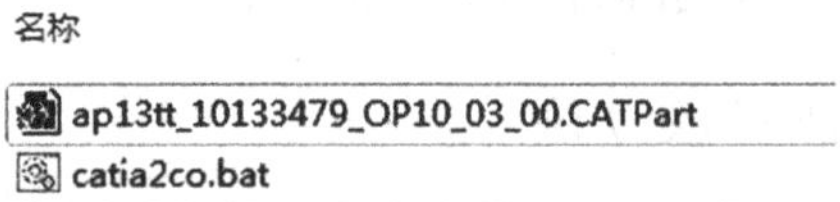

名称

ap13tt_10133479_OP10_03_00.CATPart

catia2co.bat

图 4-8　catia2co. bat 批处理文件

catia2co. bat 文件内容如下：

```
cls
@echo Transform CATIA to CO
pause
@echo off
Cat5In_PC * . CATPart *
Cat5In_PC * . cgr *
del * . Prototypes
del * . log
del * . xml
```

转换失败时可能有如下原因，CAITA 软件位数和电脑位数不一致，或者 CATIA 版本能高于 21 版本，此时需提高 Cad Translators 版本，可转换更高版本的 CATIA 文件。数据转换时的界面如图 4-9 所示。

图 4-9　数据转换时的界面

数据转换成功，如图 4-10 所示。

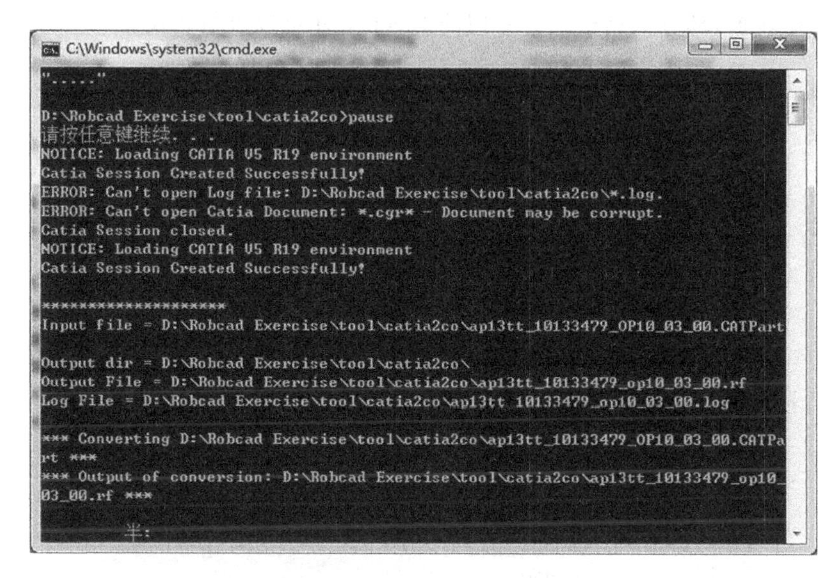

图 4-10　数控转换成功界面

只保留 co 文件夹，其余 3 个生成文件可以删除（也可以自动删除），转换数据如图 4-11 所示。

名称	修改日期	类型	大小
ap13tt_10133479_op10_03_00.co	2015/8/26 16:51	文件夹	
ap13tt_10133479_OP10_03_00.CATPart	2015/8/20 15:35	CATIA 零件	3,827 KB
ap13tt_10133479_OP10_03_00.log	2015/8/26 16:51	文本文档	3 KB
ap13tt_10133479_op10_03_00.Prototypes	2015/8/26 16:51	PROTOTYPES 文件	1 KB
ap13tt_10133479_op10_03_00.xml	2015/8/26 16:51	XML 文档	1 KB
catia2co.bat	2015/3/20 16:00	Windows 批处理...	1 KB

图 4-11　转换生成数据值列表

②Robcad 转数据：【Data】→【CAD Import】，如图 4-12 所示。Source file 边是选择源文件，Target cell/component 是转换后的工作站或部件。

Important format 是导入的数据格式，见图 4-12。

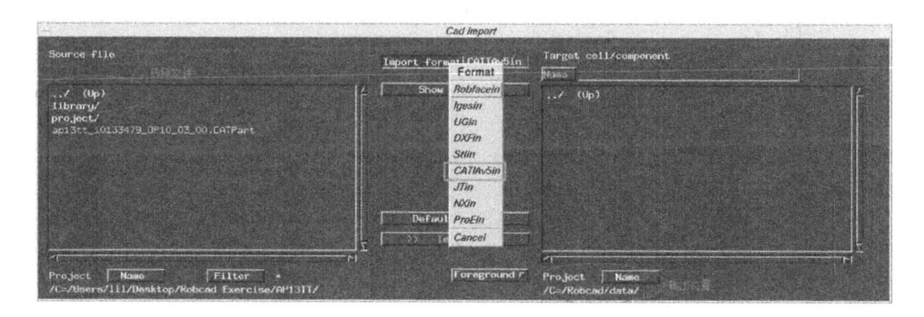

图 4-12　CAD Import 窗口

初始设置完成后选择【Import】→【Confirm】，如图 4-13 所示。开始进行数据转换，部分数据格式需专门的 License 才可以进行转换。

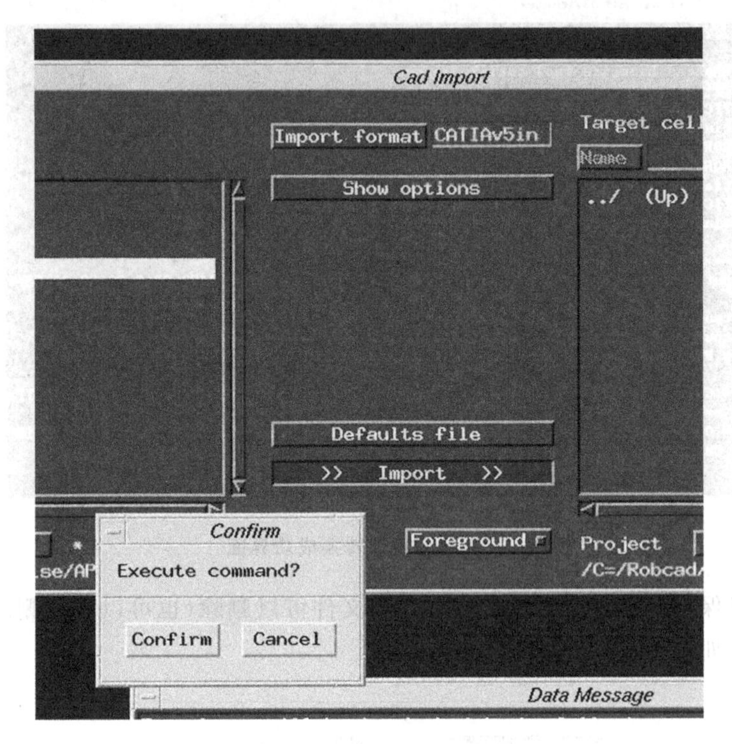

图 4-13　选择 Import→确定

按提示操作转数据成功，如图 4-14 所示。

```
Import
Now processing entity "product1_3_v_gt10_36_______4__".
Now processing entity "axissystems".

 File creation date : 26  August  2015
 Author name : txcatia2co
 File version : 0
        Entity  Breakdown
       -------------------

   Type              Successful              Unsuccessful
  --------          ------------            --------------
   Component            1                        0
   Group                81                       0
   Point                2                        0
   PolyLine             2                        0
   Polyhedron           76                       0

      Processed Components
    --------------------------
  ap13tt_10133479_op10_03_00

-----------------------------------------------------------------
```

图 4-14　导入数据时的显示窗口

4.2.1.3　STP 文件转换为 ROBCAD 元件

首先打开 CATIA 19 软件，将 STP 文件拖入绘图空间，如图 4-15 所示，或者在 CATIA 的文件中打开要转换的 STP 文件，打开进度如图 4-16 所示。

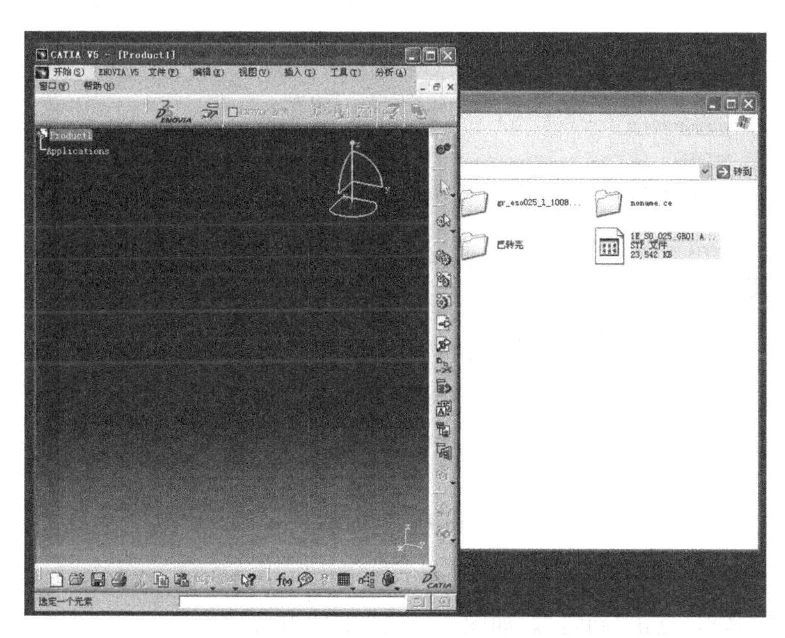

图 4-15　CATIA 打开 STP 文件

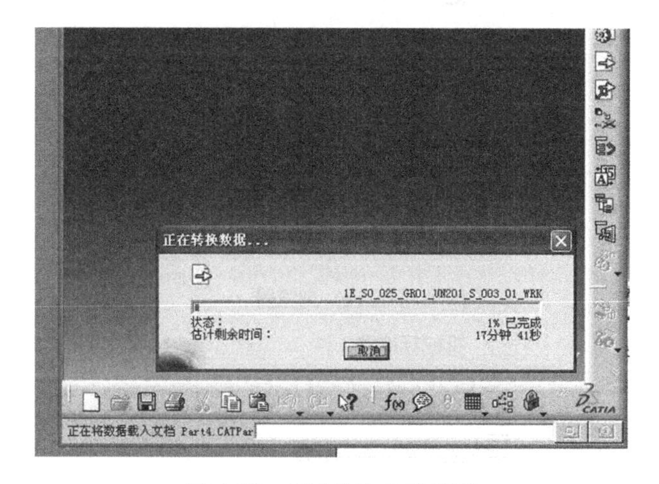

图 4-16　打开 STP 文件进度

将空间确认为“装配件设计”，如图 4-17 所示。

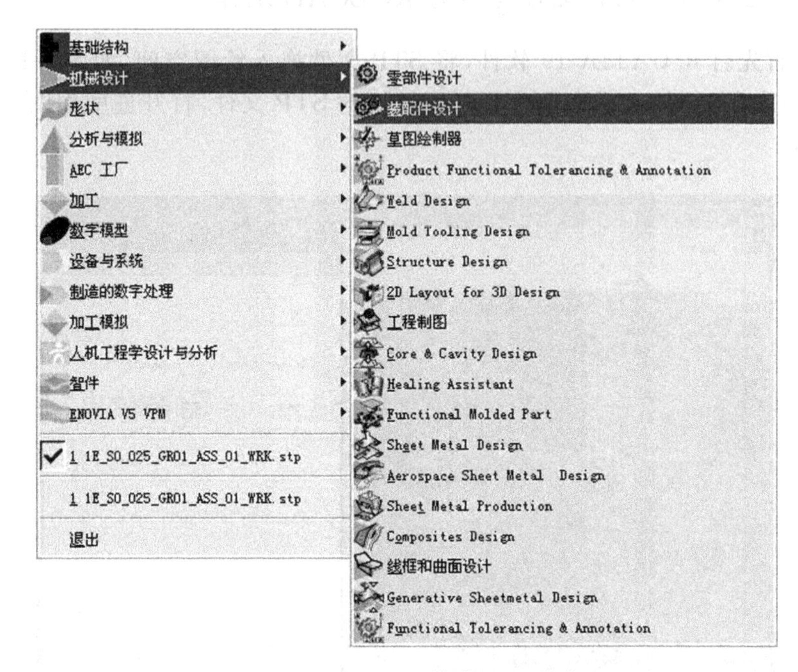

图 4-17　仿真

选择“工具”菜单中的【从产品生成 CATPart】功能，选择最外层作为 PART 名称，点击“确定”。如图 4-18、图 4-19 所示。

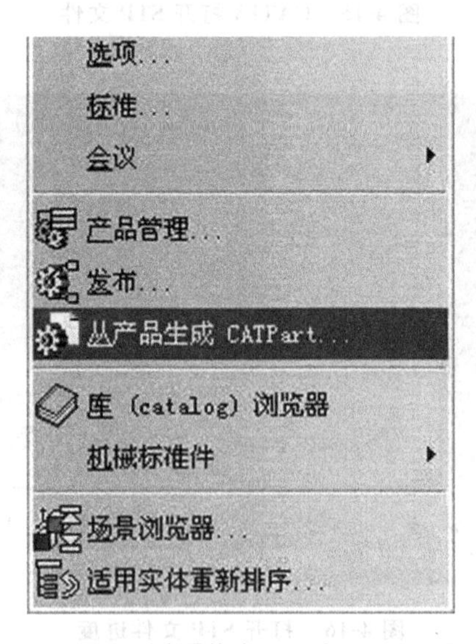

图 4-18　选择【从产品生成 CATPart】

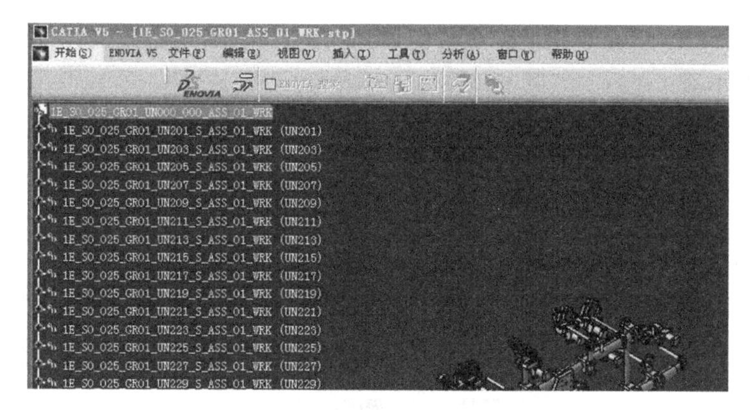

图 4-19 选择最外层作为 PART 名称

CATPart 文件生成开始，如图 4-20 所示。

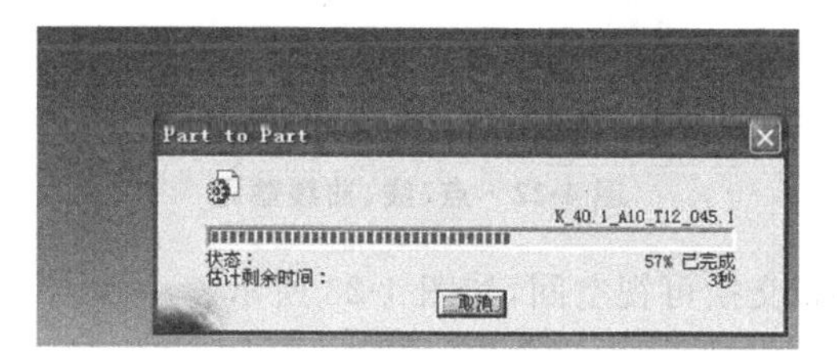

图 4-20 stp 文件生成 CATPart 文件过程

点击⊞，显示整个图像，如图 4-21 所示。

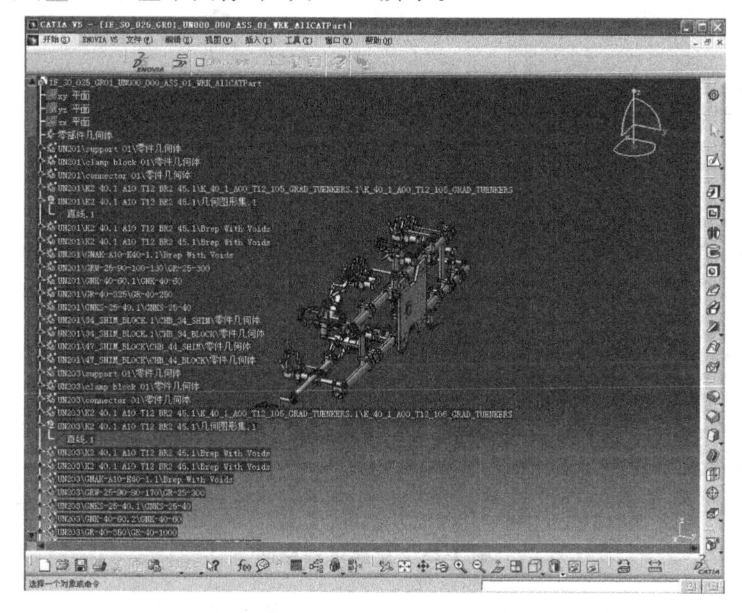

图 4-21 显示整个图像

选择“工具”菜单中的隐藏功能，将所有点、线、曲线隐藏（前三项），如图 4-22 所示。

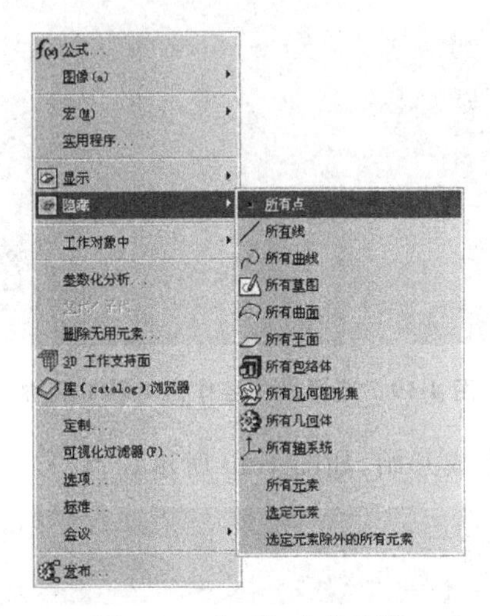

图 4-22　点、线、曲线隐藏

点击 图标，交换可视空间，如图 4-23 所示。

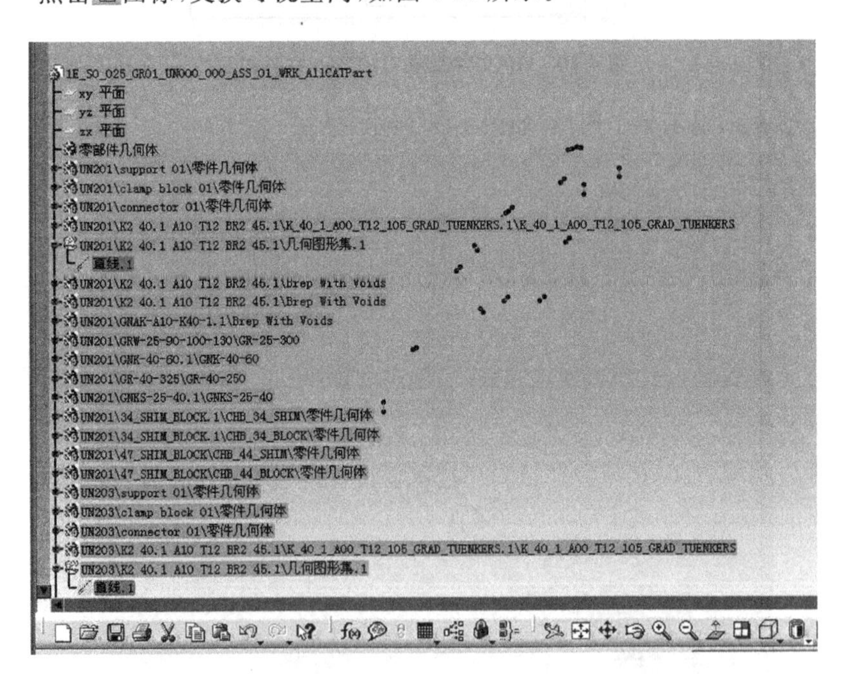

图 4-23　交换可视空间

选中刚才隐藏的线、点、曲线，点击右键，将其删除，如图 4-24 所示。

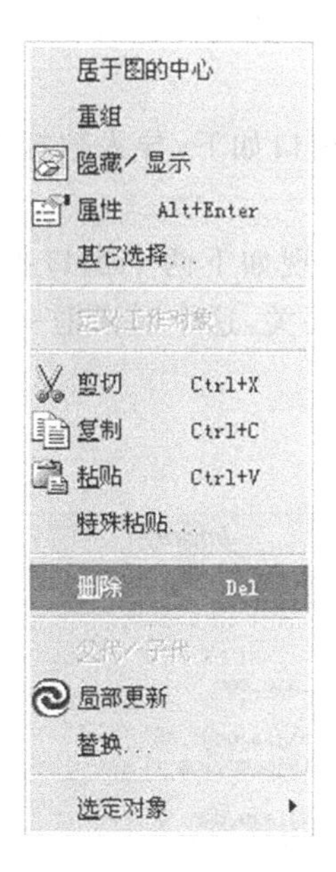

图 4-24　删除

再点击▦恢复可视空间。选择“文件/另存为”，如图 4-25 所示。

图 4-25　另存文件

文件名规范“部件缩写_工位号_左右标记_转换日期”，例如“gr_eso025_r_100802”。生成的文件类型为 CGR 文件。将 PROJECT 设定到要转换的文件夹位置。最好把要转换的文件也放在这个文件夹中，用 CGR 文件，这样文件比较小。

(1)打开【Cad Import】窗口如下，导入数据类型选择 CATIAv5in，选择 Cgr 文件。

(2)在转换过程出错，出现如下两个窗口报错，如图 4-26 和图 4-27 所示。关掉第一个，第二个不要关，这个对话框一关 rf 会消失，之后重新进行 rf 文件转换即可。

窗口一：

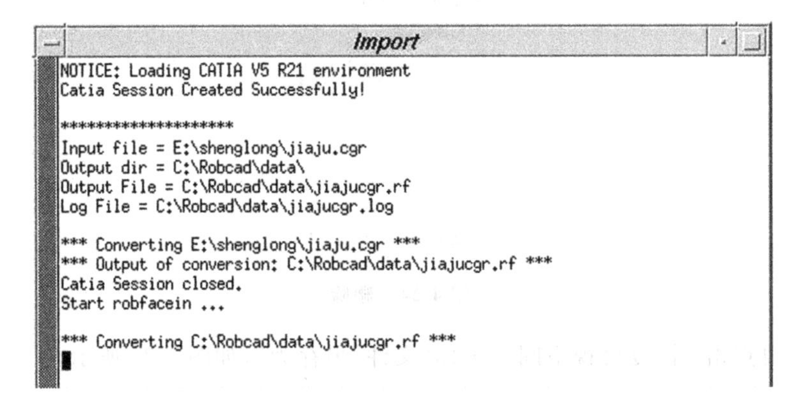

图 4-26 Robfacein 类型数据导入时报错窗口 1

窗口二：在转换时一定不能关掉。

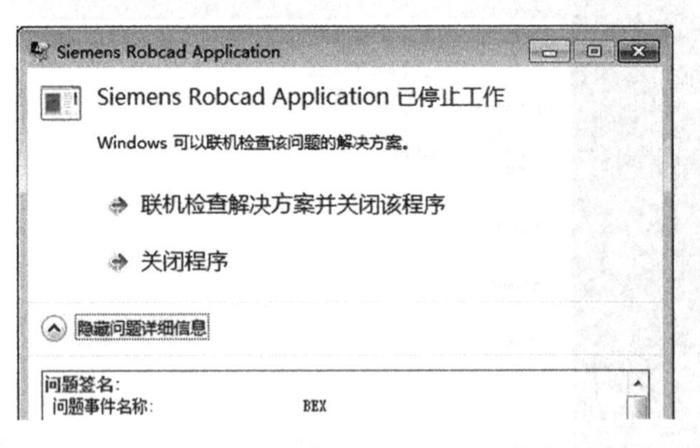

图 4-27 Robfacein 类型数据导入时报错窗口 2

在转换过程中会先生成 RF 文件，如图 4-28 所示。

(3)重新导入，导入数据类型选择 Robfacein。出现如下界面，导入开始，如图 4-29 所示。

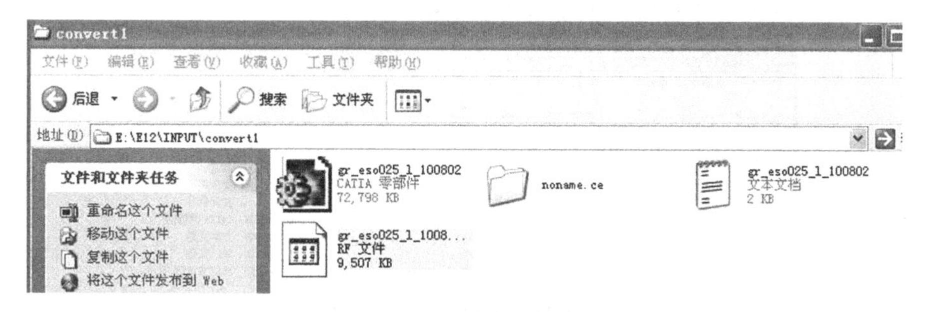

图 4-28 生成 RF 文件

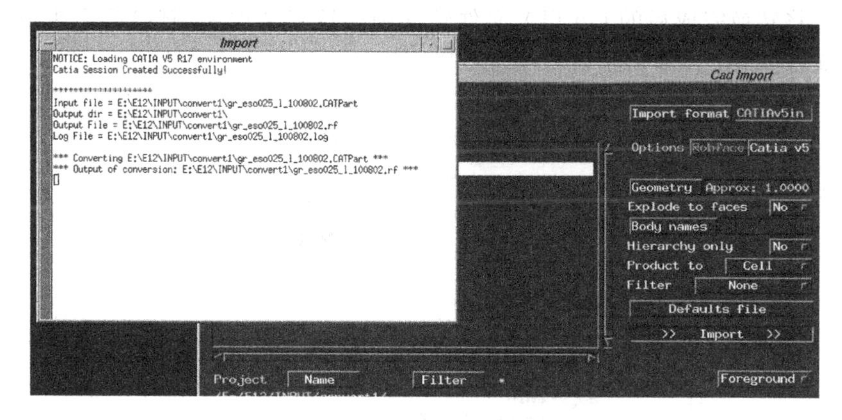

图 4-29 数据类型选择 Robfacein 导入数据

转换完成后在 Import 界面中键入 Y 结束，如图 4-30 所示。

```
Import

File creation date : 03  August  2010
Author name : txcatia2co
File version : 0
         Entity  Breakdown
         -------------------

   Type               Successful            Unsuccessful
  --------            ------------          --------------
   Component               1                      0
   Group                  273                     0
   Polyhedron             270                     0
   Tessellation            4                      0

        Processed Components
    ----------------------------
  gr_eso025_1_100802

-----------------------------------------------------------------

type y to exit
```

图 4-30 Import 界面中键入 Y 结束

转换结束后生成“co”的文件夹，如图 4-31 所示。

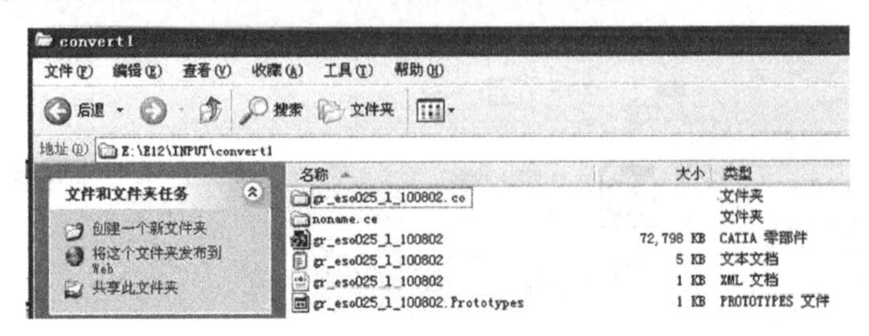

图 4-31 生成“co”的文件夹

将转换完成后的 CATIA 文件转移到已转完文件夹，删除几个生成的小文件，如图 4-32 所示。

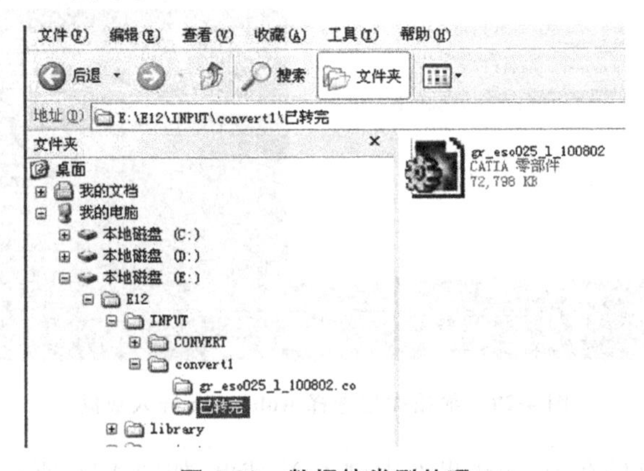

图 4-32 数据按类型处理

在 ROBCAD 中选择 Modeling/Open，就会显示出已转换完成的 co 文件，如图 4-33 所示。

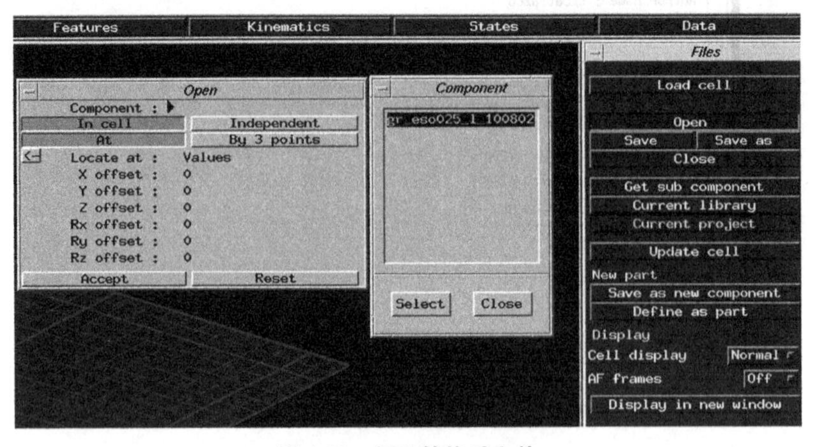

图 4-33 打开转换后文件

选择/确认后即可将该元件调入到 ROBCAD 中编辑，如图 4-34 所示。

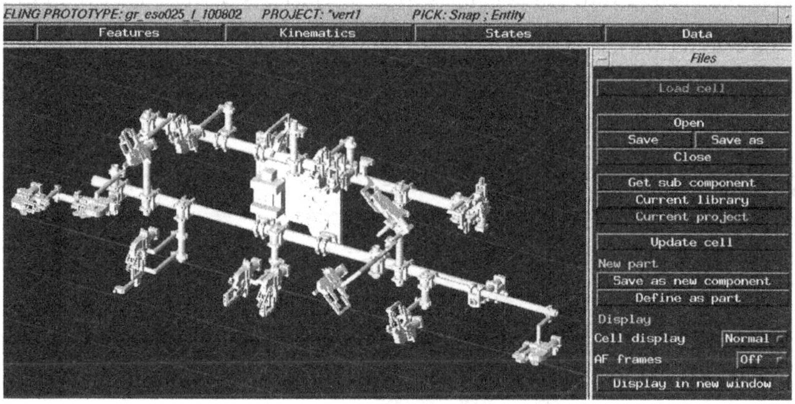

图 4-34　打开的转换文件

在转换时，注意部件的分类。

4.2.2　ROBCAD 不能从 CATIA 转数据

安装 ROBCAD 顺序是先安装 9.0，然后安装 9.0.1，最关键是安装 CADTranslatorsx64 及安装 9.0.1 的补丁。

CATIA 安装没有按照默认路径安装，造成 ROBCAD 不能转数据的解决方法是在电脑的系统变量 path 的路径中加上 CATIA 的安装路径。

右键点击桌面上“我的电脑”右键选择属性，得到下面第 1 个对话框，如图 4-35 所示。点击 Environment Variables 得到第 2 个对话框，在第 2 个对话框中找到 path 后点击 Edit 得到第 3 个对话框。

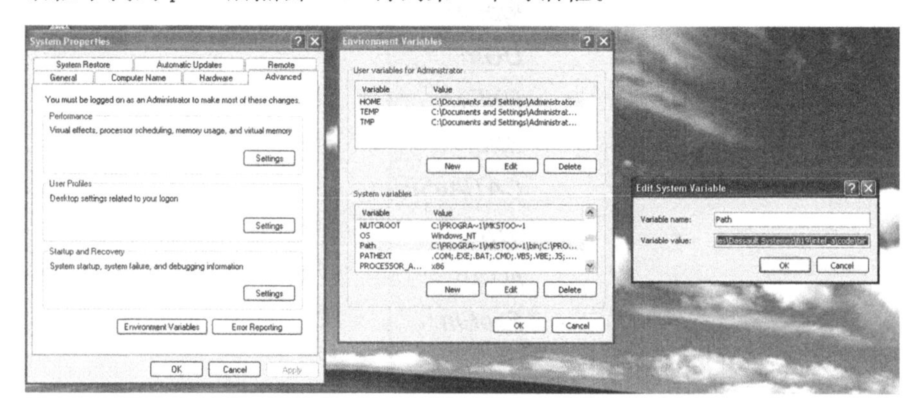

图 4-35　变量 path 的 Edit 对话框

右键点击桌面上 CATIA V5R19 的图标得到下面第 1 个对话框，如图 4-36 所示。点击 Find Target，得到第 2 个对话框，复制这个路径粘贴到图 4-35 的第 3 个对话框 Variable value 这个路径的后面。

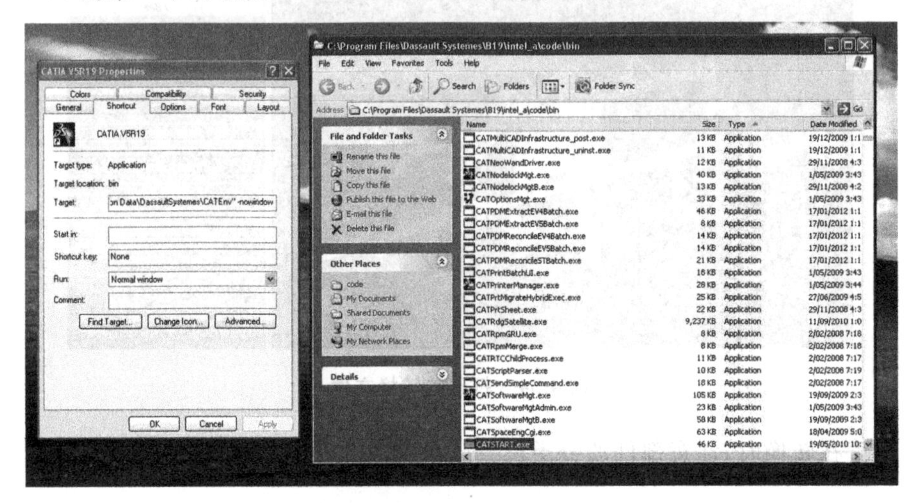

图 4-36　增加 CATIA 软件的 PATH 变量

4.2.3　UG NX 文件转换成 co 文件

UG NX 格式转换是需要许可的，但是一般软件都会带些功能，先确认是否有许可。把装配文件转零件文件，然后再通过 ROBOTCAD_DATA 模块进行转换，导入文件类型选择 UGin 格式，如图 4-37 所示。

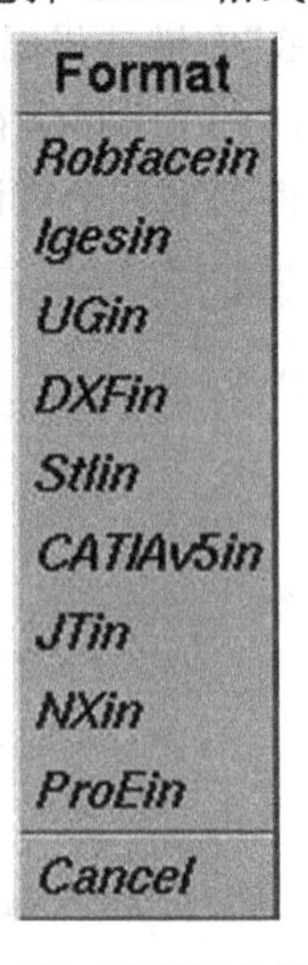

图 4-37　数据导入格式

(1)Robfacein:ROBCAD 数据转换格式文件。

(2)Igesin:igs 格式文件转换。

(3)UGin:UG 格式文件转换。

(4)DXFin:Dxf 格式文件转换。

(5)Stlin:Stl 格式文件转换。

(6)CATIAv5in:Catia 格式文件转换。

转换部分格式之前,先确认是否有转换许可,有许可才能进行转换。操作步骤与 catiapart、stp、dxf 格式一样。

4.2.4　通过 Crossmanager 软件转换数据格式

Crossmanager 是一款非常专业且能独立运行的 CAD 文件格式转换工具,不同于 Acme CAD Converter 是将 CAD 文件版本的相互转换,Crossmanager 2018 支持将 CAD 文件转换其他格式,而且不依托其他 CAD 软件,它无须安装 CAD 或者其他第三方软件就可以载入转换,可以轻松将 dwf、dxf 等格式的文件转换为 CIS、CADDS、CATIA V4 3D、CATIA V5 3D、CGR 等格式,并拥有操作简单、转换速度快以及批量转换的特点,并且通过内置的转换功能,可以从多个方面将 CATIA、CEREC、COLLADA、Inventor、SOLIDWORKS 等软件上的数据转换为可以在其他 CAD 软件上使用的文件,它支持大部分 2D 和 3D,原生和中性的 CAD 格式,超过 30 种阅读格式和 20 种书写格式可供选择,可以满足大多数的工作转换需要。

4.2.5　导出 ROBCAD 数据

4.2.5.1　屏幕输出

首先点 Setup→Project→Define 来创立项目储存路径,然后点击 Layout→Get component 后,添加所要导出的数据,此时导入的部件插入到当前 CELL 中,再点击 F4 按钮,按输出选择选中某输出类型后,在 File name or full path 中输入新名称,本例可使用 vrml 格式输出零部件文件,如图 4-38 所示,最后单击 OK。注意在选择需要输出的对象时,多选时使用 ctrl 键。只输出一个对象时,右键单击,选择 display only。

点击 OK,生成文件在 cell 文件夹下,如图 4-39 所示。

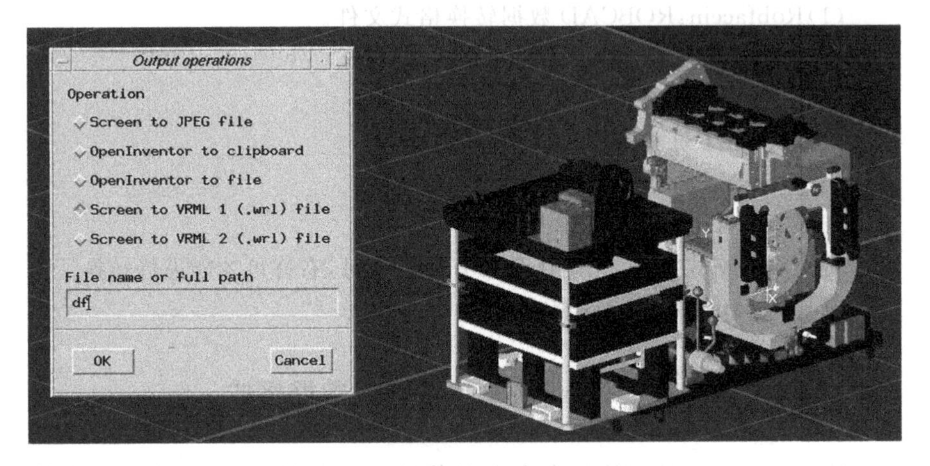

图 4-38　F4 功能键输出 . wrl 文件

图 4-39　文件位置

wrl 文件是一种虚拟现实文本格式文件，也是 VRML 的场景模型文件的扩展名。VRML 是一种基于网络的虚拟现实三维设计编程语言，可以通过文本编辑器打开，也就是我们通常使用的 TXT 文本就可以打开进行编辑。但是这样是远远不够的，因为既然是编程就需要知道效果如何，所以一般打开 VRML 文本最好使用 VRML 编辑器——VRMLPad。当然，对于 VRML 编辑器是有自带的 wrl 文件浏览器的。

4.2.5.2　Cell 或 co 文件输出

首先点击 Date→CAD Export，打开如图 4-40 所示窗口，在 Operated on 处选择操作数据类型，或分别是 Component 或 Cell，再点击 Source component 框内选择所要导出的文件，在 Export format 内选择 Igesout 格式，再点击 Export 后即可，文件将自动保存至 Peoject 文件夹内，如图 4-40

所示。

注意：输出数据类型中有 JTout 类型，现在 JT 数据也是常用的轻量化数据。

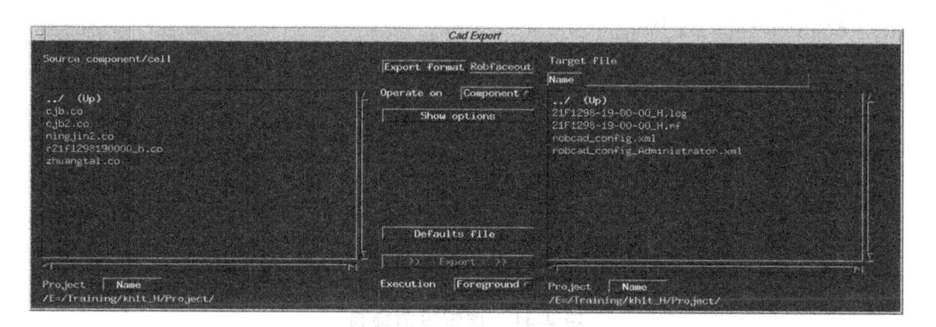

图 4-40　Cell 或 co 文件输出

4.3　Cell 仿真工作站的建立

机器人及机械结构仿真检查与机械设计是一个交互性的操作。机械设计工程师完成机械结构设计第一版后，把数据提供给相应的仿真工程师，仿真工程师按机械结构设计的结构及文件名，转换成 ROBCAD 使用的数据，进行干涉、人机分析及机器人可达性检查，以最快的效率反馈给机械设计工程师。机械设计工程师参照仿真工程师给出的干涉情况及提出的修改意见进行修改设计，完成后再提交给仿真工程师，这种往返反馈修改多次，直到检查干涉及相关参数可行后，确认最终版数据。

4.3.1　Cell 建立一般过程

4.3.1.1　创建项目

创建新 Cell 时，一般先进行“永久设置”，如 2.9.2 节设置。其中：

(1)Define：定义一个新路径；

(2)Cancel：删除一个已定义和保存项目的快捷操作；

(3)Show：弹出对话框，显示当前定义的项目快捷操作。

注意：Path 路径时可用鼠标中键单击将复制好的路径粘贴上去，如果实在粘贴不了，也可用键盘输入。

4.3.1.2 指定当前项目

选择 Project 路径:点击屏幕左上角的【Robcad】→【Project】→【Project 文件】,如图 4-41 所示。

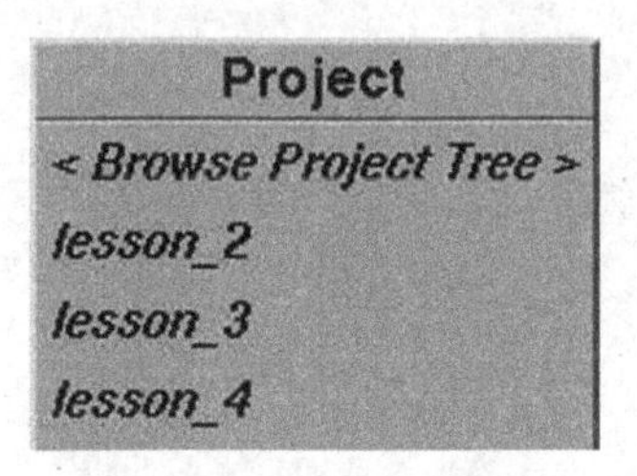

图 4-41 指定当前项目

4.3.1.3 设置当前项目库资源

设置 Library 路径:点击屏幕左上角的【Setup】→【Projects】→【Set library root】,如果第 4 步窗口中没有内容,点击 Filter,再双击选择 Library 文件夹……OK 完成,如图 4-42 所示。

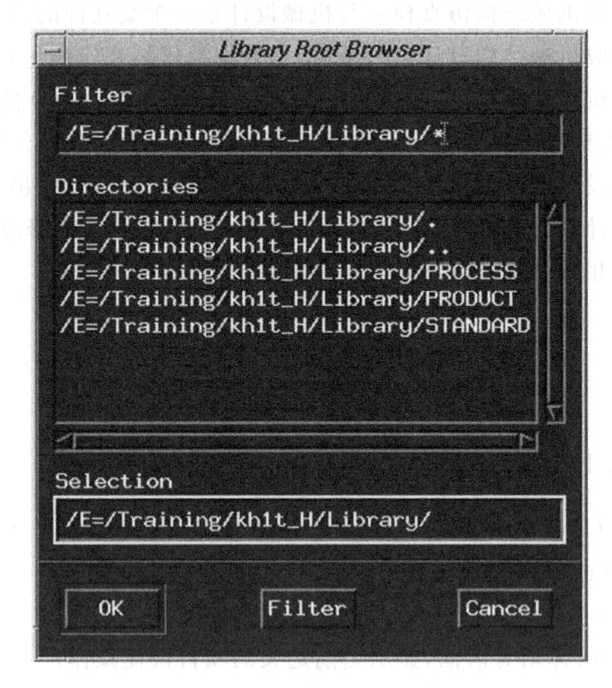

图 4-42 项目库位置设置

4.3.1.4 创建当前库的子库

方法：【Data】→【Library Utilities】→【Library】→【Create】→【Ctreate】，输入新 name，按回车后，在当前库文件下生成新的目录，如图 4-43 所示。

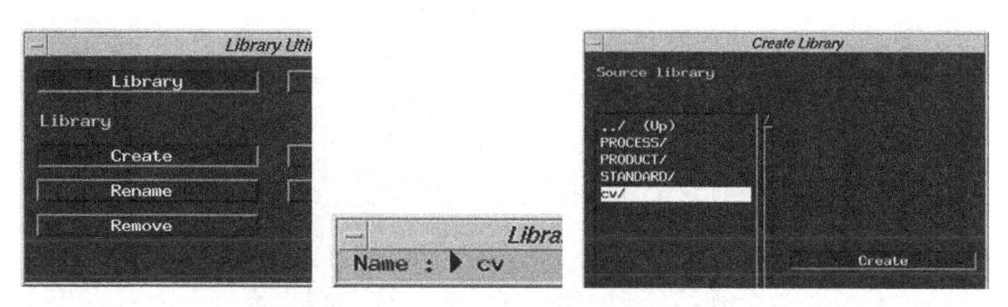

图 4-43 项目库创建子文件夹

4.3.1.5 导入项目需求数据

方法：【Data】→【File Utilities】，如图 4-44 所示，主要实现不同 PROJECT 中的文件拷贝。

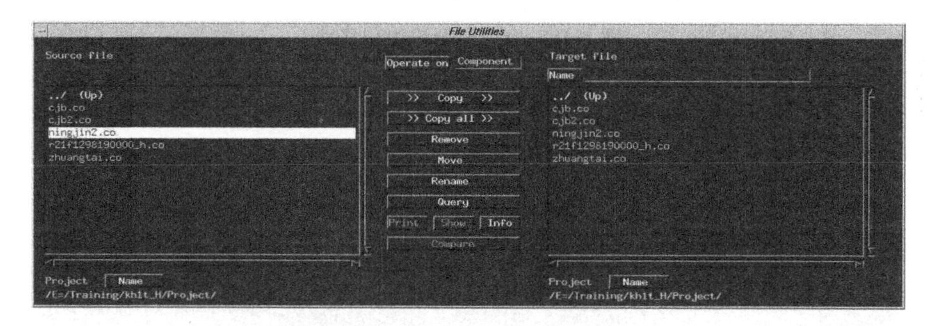

图 4-44 项目库之间数据互换

(1)Copy：拷贝选中对象。

(2)Copy all：拷贝全部对象。

(3)Remove：移除。

(4)Move：双方都有文件时，左边对象覆盖右边对象。

(5)Rename：重命名。

(6)Query：输出报告，显示当前对象的信息。

(7)Info：输出转换时间信息。

(8)Compare：双方文件比较。

4.3.1.6 库中资源添加和移动

方法:【Data】→【Library Utilities】→【Component】→【Move to Library】,如图 4-45 所示,把项目文件下的对象移动到资源库的文件夹中。

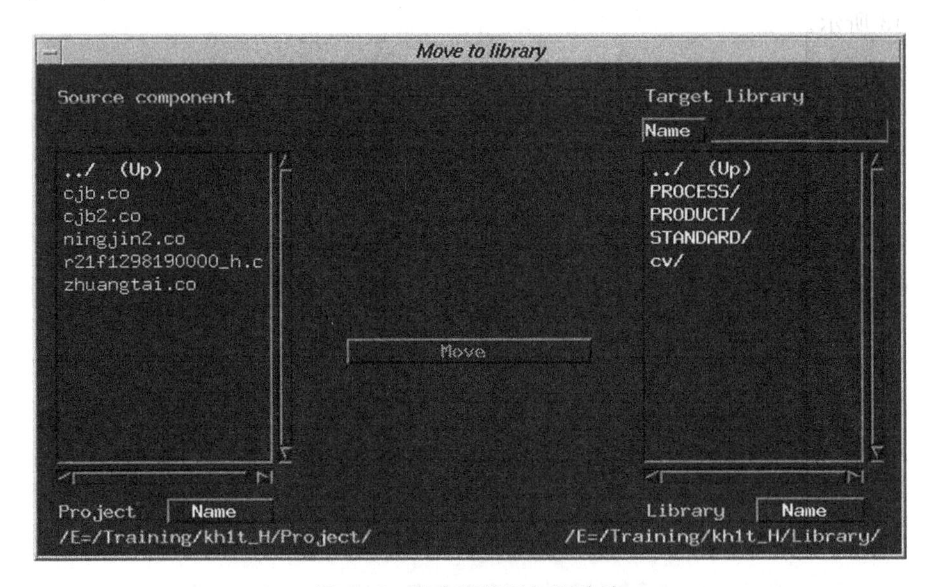

图 4-45 库中资源添加和移动

4.3.1.7 创建项目名称

方法:点击【Layout】→【Load cell】→【键入文件名】→【OK】,如图 4-46 所示。

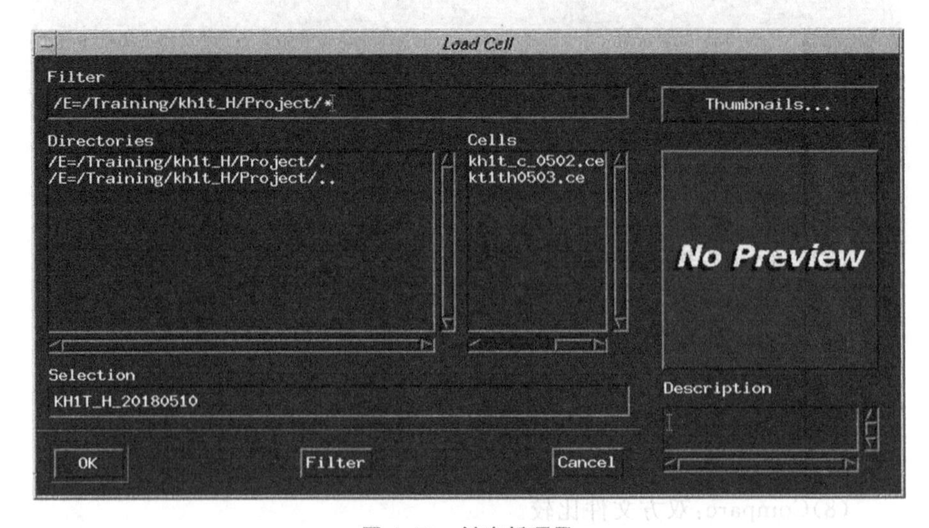

图 4-46 创建新项目

4.3.1.8　调入项目中的布局对象

数据导入过程如下:【Layout】→【Get Component】,在选项 Current Project(当前 Project 路径下资源)与 Librariers(当前 Library 路径下资源)之间进行切换,找到所要加载的资源 co 文件,选择加载到 cell 中的 Locate At:位置,输入加载到 cell 中的 Instance Name:名字,点击【OK】确认,如图 4-47 所示。

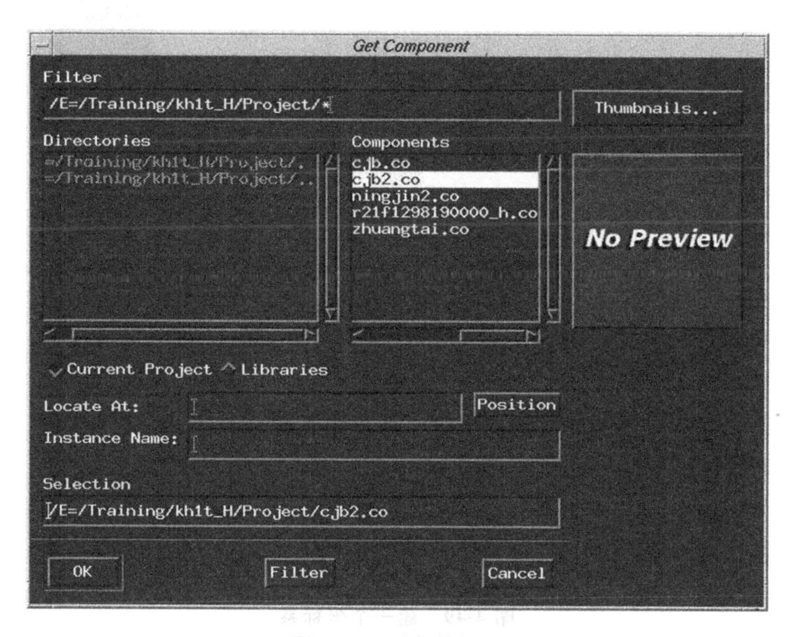

图 4-47　对象的调入

重复这个过程,把所有对象调入到当前工作站中。

4.3.1.9　布局对象的调整

导入所转换的数据,发现与布置图不一致,进行重新调整,如图 4-48 所示。

布局调整过程如下:

(1)在工装底部建一个坐标系作为参考。作为统一的标准,要求平面布局图必须准确,在转成 DXF 文件时,需保留关键特征点或轮廓线,如图 4-49 所示。

(2)移动工装,主要应用 Placement Editor 指令,选择所要移动的工装,如图 4-50 所示。

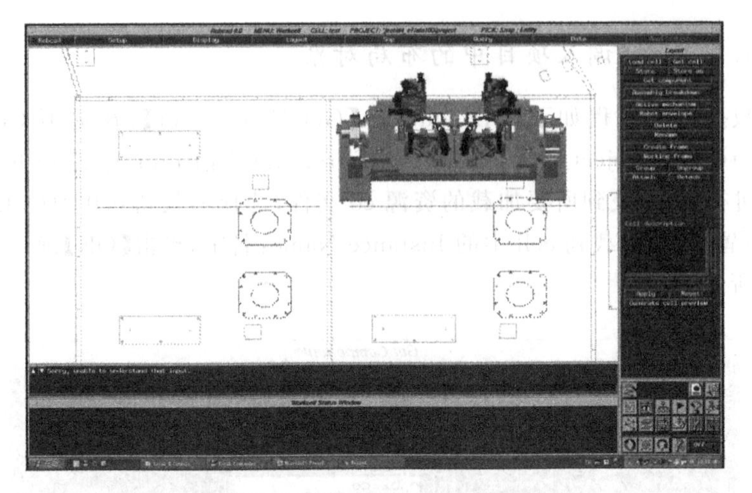

图 4-48　导入对象与布置图没对齐

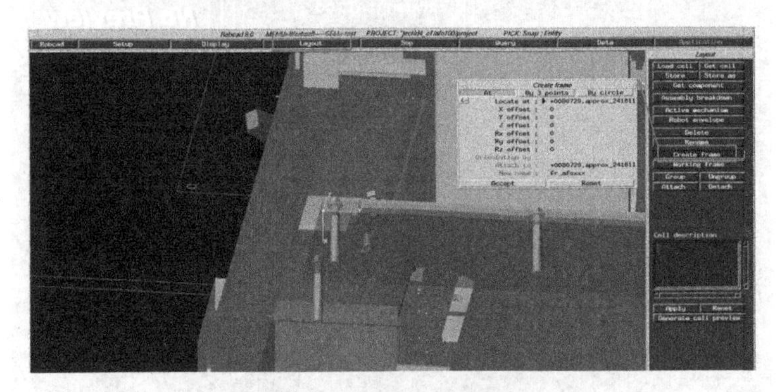

图 4-49　建一个坐标系

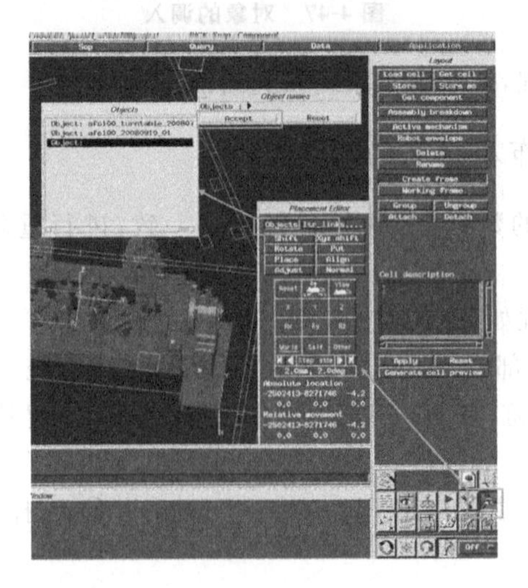

图 4-50　Placement Editor 指令窗口

(3)选择参考坐标系和点,移动对象到想要的位置,如图 4-51 所示。

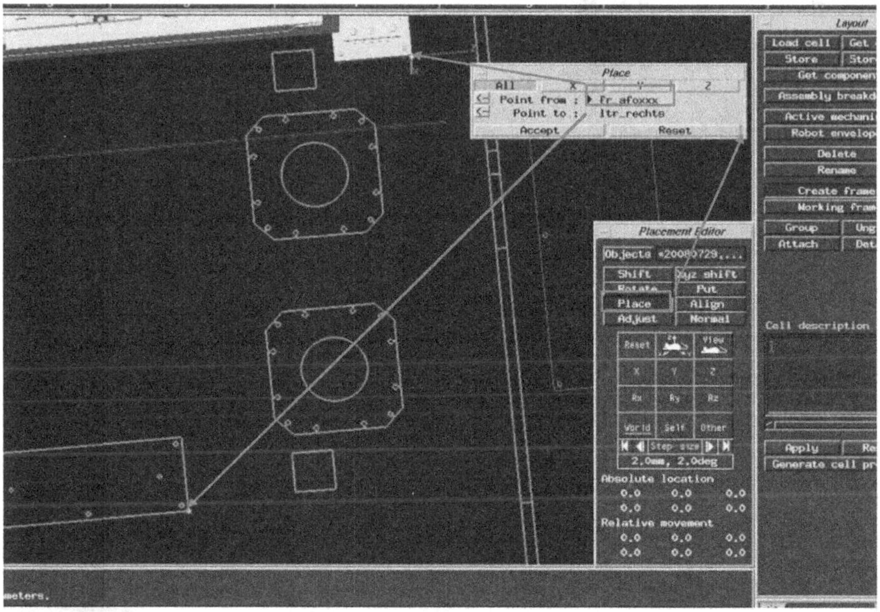

图 4-51　Place 指令的使用

(4)发现位置还是不正确还可以继续进行平移、旋转等动作,如图 4-52 所示。

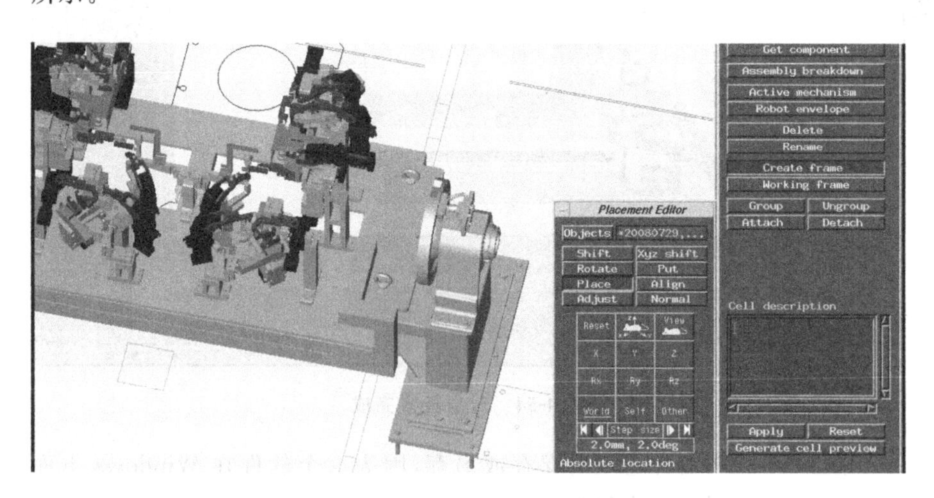

图 4-52　继续平移或旋转

(5)选择参考坐标系。可直接输入旋转的角度,或设置每次旋转的步进角度,再单步进行旋转,如图 4-53 所示。

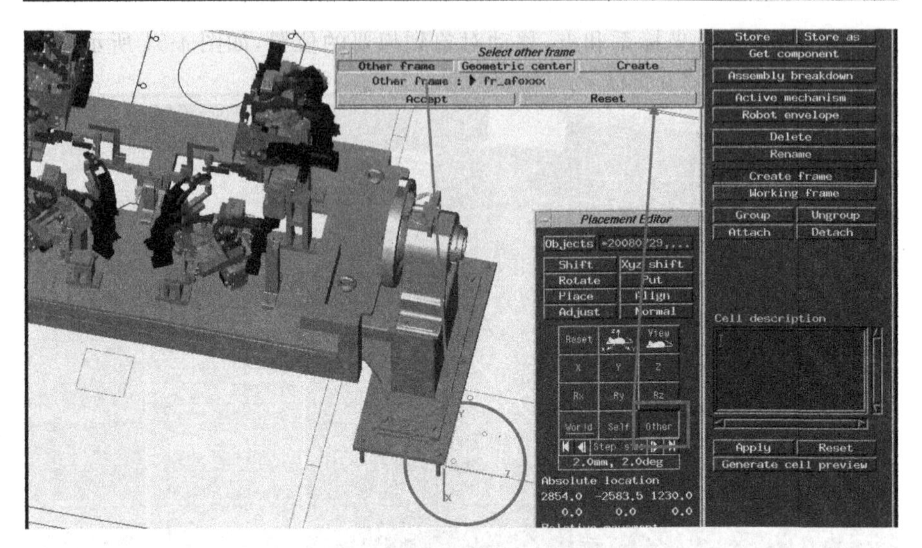

图 4-53 旋转处理

(6)旋转到正确位置,符合布置图布局的 cell,如图 4-54 所示。

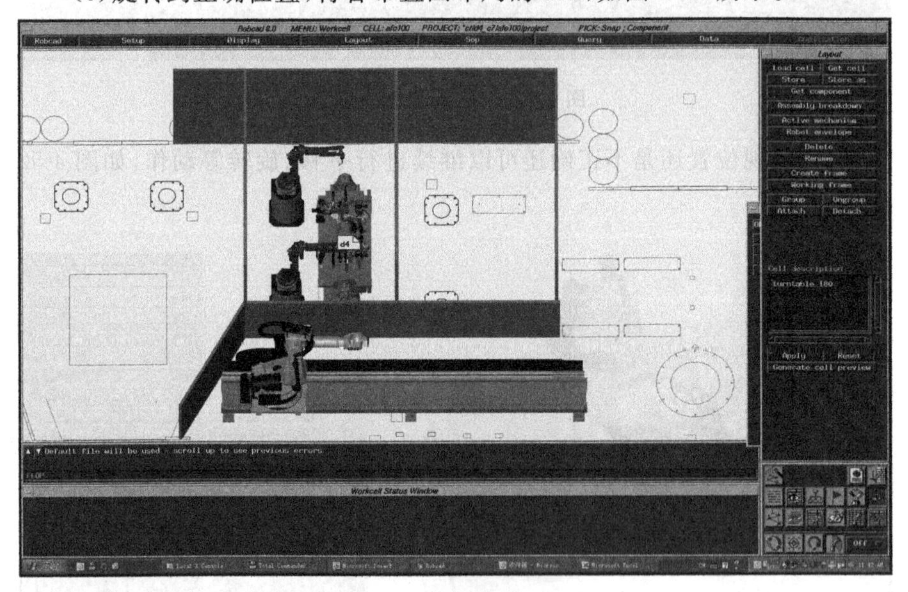

图 4-54 对象放置完成

在 Layout 中要注意及时保存或另存,因为这个软件在 Windows 下面不是很稳定,有时候会突然消失。

4.3.1.10 保存当前项目的配置信息

保存路径设置:点击【Setup】→【Configuration】→【Store】,选项内的

User project，如图 4-55 所示。

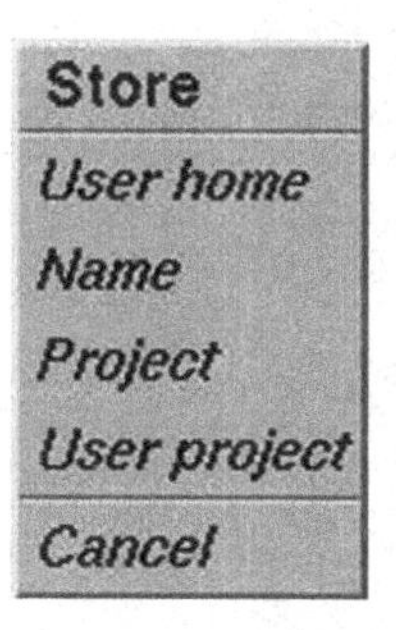

图 4-55　配置信息保存类型

Store 存贮的方式有 4 种：

(1)User home：输入用户保存的名字(便于用户加载)；

(2)Name：输入名字保存(便于单独加载)；

(3)Project：保存在当前项目中；

(4)User project：保存在当前用户所有项目中。

4.3.1.11　生成项目预览图

(1)【Layout】→【Generate cell preview】，直接生成预览图，下次打开 Cell 时，可直接看到，如图 4-56 所示。此时只能用默认窗口，效果可能不好。

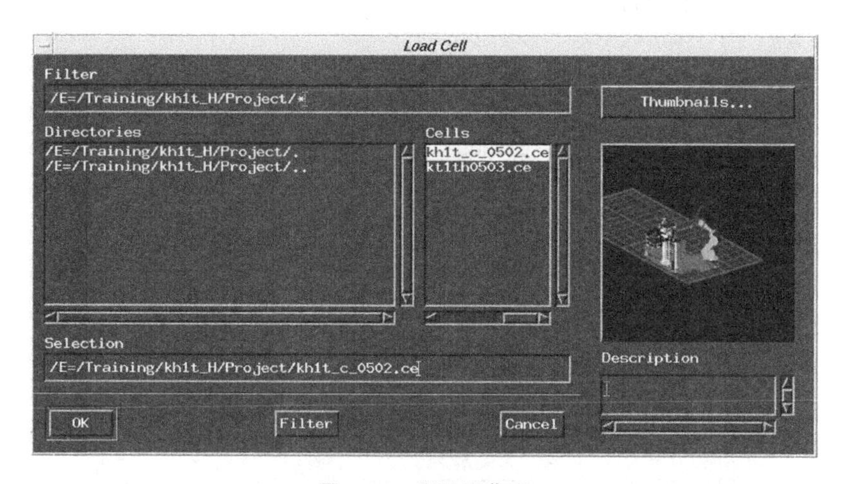

图 4-56　项目预览图

(2)在 Workcell 模块下，单击工具指令【View Manager】，如图 4-57 所示。按【Open】可打开当前的预览图，对其进行缩放、旋转等操作，然后进行【Update】更新，可重新建立新的预览图。

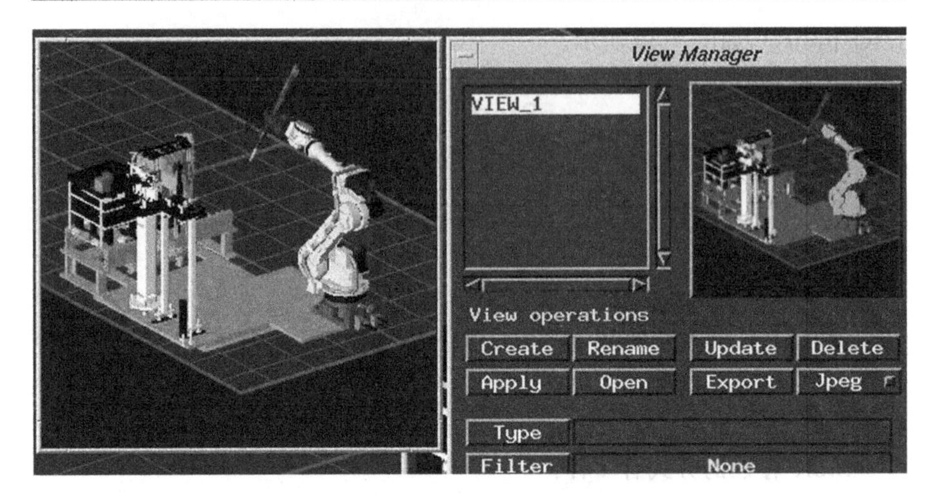

图 4-57　预览图修改

4.3.2　多个项目合成一个项目

各个子项目可独立完成，最后合成在一起，形成一个大项目，如果项目比较大，时间比较紧时，可多人同时工作，以节省仿真的周期。

【Layout】→【Get Cell】，打开【Get Cell】窗口，如图 4-58 所示，可把多个项目合成为一个项目。

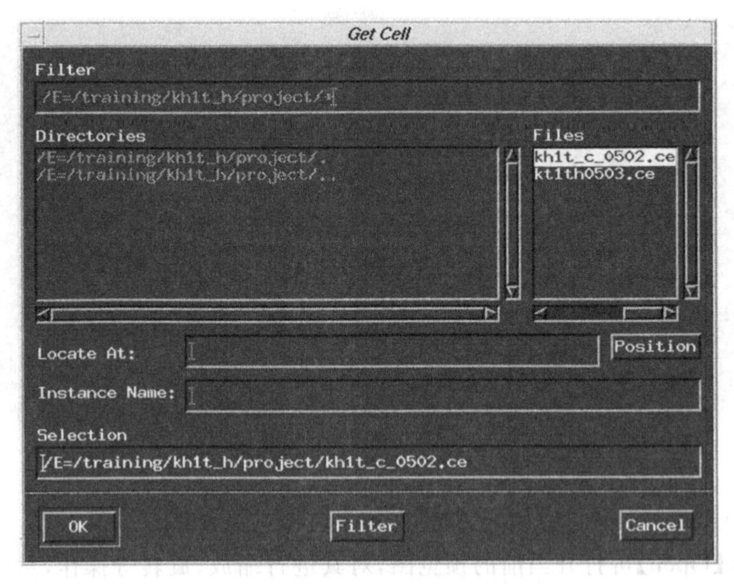

图 4-58　Get Cell 窗口

4.4　Cell 创建时一些常用技巧

4.4.1　快速调入需求的项目路径

在进行 ROBCAD→Layout→Load Cell 时，除前面“创建项目”“指定项目”的方法外，还有一个不常用的方法，但不同项目时需进行更改。

不常用的方法是项目路径快捷设置，在桌面上新建一“ROBCAD”软件快捷图标，单击右键后选属性，把起始位置处的路径替换成相关项目的路径，如图 4-59 所示。打开软件后还需进行“设置当前项目库资源”“保存当前项目的配置信息”。

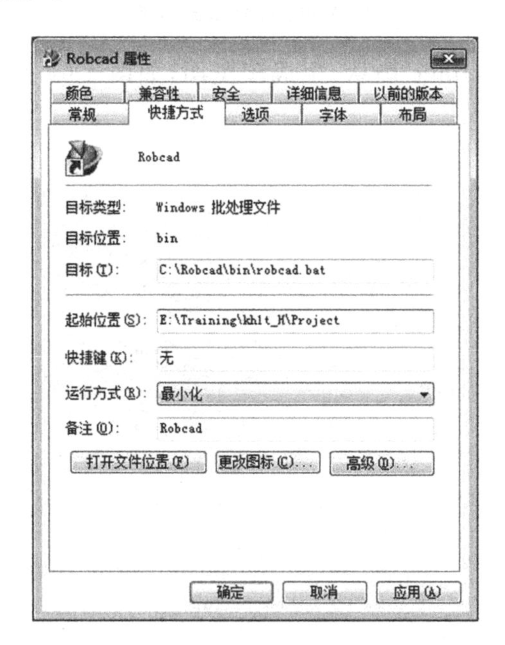

图 4-59　ROBCAD 软件快捷图标右键属性设置

4.4.2　生成零件的预览视图

生成零件的预览视图，有助于零件选择时有个参考，先 Modeling→Open 打开对象，在 Attribute Editor 工具指令中进行编辑，如图 4-60 所示，单击窗口中的 No Preview 小窗口，弹出当前对象的图形窗口，在图形窗口中进行缩放、平移、旋转操作，保证对象以一种适当的方式摆放。

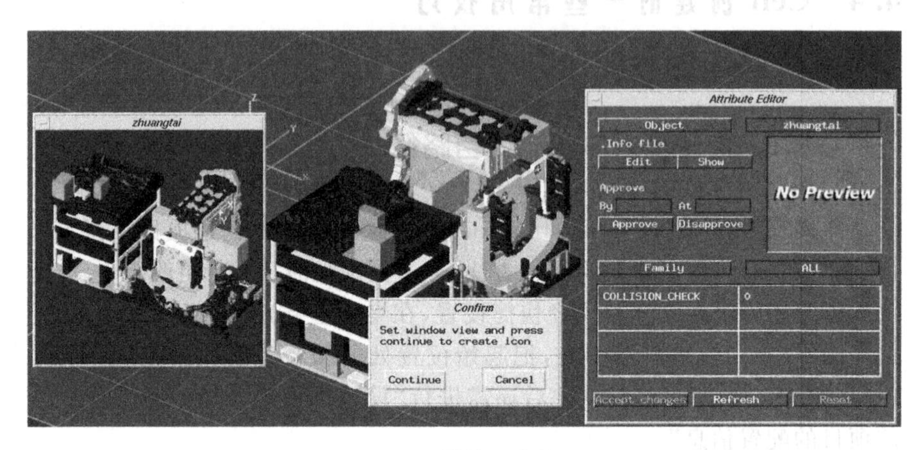

图 4-60　零件预览结果

最后单击 Continue 确认，生成预览图，如图 4-61 所示，单击 Accept changes 完成。

图 4-61　零件预览结果

4.4.3　Cell 下 n 个对象存成一个 component

(1)导入多个对象到一个 CELL 中。先单击 robcad→modeling→open，选择需要的对象 component 名称和选择 in cell 方式，点击 accept。多个对象导入后同时进行布局排版。

(2)把当前 Cell 存成新的部件,如图 4-62 所示。选择 save as new component,选择相关的元素,在 Component 栏命名一个名称,单击 Accept 确定。这样按照自己的需要,随时组合不同的对象,有助于对象的管理,同时新生成的对象与当前 Cell 保持同一基准坐标系,后续导入时不需再做布局处理,可提高工作效率。

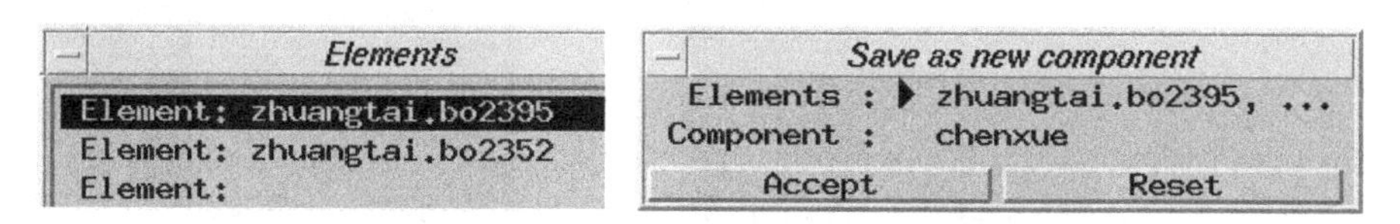

图 4-62　n 个对象存成一个 Component

(3)保存结果如图 4-63 所示。在 Project 文件夹中有新生成的 Component 文件。

图 4-63　新生成的 Component 文件位置

4.4.4　超级装配零件

进入 modeling 模式,然后选工具箱中 broswer 按钮,把多个部件装配在一起,如添加 dress 一样调入 carpart 零件,以完成超级装配。这种装配易于把装配的部件按 part 文件来进行处理,此零件可以有复杂的动作,所以在复杂环境中常用。

4.4.5　零件属性查看

可看下各个部件的属性,如图 4-64 所示。选中工具箱中的 tree,选中需要查看的零件,右键单击,选择属性以查看,又分通用、属性、高级 3 个标识页。

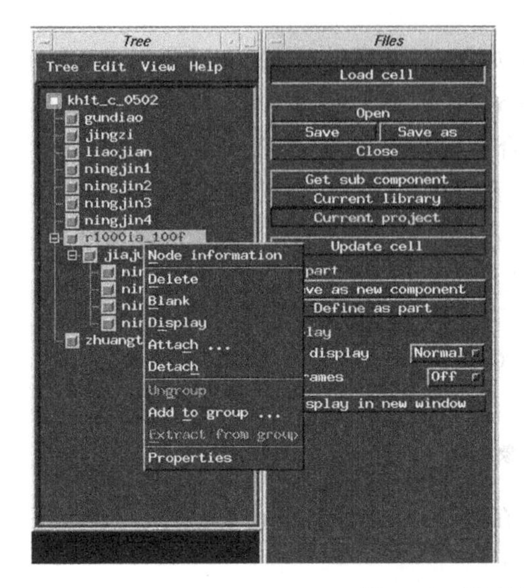

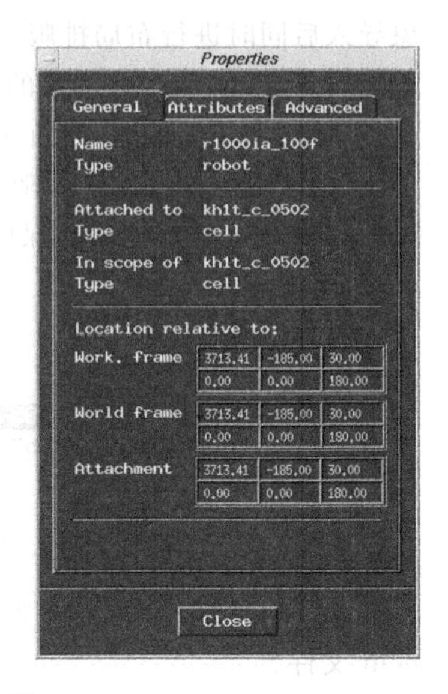

图 4-64　零件属性查看

4.4.6　替换装配零件中的子零件

在仿真过程中，是一个不断反复的过程，特别是设计人员更改了 3D 模型后，需在仿真系统中进行更换，如果替换子零件，单击 Project utilities→Connection，单击 Replace，然后在 Source Project 中找到当前项目装配文件 . ce 中相应的子零件 . co，即被替换零件；在 Library/component 中找到的替代的零件 . co，如图 4-65 所示。最后单击 Connect 完成替换。

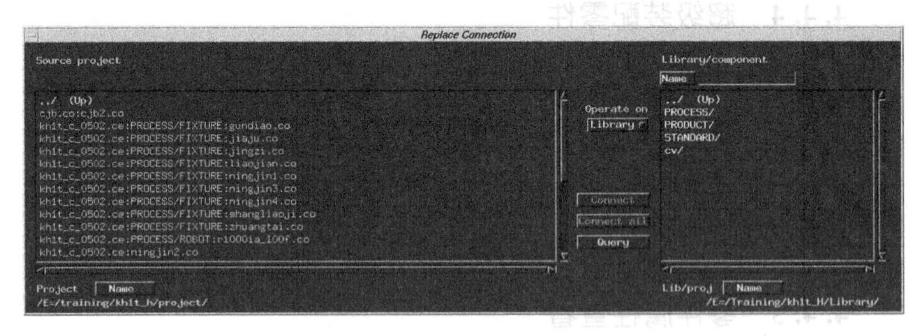

图 4-65　替换装配零件中的子零件

4.5　小结

资源定义、Cell 的建立只是完成了基本数据的准备，即把机械设计师设计的资料导入到 ROBCAD 软件中，并在 ROBCAD 软件中，3D 数据的位置与原机床设计的意图保持一致，然后才能开始进行机器人或机械结构的仿真动作。

资源定义、Cell 建立有标准可寻，则能大大提高交流的效率、转换数据的效率。所以任何企业都应该先期制定数据结构标准、数据类型标准。企业内部先期构建企业模板是重中之重。

4.6　练习

(1)练习 Cell 的布局。

(2)练习 Library 的数据结构。

(3)练习 Library utilities 和 Project utilities，以提高工作效率。

(4)掌握第三方数据格式转换软件。

第5章 Spot点焊模块

焊装工艺作为汽车制造的四大工艺之一，是车身成形及稳定性的重要基础，在这里重点以点焊工艺为阐述对象。随着焊接机器人仿真的掌握，基本也掌握了冲压、装配等机器人的仿真。

汽车车身上有上千个焊点，点焊焊枪则是实现工艺要求的利器。“工欲善其事，必先利其器”，点焊焊枪的重要性可见一斑。随着汽车行业的市场竞争越来越激烈，主机厂对焊接质量、一致性、安全性以及生产节拍的要求也越来越高，推动了计算机辅助设计技术在焊枪结构设计方面的应用。

ROBCAD-SPOT提供了丰富的焊接仿真验证工具及报告报表样式，从而对焊枪结构进行验证，提高焊枪结构设计的合理性和成功率，降低投资风险，加速完成产品设计，为加快产品上市提供了有效的保障。

Spot weld点焊是ROBCAD软件中非常重要的一个部分，它可以对整车焊点进行优化和分配，可以处理整个点焊设计过程，考虑关键因素。比如空间限制、几何限制和焊接周期（节拍分析和优化，缩短生产周期）。通过功能强大的特征（比如焊枪搜索、自动化机器人放置、路径周期时间优化器和焊点管理工具等），用户能够创建虚拟单元来进行仿真，准确反映物理单元和机器人行为，可优化新产品或改良产品的推出，不必停止焊装线而造成生产时间上的浪费。

5.1 Spot模块菜单

常用菜单见第2章2.6节，本节介绍Spot模块中的专用菜单。

5.1.1 Weld_locs菜单的简单介绍

焊点菜单非常复杂，主要对焊点进行处理，前期建立好Cell后，现在需把焊点导入或创建出来，才能进行后续的仿真操作。单击【Robcad】→【Spot】再单击【OK】进入点焊模块。单击【Weld_locs】，弹出Spot Weld Locs菜单，如图5-1所示。

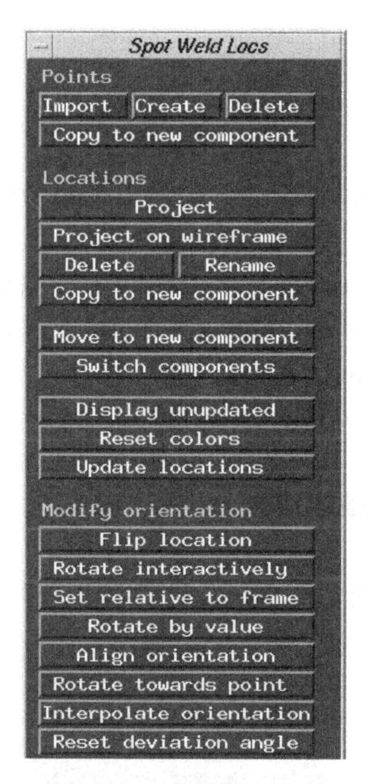

图 5-1　Spot Weld Locs 菜单

(1)Points:焊接点,只是一个点对象。

①Import:导入点,点的格式为后缀为 *.pt 的文件。

②Create:创建点。

③Delete:删除点。

④Copy to new component:拷贝点到新的零件。

(2)Locations:点位置,坐标系形式的真正的位置点。

①Project:将板件的焊点投影到板件上生成焊点坐标。

②Project on wireframe:在线框模型上进行投影。

③Delete:删除。

④Rename:重命名。

⑤Copy to new component:拷贝 Locations 到新的零件。

⑥Move to new component:移动 Locations 到新的零件。

⑦Switch components:转换零件,Locations 在哪个对象之间互换。

⑧Display unupdated:显示未更新的。

⑨Reset colors:取消颜色。

⑩Update locations：更新。

(3)Modify orientation：

①Flip location：翻转焊点的焊接方向(180°)。

②Rotate interactively：调整焊点的焊接方向。

③Set relative to frame：设置与坐标系的相差性。

④Rotate by valve：调整焊接角度。

⑤Align orientation：使多个焊点与选中的焊点焊接方向保持一致。

⑥Rotate towards point：使多个焊点焊接方向朝向同一个点。

⑦Interpolate orientation：插入排列方向。

⑧Reset deviation angel：复位偏差角。

5.1.2 Gun 菜单的简单介绍

Gun 菜单主要对 Spot Gun 进行设置，如图 5-2 所示。

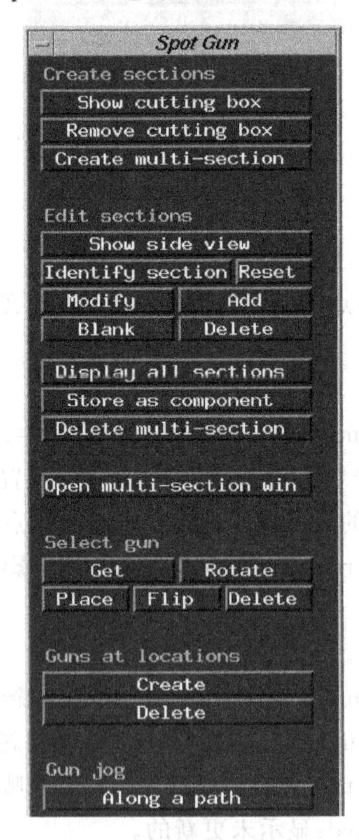

图 5-2　Spot Gun 菜单

(1)Create sections:创建(焊点)截面。
①Show cutting box:显示切削空间尺寸。
②Remove cutting box:移除切削空间。
③Create multi-section:创建多切削断面。
(2)Edit sectons:编辑截面。
①Show side view:显示截面投影视图。
②Identify section:识别截面。
③Reset:复原。
④Modify:编辑。
⑤Add:增加个另截面。
⑥Blank:隐藏个另截面。
⑦Delete:删除个另截面。
⑧Display all section:显示所有截面。
⑨Store as component:截面保存为零件。
⑩Delete multi-section:删除多截面。
⑪Open multi-section win:打开截面窗口。
(3)Select gun:焊枪载入位置编辑。
①Get:获取。
②Rotate:旋转。
③Place:旋转。
④Flip:反转。
⑤Delete:删除。
(4)Guns at locations:焊枪按 Location 载入。
①Create:创建 。
②Delete:删除。
(5)Gun jog:
Along a path:焊枪沿路径运动。

5.1.3　Spot_setup 菜单的简单介绍

Spot_setup 菜单主要设置软件内默认坐标方向与焊枪统一,投影的坐标朝向一般按企业的标准进行设置,如图 5-3 所示,同时进行其他设置。

5.1.3.1　Vectors

(1)Approach:进入焊点的方向,选择 X 方向,即定义了进出焊枪开口方向为 X 方向。

(2)Perpendicular:垂直板件的方向,选择 Z 方向,即定义了焊枪闭合方向为 Z 方向。

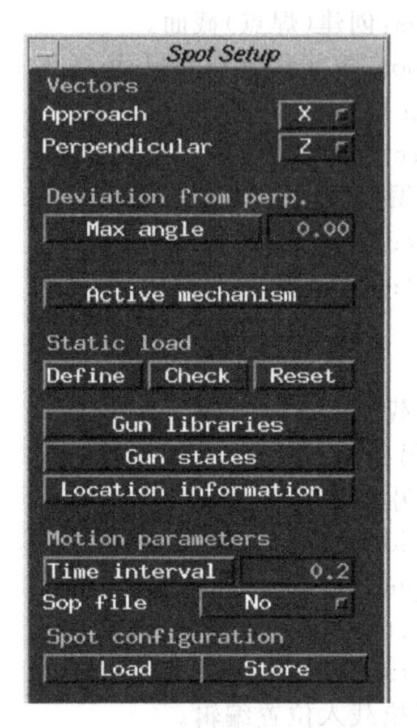

图 5-3 Spot setup 菜单

5.1.3.2 Deviation from perp.：垂直方向误差

(1)Max angle：最大允许角度。

(2)Active mechanism：激活机械装置。

5.1.3.3 Static load：负载导入

(1)Define：负载定义。

(2)Check：检测。

(3)Reset：重置。

(4)Gun libraries：焊枪库设置。

(5)Gun states：焊枪姿态。

(6)Location information：位置信息。

5.1.3.4 Motion parameters：运动参数设置

(1)Time interval：仿真速度控制，一般为 0.02 时，与现实速度相符。

(2)Sop file：与 Sop 文件关联。

5.1.3.5 Spot configuration：焊接配置

(1)Load：导入。

(2)Store：导出。

5.1.4　Placement 菜单的简单介绍

焊点放置菜单介绍，如图 5-4 所示。

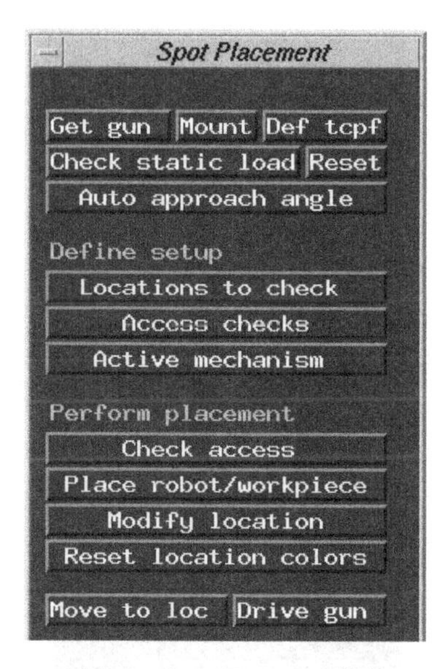

图 5-4　Spot Placement 菜单

(1)Get gun：从焊枪库或当前项目中获取焊枪。
(2)Mount：焊枪安装。
(3)Def tcpf：定义焊枪的工具坐标系。
(4)Check states load：检测状态导入状态。
(5)Reset：重置。
(6)Auto approach angle：自动生成接近角度。
(7)Define setup：定义初始设置。
①Locations to check：位置检测。
②Access checks：接近检测。
③Active mechanism：激活机械结构，选择机器人。
(8)Perform placement：完成放置。
①Check access：检测接近点。
②Place robot/workpiece：放置机器人/工件。
③Modify location：编辑位置。
④Reset location colors：恢复位置颜色。
⑤Move to loc：移动到位置点。
⑥Drive gun：驱动焊枪。

5.1.5 Via_Locs 菜单的简单介绍

焊接中间点菜单介绍，如图 5-5 所示。

图 5-5 Spot Via Locs 菜单

(1)Create & verify：过渡路径创建及验证。

①By interpolation：通过插补。

②By jog：通过手动操作。

③By pick：通过点取。

④Appr. Plane：单选项，接近平面或 Perp. Plane 垂直平面。

⑤Along approa：沿接近方向偏置。

⑥Modify：编辑中间点。

⑦Delete：删除中间点。

⑧Reset location colors：恢复位置颜色。

(2)Optimize：过渡路径优化。

①Automatic：自动优化。

②Interactive：交互优化。

③Bottleneck：瓶颈路段。

④Extract unnecessary vis：去除无用的点。

(3)Path planner：自动路径生成。

①Automatic path planner：自动路径计划及生成中间点。

②Path planner log：路径计划日志。

(4)Path Segments：由一条路径部分生成新路径。

①Store as：取一段路径另存。

②Restore：恢复。

③Delete：删除。

5.1.6　Spot Simulaton 菜单的简单介绍

焊接仿真菜单介绍，如图 5-6 所示。

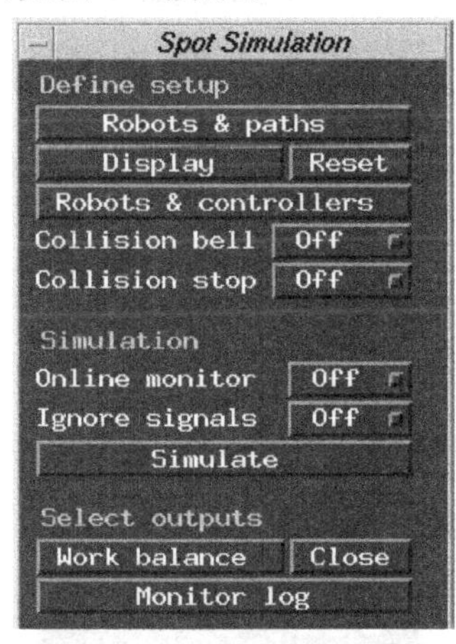

图 5-6　Spot Simulation 菜单

(1)Define setup：初始设置。

①Robots & paths：机器人与工件路径选择。

②Display：显示，用不同的颜色进行区分显示。

③Reset：恢复初始颜色。

④Robots & controllers：机器人与控制系统。

⑤Collision bell：碰撞检测中蜂鸣。

⑥Collision stop：碰撞检测中碰撞时停止。

(2)Simulation：仿真设置。

①Online monitor：在线监控。

②Ignore signals：忽略信号指令。

③Simulate：开始仿真。

(3)Select outputs：选择性输出。

①Work balance：工序内时间分布窗口。

②Close：关闭 Work balance 窗口。

③Monitor log：监控日志。

5.1.7 常用工具箱指令介绍

5.1.7.1 Spread Sheet：打开 EXCEED 表格

打开 EXCEED 表格，如果做其他设置的话，也可打开 EXCEL 表格，主要设置一些参数，如图 5-7 所示。

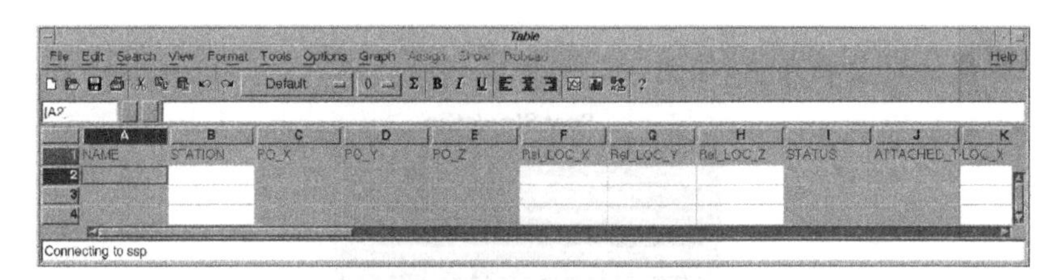

图 5-7　Spread Sheet 窗口

5.1.7.2 Gun Search

焊枪查找指令，打开窗口如图 5-8 所示。

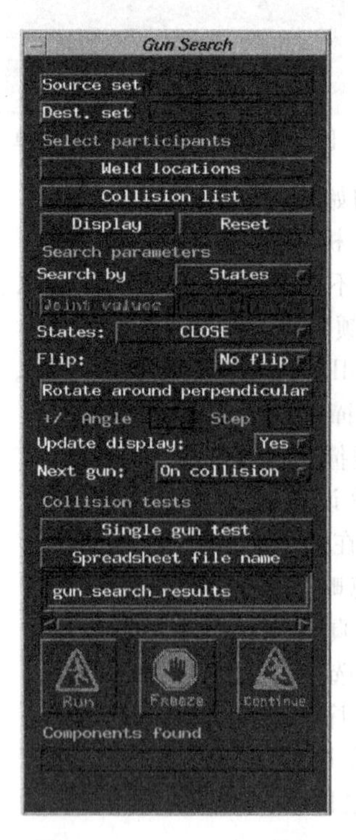

图 5-8　Gun Search 窗口

5.1.7.3　Interference Zone

干涉区域确认,如图 5-9 所示。

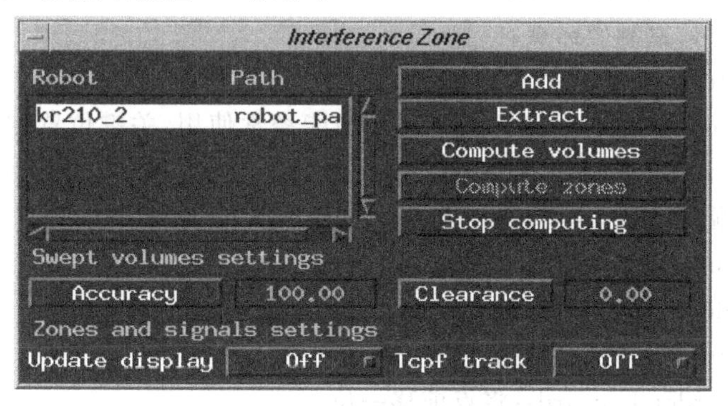

图 5-9　Interference Zone 窗口

5.1.7.4　Path Editor

构建路径时,注意中间点为焊接点的不同,如图 5-10 所示。

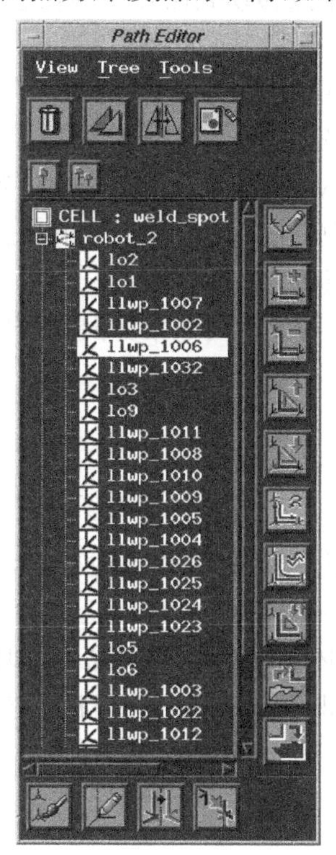

图 5-10　Path Editor 窗口

窗口中重要指令如下：

(1)上面横的工具条分别是：

①Delete：删除坐标点。

②Copy：复制坐标点。

③Mirror：镜像坐标点。

④Rename：重命名坐标点。这个功能经常使用，关键位置点需起一个明显的名字，便于识别。

(2)侧面竖的工具条分别是：

①Create path：创建机器人新路径。

②Add：增加点到路径。

③Extract：移除点到路径。

④Reorder Upwards：将点前移一位。

⑤Reorder Downwards：将点后移一位。

⑥Reverse：路径反转方向或局部几个点反转方向。

⑦Interpolate：插入点。

⑧Change order：选定点移动到路径中的任意指定点。

⑨Load path：加载路径。

⑩Store path：存贮路径。

(3)下面横的工具条分别是：

①Create Location By Pick：通过单击创建位置点。

②Create Location：创建位置点，方法有很多。

③Flip：绕选定轴旋转 90°。

④Copy Orientation：拷贝时固定某方向，或自由拷贝。

5.2 点焊技术

通过点焊技术的介绍，包括焊接装备的了解，有助于 ROBCAD 仿真人员更好地进行工艺规划，一个好的仿真人员，必须对当前使用的装备非常了解，才能在仿真中完美地体现现场实际情况。同时仿真人员也需与现场示教人员交流，交流的基础即是双方都了解焊接工艺。

5.2.1 点焊技术概要

5.2.1.1 汽车焊接设备组成

焊接装备包含多种机械结构，如图5-11所示。

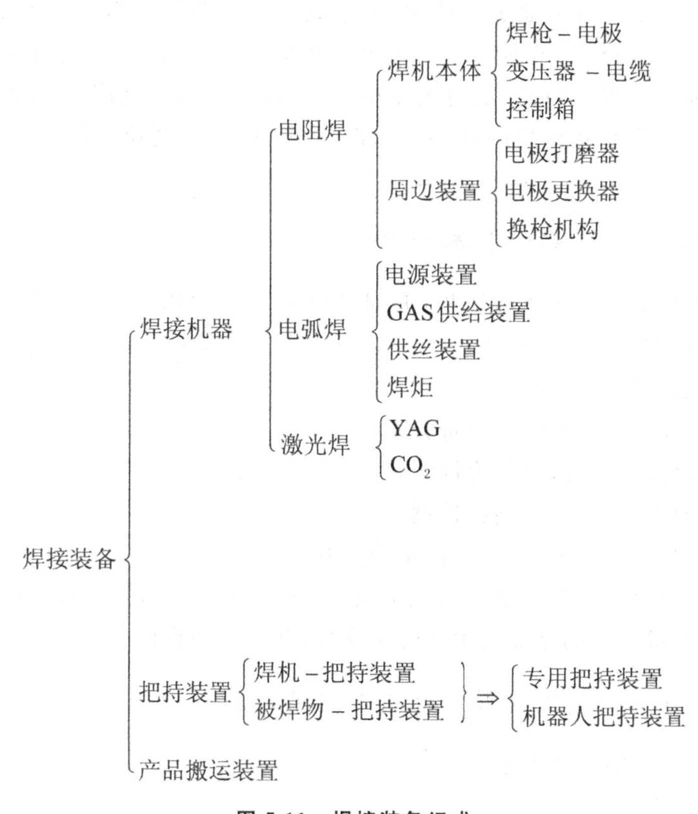

图5-11 焊接装备组成

5.2.1.2 焊接的分类

焊接主要分为电阻焊和电弧焊，电阻焊又可分为点焊、线焊、凸焊、对焊等。

5.2.1.3 点焊基本原理

电阻焊是用电极对被焊接物施加一定的压力的同时通电、利用电极间的接触电阻产生的焦耳热熔化金属而达到焊接的目的。

电阻焊一般是使工件处在一定电极压力作用下并利用电流通过工件时所产生的电阻热将两个工件之间的接触表面熔化而实现连接的焊接方法。通常使用较大的电流。为了防止在接触面上发生电弧并且为了锻压焊缝金属，焊接过程中始终要施加压力。进行这一类电阻焊时，被焊工件的表面状况对于获得稳定的焊接质量是头等重要的。因此，焊前必须将电极与工件以及工件与工件之间的接触表面清理干净。

电阻焊是当电流通过导体时，由于电阻产生热量。当电流不变时，电阻愈大，产生的热量愈多。当两块金属相接触时，接触处的电阻远远超过金属内部的电阻。因此，如有大量电流通过接触处，则其附近的金属将很快地烧到红热并获得高的塑性。这时如施加压力，两块金属即会连接成一体。

5.2.1.4 点焊的基本知识

点焊焊接时应夹住金属板，并对其施加一定的压力（200～500kg），通过一定时间的大电流（6.000～15.000A），依靠此时发生的电气电阻发热将材料熔化并压接在一起。

电阻焊的三大条件与设备分别是：

(1)电极加压力，设备为焊钳；

(2)通电时间，由控制箱控制；

(3)焊接电流，由变压器、控制箱控制。

这三点合称为点焊条件的三大要素，被看作最基本的因素。在实际仿真应用中，最重要的是如何生成焊接参数，并应用到程序中。

5.2.1.5 电极夹臂和电极在安装时的注意事项

电极安装时的注意事项：

(1)上下夹臂要平行。

(2)电极头要上下对正。

(3)电极头的接触面要平整。

(4)调整焊接臂。

点焊机在使用前应先检查焊臂是否装配牢固，焊钳上所装的电极臂的位置是否准确，它的装配状态正确与否，对电极压紧力和电流的通过能力都有影响。

(5)电极头应保持清洁，不允许有杂物，以减少焊接飞溅。

(6)注意调整焊极及焊钳两臂在同一平面内，不得错位；焊接时确保电极与工件垂直（如受条件制约，无法保持垂直，则应对所焊焊点加大检查频次），以保持焊点直径和焊接质量。不得有连续两个焊点的非圆滑过渡，压坑深度大于焊件厚度的30%，存在缺陷焊点数量不得超过全部焊点数量的20%。

5.2.1.6 电极使用要求

电极水冷孔顶端至工作表面中心部位尺寸（剩余尺寸）耗损到2.0～2.5mm时，必须对电极进行更换。

在电极表面出现裂纹或凹坑，无法正常使用时，必须对电极进行更换。

焊接部位的制件之间不能存在过大的间隙。为了避免飞溅，保证焊接质量，一般装配间隙应小于1.0mm，当焊接尺寸较小而刚度较大的冲压件时，装配间隙应减少到0.5mm以内。对于制件间隙不能调整或调整不能到位的，需要适当增加焊枪的压力，增加预压时间，来消除焊接通电前制件的间隙。

5.2.1.7 焊接参数对焊接质量的影响

电阻点焊方法是一种利用工件自身的电阻、施加在工件上的加压力和导通的大电流，在工件接触部产生焦耳热，进行熔融的金属连接方法。下面对电阻点焊焊接质量的影响因素进行简要分析。

(1)电极压力。焊点强度与电极压紧力密切相关。压力过小会在接触点处造成焊接飞溅；压力过大虽然通过的电流也大，但是由于热量的分布区域增大，使焊点直径和熔深反而变小。

(2)焊接电流。点直径和焊接强度都随焊接电流的增加而增大。但电流过大且压力较小时，也会造成板间的飞溅；反之则可能将飞溅减至最小程度。

(3)通电时间。通电时间长，则热量产生多，焊点直径大，熔深也深。但通电时间过长也未必有益，如果电流一定，则通电时间过于延长也不会使焊点增大，反而还会出现电极压痕和热变形现场。

(4)电极头端面尺寸。电极头是指点焊时焊件表面相接触时的电极端，常见的有锥台形和球面形两种形式。

当电极端面尺寸增大时，由于接触面积增大、电流密度减小、散热效果增强，均使焊接区加热程度减弱，因而熔核尺寸减小，使焊点承载能力降低。应该指出，在点焊过程中，由于电极工作条件恶劣，电极头产生压溃变形和粘损是不可避免的，因此，规定锥台形电极头端面尺寸的增大量不能超过端面直径的15%；同时对于不断锉修电极头而带来的与水冷端距离的减小也要给予控制。

(5)电流密度。电流密度是指单位横截面中的电流值。如果电流密度保持稳定,其直接影响焊核的形成。当多次焊接后,截面增大,电流密度减小时,容易产生虚焊或者无法焊接的情况。

(6)电极维护。电极焊接薄板时,电极直径不小于4～5mm。焊接厚板时,电极夹尖端直接随板厚不同而改变。

$$d=2T+3$$

其中:d 为电极夹尖端直径;T 为母材的板厚。

在点焊时,各焊接参数的影响是相互制约的。当电极材料、端面形状和尺寸选定以后,焊接参数的选择主要是考虑焊接电流、焊接时间及电极压力,这是形成点焊接头的三大要素。

(7)电极材料。工件材料不同,熔化温度也就不一样,此时应选用相应的电极材料,具体见表5-1。

表5-1 工件材料与电极材料的选用

工件材料	电极材料
软刚	铬铜合金
不锈钢	铬铜合金
镍	铬铜合金
黄铜	铬铜合金
铜	钼、钨、钼铜合金、钨铜合金
铝	钼、钨
银	钨铜合金

5.2.1.8 焊接时的电流分流

焊接制件的非焊接区不能与电极接触,否则出现分流,影响焊点质量。焊接分流的影响如下:

(1)影响焊接质量,降低焊点应达到的强度。

(2)降低能耗利用率。

(3)焊点间距过小又增加了焊点数量,增加焊接能耗成本;同时增加焊接时间,影响生产节拍等。

防止焊接分流的有效方法是选择合理的焊点间距。

5.2.1.9　焊点排布及实际操作时的注意事项

(1)焊点布置。焊点的间距(焊点之间的距离)和边距(焊点至板边缘的距离)对焊点强度有决定性作用。缩小焊点间距虽然可以提高焊件的连接强度,但实际上也是有限度的。因为间距超过一定的限度,焊接电流会经由上一个焊点导走、漏洞。这时所增加的焊点不再具有增强焊件连接强度的作用,而且还会适得其反。

(2)焊接。按焊接规范选定有关参数和电极等。将焊件的相互位置确定并用专用工具夹紧后,即可按计划分布的焊点施焊。对于点焊机,在连续焊接 5～6 个焊点后应稍微停止一下,给焊极一段冷却时间。正常使用过程中,电极也会发生烧灼和积垢使电阻增大,通过焊件的电流就会减少,焊点的熔深变浅。

当焊接过程中发现电极端头发红或火花飞溅增多,应及时将电极端头修磨好。

(3)焊件的表面处理。点焊板件的清洁部位,不仅在于两个焊件之间,与点焊电极的接触点同样也需要认真打磨干净(包括板材表面的油漆)。对于不方便清除的油污,还可以采取火焰法轻轻燎,然后再将板材表面用钢丝刷或其他方式打磨干净(能否用火焰法应视具体情形而定)。

注意:焊件表面的杂质会妨碍电流通入焊件,造成焊接电流减小,影响焊接质量,所以焊接前必须将这些杂物从需要焊接表面上清除干净。

5.2.1.10　焊接缺陷

焊接缺陷有飞溅、未融合、焊穿、裂纹、半点、马蹄点等。

(1)虚焊:焊点直径定义为垂直两方向直径(D,d)的平均值。

合格焊点应满足:焊点直径$=(D+d)/2>d_{min}$,若焊点直径$(D+d)/2<d_{min}$,则称此焊点为虚焊。d 为焊点最小直径,D 为焊点直径。

合格焊点的测量尺寸应大于等于表 5-2 所列数值,否则不合格。没有特殊说明或焊点修补的需要,焊点不应超过焊接图纸标明的数量。

表 5-2　合格焊点的测量尺寸　　单位:毫米

薄板尺寸 r	焊点直径最小值 d_{min}
0.40～0.59	3.0
0.60～0.79	3.5
0.80～1.39	4

续表 5-2

薄板尺寸 r	焊点直径最小值 d_{min}
1.4～1.99	4.5
2.00～2.49	5
2.50～2.99	5.5
3.0～3.49	6
3.50～3.99	6.5
4.00～4.50	7.0

(2)边缘焊点：焊点熔核直径超出板材边缘焊点。

(3)焊点扭曲：与垂直面角度大于 25°的焊点视为焊点扭曲，焊点不合格。

(4)焊点凹陷：电极加压在板材上留下的压痕深度超过薄板厚度的50%时，焊点不合格。

(5)焊接裂纹：周围带有焊接裂纹的焊点为不合格焊点。

(6)焊点位置偏差：当图纸上没有给出尺寸时公差范围是±20mm，给出尺寸时是±10mm。有定位尺寸且偏离指定位置的距离大于 10mm，或没有定位尺寸且偏离指定位置的距离大于 20mm 的焊点，均视为不可接受焊点。

(7)多余焊点：指定的焊点在规范内不存在。除非由于特殊说明或焊点修补的需要，否则焊点不应超过焊接图纸标明的数量。

(8)焊点毛刺：焊点周围存在尖锐的刺，焊点不合格。

(9)烧穿：由于电极压力不足或焊接电流过大引起焊接区穿孔。

(10)漏焊：规范制定的焊点不存在。

(11)焊点间距：相邻焊点的间距超过正常距离的 50%为不合格。

5.2.2 焊枪结构介绍

5.2.2.1 电阻焊焊枪介绍

(1)伺服焊枪，如图 5-12 所示。

(2)多点焊枪，如图 5-13 所示。

(3)变压器内置便捷式焊枪，如图 5-14 所示。

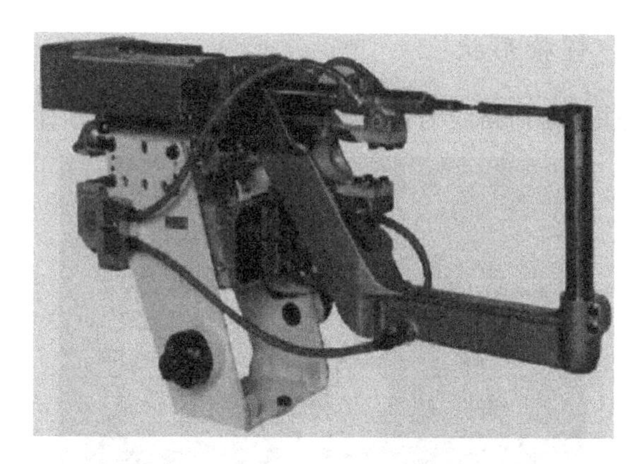

图 5-12　伺服焊枪

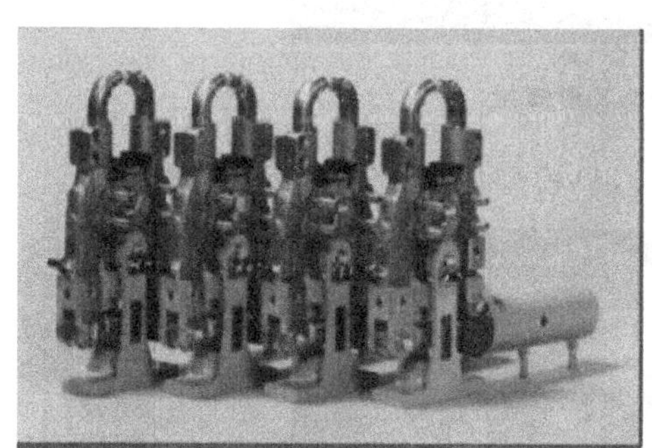

图 5-13　多点焊枪

图 5-14　变压器内置便捷式焊枪

5.2.2.2 焊枪形状

(1)X 形焊枪,运动路线为弧线。3D 模型如图 5-15 所示。

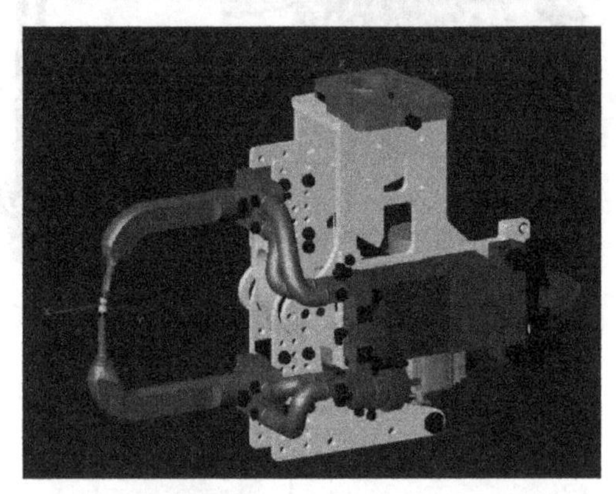

图 5-15 X 形焊枪

(2)C 形焊枪,运动路线为直线。3D 模型如图 5-16 所示。

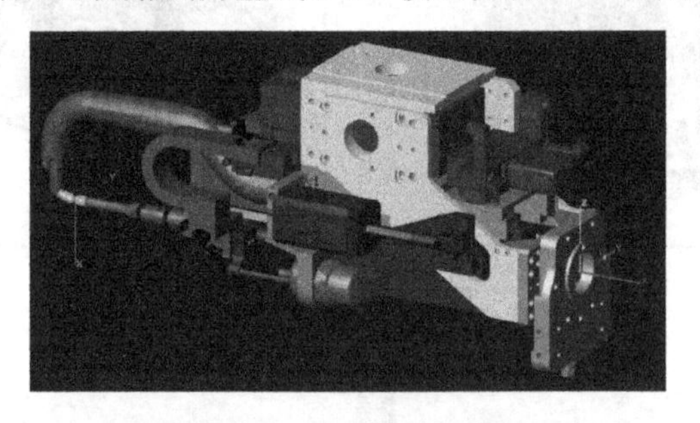

图 5-16 C 形焊枪 3D 模型

5.2.2.3 焊枪分类

(1)PSW——人操作。
(2)EQ——组装到多点焊接设备上。
(3)RO——安装在 ROBOT 上。
(4)SV——安装在 ROBOT 上,利用马达。

5.2.2.4 气动焊枪与伺服焊枪的区别

加压、开放用驱动器不同:
(1)气缸的为气动焊枪;
(2)伺服马达的为伺服焊枪。

5.2.2.5　焊枪的自平衡

靠自平衡机构来补充因电极磨损或更换电极导致的电极帽长度变化，以及电极臂的挠度变化，防止焊接时的工作变形或碰撞。现在机器人控制系统多提供挠度补偿功能，需进行初始设置。

（1）7 轴伺服焊枪，焊枪上没有自平衡机构，通过机器人的 6 轴运动实现平衡。

（2）气动焊枪，焊枪上带有自平衡机构。

（3）PSW 焊枪，焊枪上没有自平衡机构，通过人的手动操作实现自平衡。

5.2.3　点焊工艺中机械结构动作制作

首先创建项目文件夹，然后把焊枪、夹具等与本项目相关的周边机械结构件转换为 .co 格式，按类别进行文件夹整理，其中焊枪、夹具等有动作的机械构件通过多种方法放置在本项目的 PROJECT 文件夹下。

5.2.3.1　焊枪动作制作

首先，在 ROBCAD 软件中选择项目 Project，前期定义好了项目目录，然后切换至 Modeling 模块，在 Files→Open 命令，打开一个部件，当前部件为 C 型焊枪，独立 Load 到 3D 视图窗口中，开始动作制作。如图 5-17 所示。

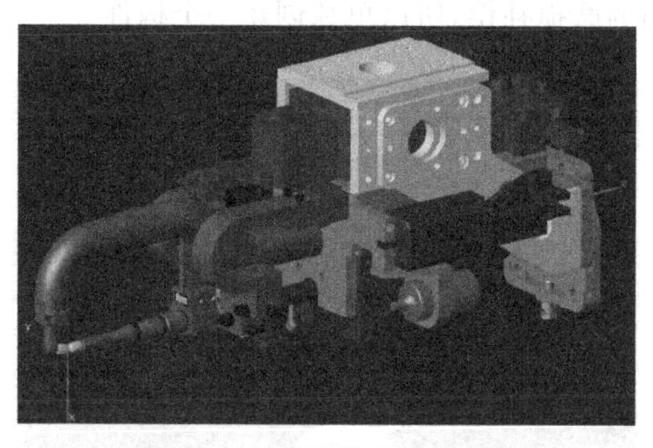

图 5-17　C 型焊枪的初始状态

注意：必须是 Open 打开的 co 文件才能进入定义结构的状态，Open 的意思是进入机构编辑状态。

其次，开始机械结构运动制作，直接打开 Kinematics→Kinematics Editor 窗口进行快捷制作，如图 5-18 所示，也可根据制作流程逐步完成。

在构建的过程中，重点分析有几个 Link，各个 Link 的作用是什么，如

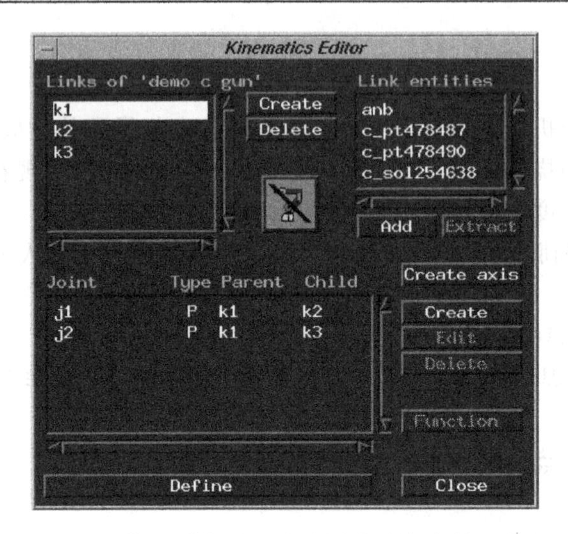

图 5-18 Kinematics Editor 窗口

图 5-19 所示。有几个 axis,各个轴是直线轴还是旋转轴。此时要求机器人仿真人员对焊枪的机械结构非常了解,同时知道焊枪常用的姿态,即焊钳状态有 Open、Semiopen、Close 三种。

(1)K1 为静止构件,选择一个部件代表,或选择全部静止部件都可以。

(2)K2 为动电极臂,沿轴线滑动,为了仿真真实,要求此部件尽可能选择完整。

(3)K3 为固定电极臂,为什么单独设置它,是因为它有挠度变形,同时还需实现电极帽的磨损补偿,所以单独创建一个构件。

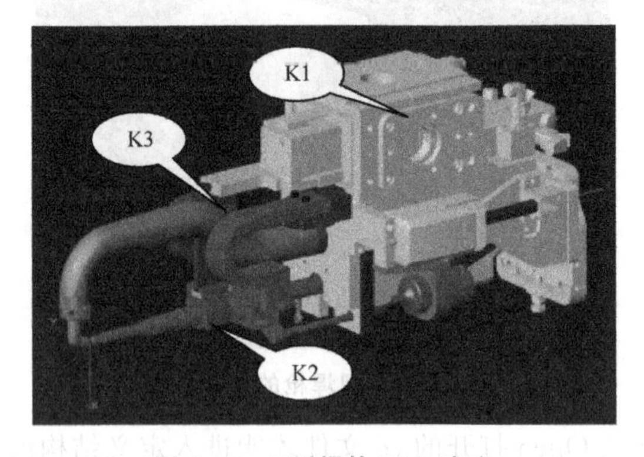

图 5-19 C 型焊枪 Link 定义

注意:现在可以定义所有能模拟的运动学机构和机械工具,定义完善后可在仿真中应用。

最后,因为机构为焊钳,则需要定义该机构为焊钳。

在按照前面讲到的做出焊枪动作后，点击 Gun define 命令，定义焊枪，在弹出的 Gun define 窗口中，可以定义焊枪 TCP frame 焊枪的工作坐标，定义焊枪部分非干涉检查，主要增加不检测干涉部分，主要是两个电极帽。

在工作过程中，防止出现意外情况，请随时点击 Files→Save 保存当前的工作。

注意：如果所有定义完成后，保存 Save 之后必须点击 Close，否则将无法进入别的模块进行操作。

5.2.3.2 夹具动作制作

首先，在 ROBCAD 软件中选择项目 Project，前期定义好了项目目录，然后切换至 Modeling 模块，在 Files→Open 命令，打开一个部件，当前部件为回转滑台，独立 Load 到 3D 视图窗口中，开始动作制作。如图 5-20 所示。

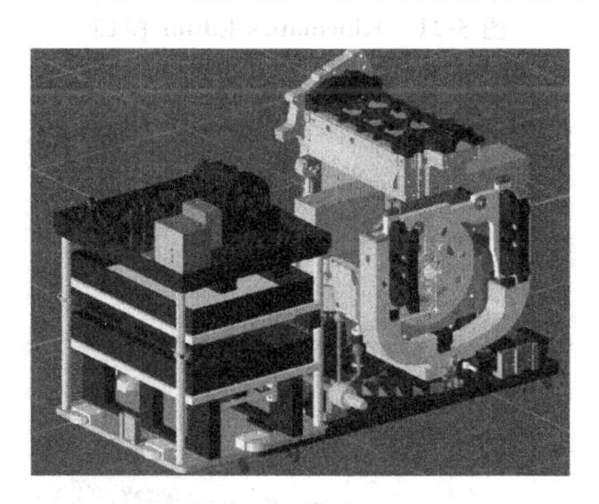

图 5-20 回转滑台初始状态

其次，开始机械结构运动制作，直接打开 Kinematics→Kinematics Editor 窗口进行快捷制作，如图 5-21 所示，也可根据制作流程逐步完成。

在构建的过程中，重点分析有几个 Link，各个 Link 的作用是什么，如图 5-22 所示。有几个 axis，各个轴是直线轴还是旋转轴。此时要求机器人仿真人员对回转工作台的机械结构非常了解，同时知道回转工作几个常用的位置，如 0°、90°、180°、270°。如果有特殊情况，还可以有任意角度的定义。

（1）K1 为静止构件，选择一个部件代表，或选择全部静止部件都可以。

（2）K2 为旋转工作部件，沿轴线旋转，为了仿真真实，要求此部件尽可能选择完整。

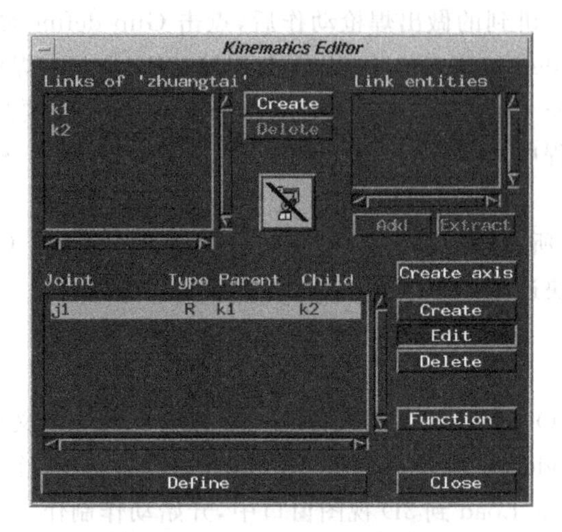

图 5-21　Kinematics Editor 窗口

图 5-22　回转工作台 Link 定义

5.3　Spot_Project 或 Cell 的创建步骤

现在以点焊项目为例，说明工作流程，其他所有项目都可以借鉴这个工作流程。

5.3.1　基本资源的准备

基本各类型机器人应用都需做前期的基本资源准备，工作流程差不多。

5.3.1.1　Cell 创建(Creation of Group of Components)

创建一个新的项目,Cell 的创建命令是 Loadcell,先将 Cell 创建好(第一次是空白的),并配置好项目路径。

注意:在 Cell 里,无法进行建模,无法进行运动关节的编辑。

5.3.1.2　CAD 数据文件准备

从机械设计工程师处得到数据,并转换成 CO 数据,然后导入需要的 co 元件,再进行保存。

5.3.1.3　Library 创建

把 co 文件按标准路径放置好,在软件中进行 Library 目录的指定,见第 4 章内容。

5.3.1.4　布局单元的创建

按平面布局图,把各零部件及机器人等周边设备按位置摆放好。需对工作单元比较了解。

5.3.1.5　资源分组或新建部分资源

为便于管理,把对象分组、分层或重新构建一些辅助的 FRAME、3D 模型等。这是提供工作效率的有效手段。

5.3.2　点焊仿真过程

进入专业模块,需对点焊工艺的基本资源进行准备,然后才能进行仿真操作。

5.3.2.1　焊点的创建或者导入

(1)创建焊点,进入 Weld_locs→Create 命令,如图 5-23 所示。Pick place 是选焊点的地方,point name 是焊点的名字,且名字第一个字符必须为字母,名字不能同名。

(2)导入焊点,进入 Weld_locs→Import 命令,开始导入焊点,选择所要的焊点文件,如图 5-24 所示。再选择车模(Workpiece list 是选择车零件),最后 Accept 确认,如图 5-25 所示。

首先将工艺文件中的焊点数据复制到记事本文件中后将其扩展名名称

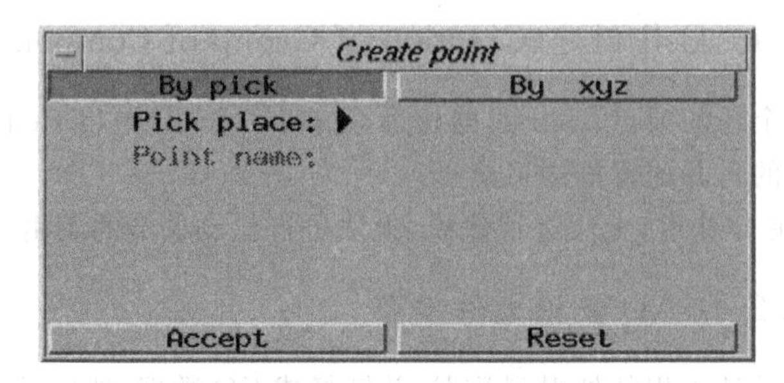

图 5-23 Create point 窗口

更改成 pt 文件，并必须保存到 Project 文件夹中，才能在图 5-26 显示这个文件名。同时在图 5-25 中此时需按 F11 功能键切换到 Self Origin 模式，主要是应用了唯一的汽车坐标系。

图 5-24 Points files 窗口

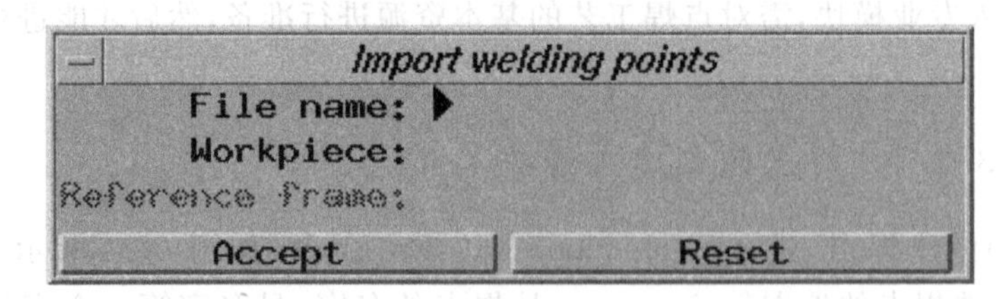

图 5-25 Import welding points 窗口

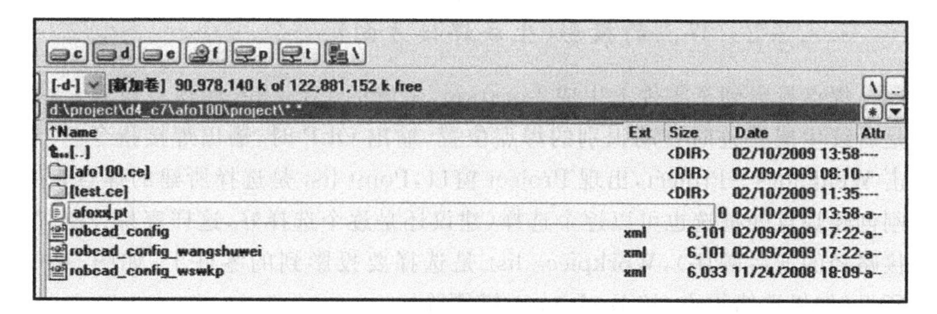

图 5-26　焊点文件名及放置位置

PT 文件注意其标准格式，如图 5-27 所示，分别是点类型，点名称，X 轴、Y 轴、Z 轴的坐标值。

```
TextPad - [D:\project\d4_c7\afo100\project\afoxxx.pt]
File Edit Search View Tools Macros Configure Window Help
afoxxx.pt

***punkte model k afo3050 ***
POINT    p027_o__ps_0002    2575.85 -505.17 1238.79
POINT    p027_o__ps_0004    2613.49 -613.58 1147.32
POINT    p029_p__ps_0005    2901.26 -440.42 1169
POINT    p033_r__ps_0004    3050.37 -556.5  929.36
POINT    p037_t__ps_0003    3243.02 -553.44 628.75
POINT    p041_v__ps_0001    3269.89 -550.05 472.07
POINT    p041_v__ps_0005    3284.49 -536.78 296.54
POINT    p047_y__ps_0003    3263.45 -661.05 406.82
POINT    p049_z__ps_0001    3038.8  -786.37 211.56
POINT    p049_z__ps_0003    3020.96 -833    216.23
POINT    p053_ab_ps_0004    2214.14 -859.94 63.35
POINT    p053_ab_ps_0006    2226.07 -866.74 139.56
POINT    p053_ab_ps_0015    2610.03 -879.23 435.22
POINT    p055_ac_ps_0006    2649.99 -719.67 832.28
POINT    p061_af_ps_0002    2258.42 -515.57 1254.18
```

图 5-27　焊点文件内容

导入的焊点如图 5-28 所示。

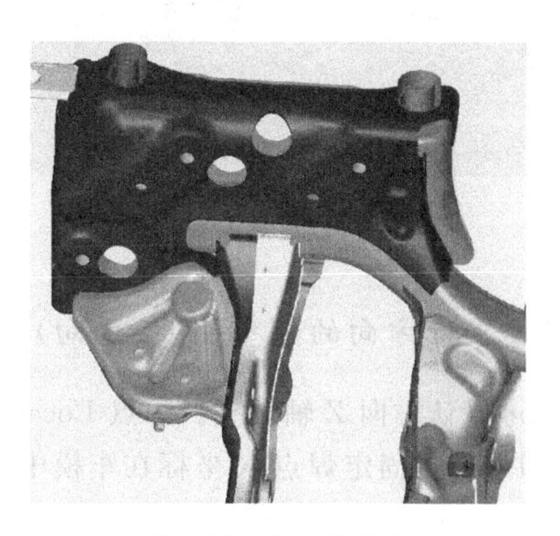

图 5-28　导入的焊点

5.3.2.2 焊点的投影(生成焊接方向)

焊点投影到车零件上生成 Location,生成的 Location 即焊点位置。这是后续生成轨迹时自动识别的焊点位置,输出 OLP 时,输出焊接指令。点击 Weld_locs→Project,出现 Project 窗口,Point list 是选择所建的焊点,在刚创建焊点处框选也可以逐个选择(建议还是逐个选择好,这样容易控制焊接路径的前后顺序),Workpiece list 是选择要投影到的零件上,如图 5-29 所示(如果选错焊点,按 Backspace 键删除)。

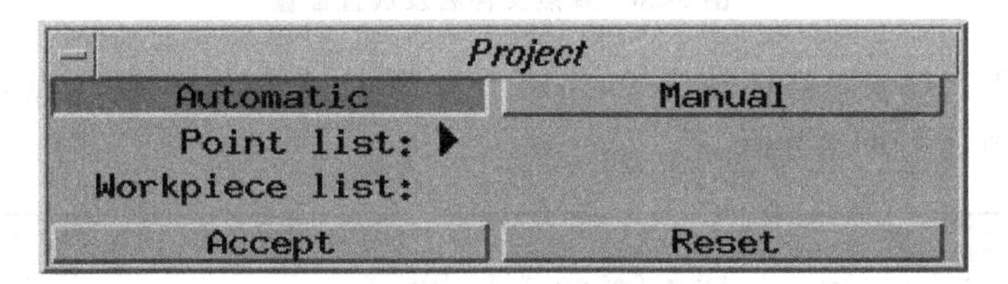

图 5-29 仿真

生成的焊点 location 如图 5-30 所示,虚线为 Z 轴方向,实长线为 X 轴方向,另一实短线为 Y 轴方向。

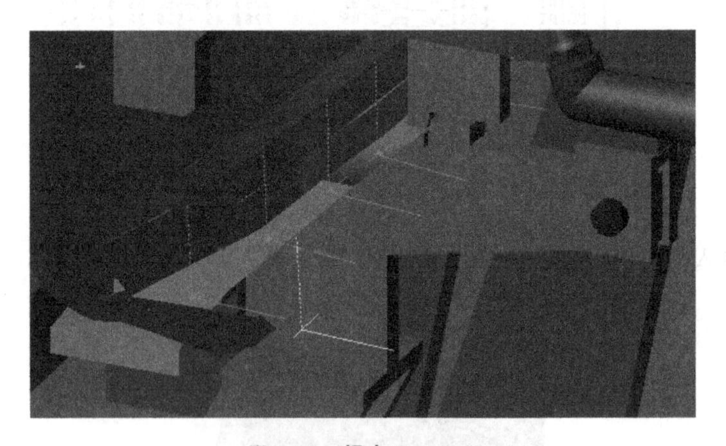

图 5-30 焊点 Location

5.3.2.3 焊接坐标方向的调整(焊接方向)

(1)焊点 Location 默认方向 Z 轴调整。焊点 Location 创建时,需与焊枪 TCP 方向配合,即先确定固定焊点 X 坐标在车模中的方向。如果点击 Spot Setup 后,然后将 Approach 方向修改为 Z,再将 Perpendicular 修改为 X 坐标,如图 5-31 所示。则投影生产焊点 Location 方向发生了变化(注意长实线),如图5-32所示。

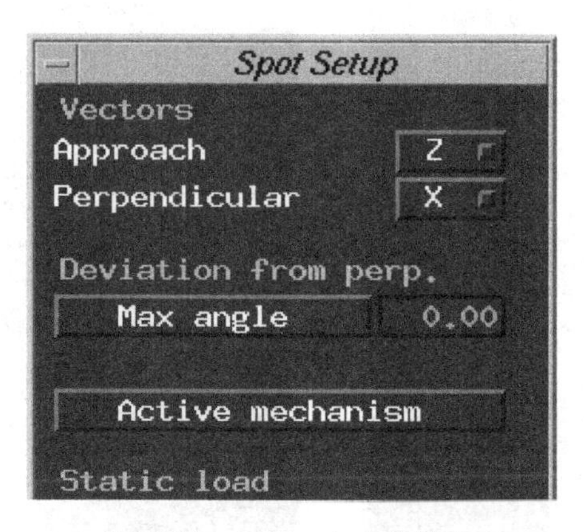

图5-31　Approach方向修改

图5-32　焊点Location方向的变化

(2)焊点Location在车模中X轴方向调整。焊点Location建立后,Z轴方向确定,X轴的位置不一定符合要求,有多种方法可进行X轴方向的调整。

①简单的办法是用Placement Editor指令,选择焊点Location后,让其绕其自身的Z轴回转。

②Placement→Modify location指令,如图5-33所示。选中Location点后,可用鼠标中键拖动,让其绕自身Z轴回转。

③在Motion窗口中,先移动机器人到达要调整的Location点,按下Robot jog→Drag Loc.按钮,在出现的Drag窗口中选中要调整的Location点,这时可通过Jog机器人调整此点的X轴方向,调整到位后,需再按下Drag Loc.,取消调整指令。

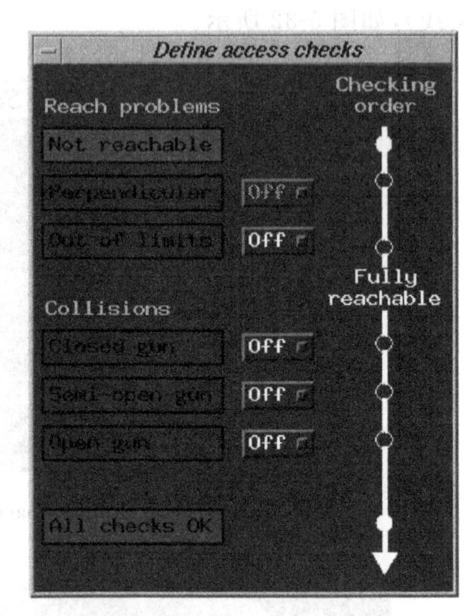

图 5-33　Modify location 窗口

5.3.2.4　焊接路径的定义(Path Definition)

此命令是机器人仿真中最重要的一个功能命令，还需精通 Motion 功能命令。

(1)创建新路径。点击右下侧 Path Editor 指令后将会显示所有 Location 点的结构树(右侧红框)，点击 Create Path 后显示 Create Path 窗口，默认名字 pa1，在 Name 下面窗口可选择各 Location 点到这个路径下，如图 5-34 所示。注意：新建路径下可添加了路径。这样构建各功能路径。

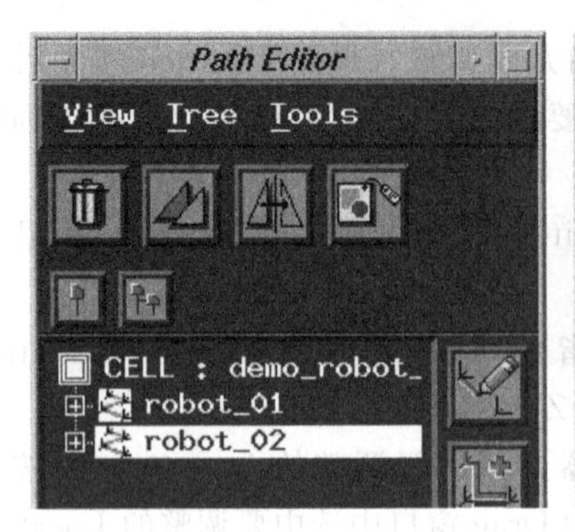

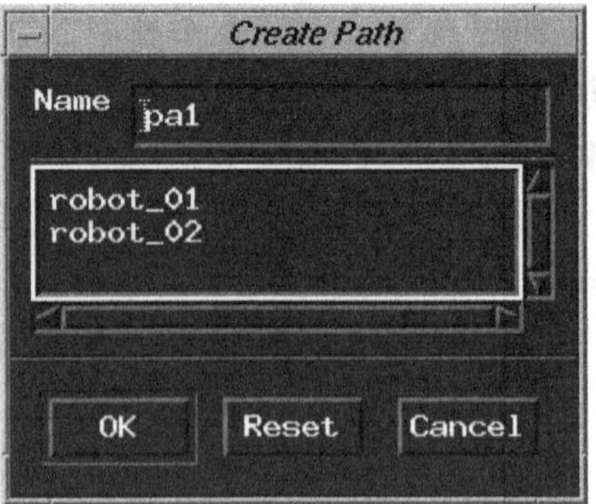

图 5-34　Create Path 窗口

技巧：要建一个一条路径包括所有焊点的，方便现场调试人员。其他路径不仅有焊点同时还有过程点。

(2)新建路径时命名规则。新建路径时命名由各企业按自主规则制定，如图 5-35 所示。

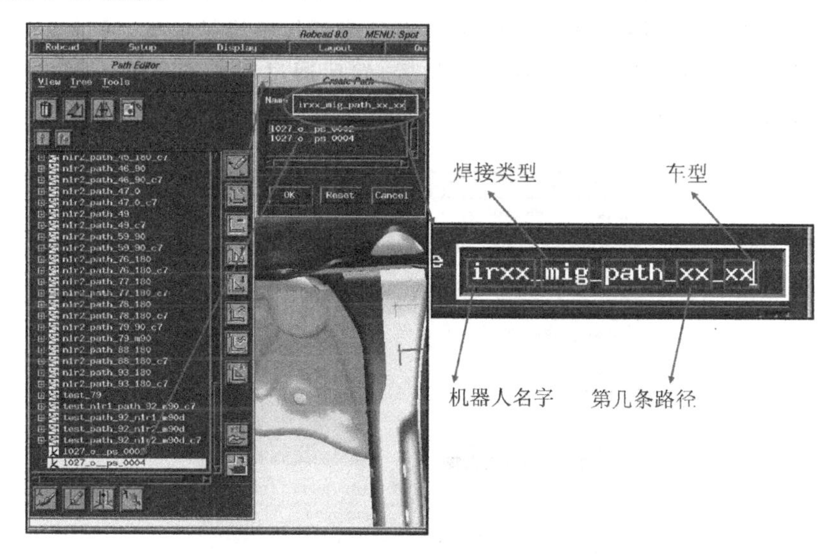

图 5-35　焊点命名规则

(3)中间点创建。焊接路径应包括进焊枪和出焊枪(一般在工件第一个焊点和最后一个焊点处添加)，Path Editor 窗口中 Location 点的建立方法很多，常用的是用 Motion→Mark loc，或本窗口左下角的 Create Location By Pick、Create Location 来创建，如图 5-36 所示。

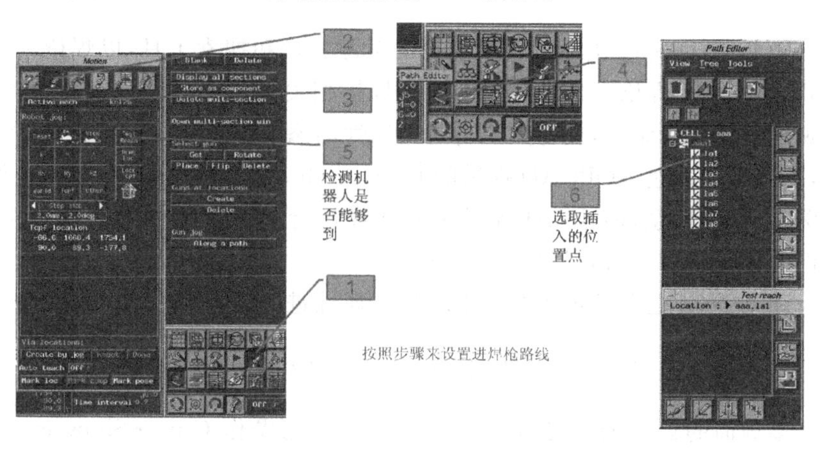

图 5-36　中间点创建方式

5.3.2.5 焊枪库的定义(Gun Library Definition)

国内各大主机厂目前大部分都有自己专属的焊枪模型库,积累了丰富的焊枪资源。作为备用资源,在引进焊枪时,可以直接或经过简单的修改投入生产,从而减少焊枪设计成本,并且有效降低焊枪维护成本,通过 Spot→Gun libraries 来设置焊枪的库文件位置,然后通过功能指令 Browser 打开查看,如图 5-37 所示。

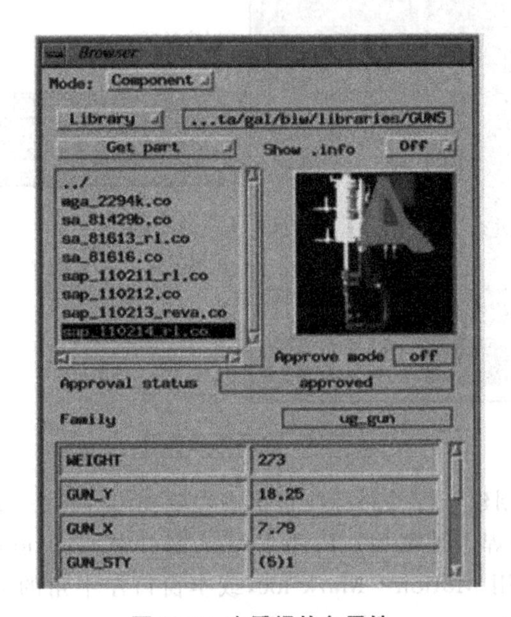

图 5-37 查看焊枪各属性

ROBCAD-Spot 提供了科学便捷的资源管理和搜索工具,以焊枪为例,ROBCAD 赋予焊枪型号、尺寸、重量及焊接相关参数等属性,同时,也可以直观地检查焊枪结构,支持用户自定义属性的添加。然而,在需要查询焊枪时,也只需要通过 ROBCAD 提供的 Gunsearch 功能,输入关键属性,例如,喉深、喉宽等信息,ROBCAD 就会对焊枪库进行自动搜索,并且将所有符合条件的焊枪罗列出来,以供参考和选型。

注意:完成这些的前提是需对焊枪的属性进行维护。

5.3.2.6 多截面的创建(Multi-Sections Creation)

多截面的创建有助于了解焊枪的结构,先操作 Gun→Show cutting box,设置截面范围参数,如图 5-38 所示。

然后 Gun→Create multi-section,选择切削 Location 或路径,弹出新窗

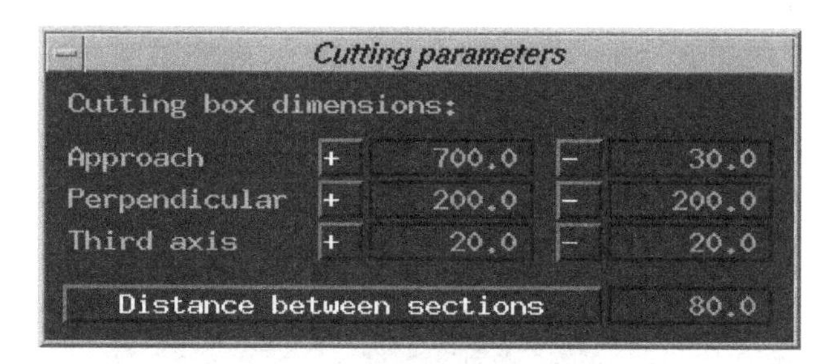

图 5-38　切割截面参数设置

口，把窗口放大，如图 5-39 所示，会有零件的小截面图，当前窗口可进行平移、旋转等视图操作，方便观察焊枪是否与制件干涉。截面的具体操作，请见 5.1.2 节中"Edit sectons：编辑截面"的介绍。

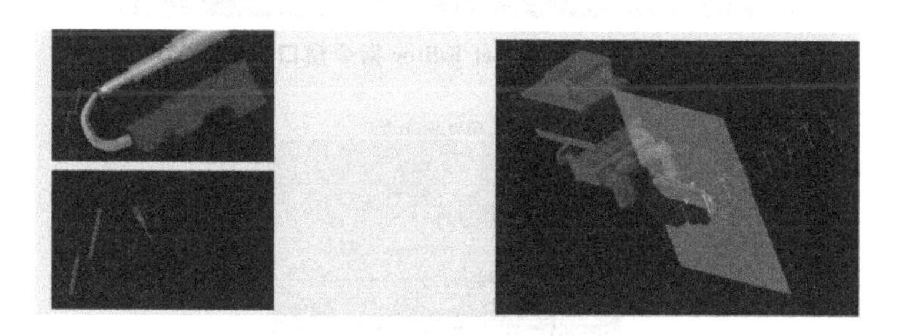

图 5-39　多截面新窗口

5.3.2.7　焊枪的选择及焊枪结构验证与改造(Gun Choice)

车身结构形状非常复杂，尤其在涉及工件工位时，焊枪的结构要同时满足不能与车身及工装干涉，当然这里的干涉包括静态干涉和动态干涉。所以，在新增焊枪结构设计过程中，针对已知约束条件通过 Gun search 进行初步选型后，还需要对焊钳结构进行详细验证。

(1)手动选择。点击 Layout→Set Editor 指令，如图 5-40 所示对话框，点击 Destination set 设置一个名字。然后在 Source 这边指定目录，找到你焊枪放置的位置，添加到右边的框中，Add all 是把所有的枪焊都放在右边的框中，而 Add 只选择限定的焊枪数目。

(2)自动选择。点击 Layout→Gun Search 指令，点击 Source set 选择前面建的名字，然后点击 Dest. set，输入与 Source set 相同的名字，点击 Weld locations 选择要焊接的路径，点击 Collision 选择与限定焊枪可能发生干涉的零件，点击 States 选择 CLOSE to OPEN，点击 Flip 选择 Both，点击 Rotate around perpendicular 中的 Angl 和 Step 的值都设置为 5，点击 Run 运行它，就会自动选择焊枪，如图 5-41 所示对话框。

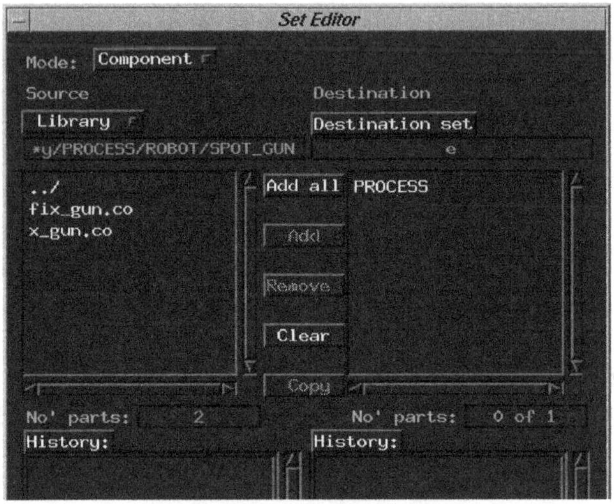

Set Editor

Mode: Component

Source

Destination

Library

Destination set

*y/PROCESS/ROBOT/SPOT_GUN

e

../

fix_gun.co

x_gun.co

Add all

PROCESS

Add

Remove

Clear

Copy

No' parts: 2

No' parts: 0 of 1

History:

History:

图 5-40 Set Editor 指令窗口

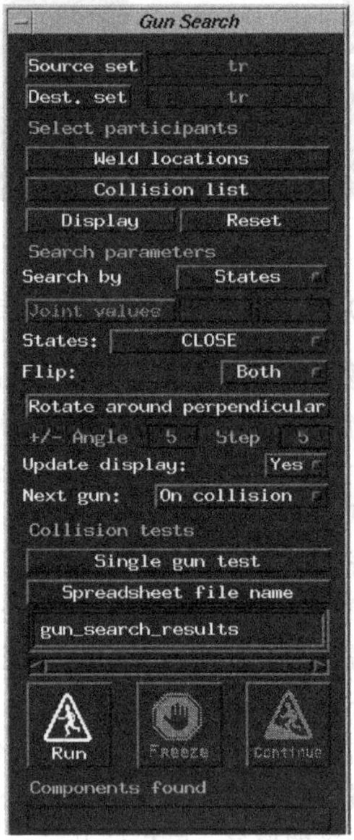

Gun Search

Source set tr

Dest. set tr

Select participants

Weld locations

Collision list

Display

Reset

Search parameters

Search by States

Joint values

States: CLOSE

Flip: Both

Rotate around perpendicular

+/- Angle 5 Step 5

Update display: Yes

Next gun: On collision

Collision tests

Single gun test

Spreadsheet file name

gun_search_results

Run

Freeze

Continue

Components found

图 5-41 Gun Search 指令窗口

搜索完成后如图 5-42 所示，有输出窗口，显示结果信息，它还会产生一个＊＊＊.csv 文档(office 文档)，这个文档位于 F:\\sysroot\\project 下面

(当前项目目录下)。

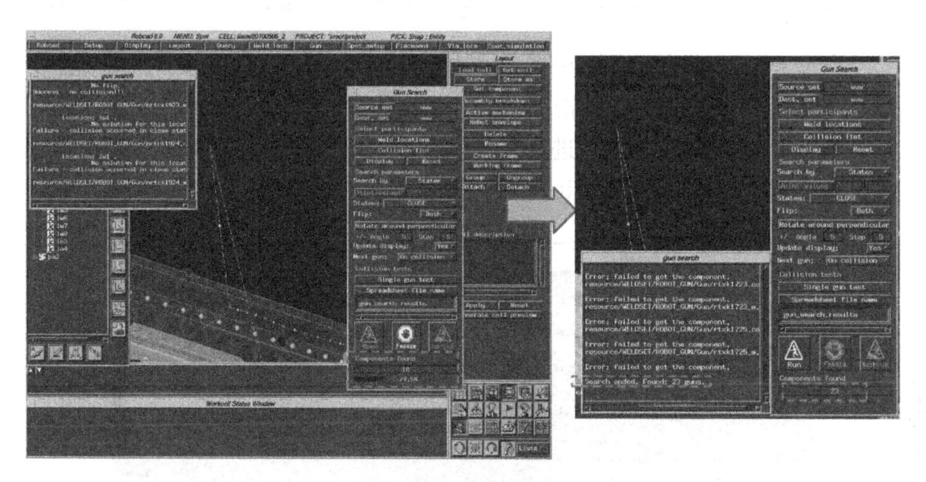

图 5-42　仿真结果信息

打开新生成的.csv 文件,如果 Angle 和 Flip 为 0 和 N0 时,这把焊枪就合格;如果 Angle 和 Flip 为 Not applicable,则这把焊枪不合格。按照零件号找对应的焊枪就行了,如图 5-43 所示。

	nrtck1931_m		nrtck1932		nrtck1!
lip	Angle	Flip	Angle	Flip	Angle
o soluti	No solution	No solution	0	No	
ot appli	Not applicable	Not applicable	0	No	
ot appli	Not applicable	Not applicable	0	No	
ot appli	Not applicable	Not applicable	0	No	

图 5-43　焊枪是否合格

5.3.2.8　焊枪的精确选择(Gun Choice)

ROBCAD-SPOT 提供了专业的运动仿真功能及离线编程功能,可以对机器人、工人、焊钳进行运动机构的定义,动态模拟现场焊接的工况,从而提前发现焊钳结构的不足。如果 X 型焊钳在焊接门洞一点时,焊钳闭合过程中,静电极臂与车身发生干涉的截图,干涉发生时 ROBCAD-Spot 会停止仿真并蜂鸣报警,同时,干涉区域以特殊颜色显示。在解决由于焊钳结构不合理而造成的生产过程中的干涉时,可以利用 ROBCAD-Modeling 模块,直接更改电极帽或电极臂的型号(尺寸)来避免干涉的发生,更改完成后,再重新对所有焊点进行验证,直至焊钳结构合乎焊接需要。

5.3.2.9 选定的焊枪坐标方向定义(Positioning a Gun on Section)

点击 Motion 中的 Settings 图标，在 Active mech 中选择机器人，然后点击 Tcpf，在 Define tcpf 窗口中点击 Locate at 后选择焊枪坐标后，可输入下面的数值修改焊枪坐标，对当前坐标进行平移、旋转等修正，如图 5-44 所示，Z 坐标(长虚线)是焊钳进入方向，X 坐标(长实线)焊钳动臂方向。

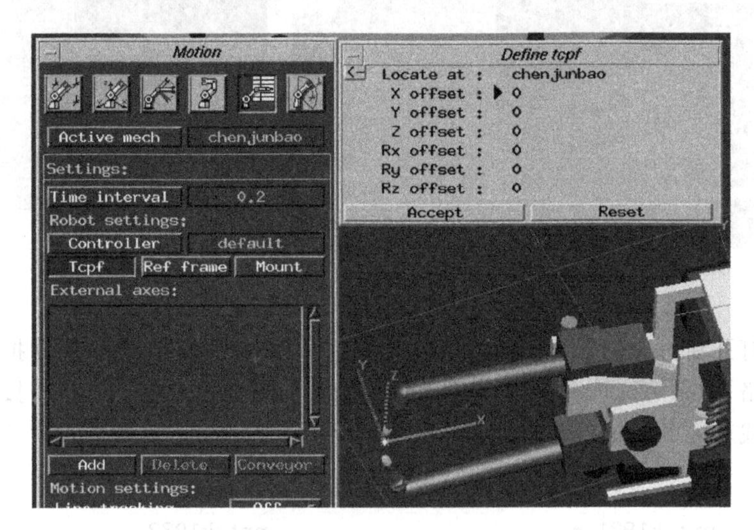

图 5-44 快速修改 Tcpf

5.3.2.10 焊枪参数设置(Gun Parameters)

单击 Spot_setup→Define 弹出 Static load parameters 窗口，选择焊枪后，可进行重量、质心位置的设置，如图 5-45 所示。

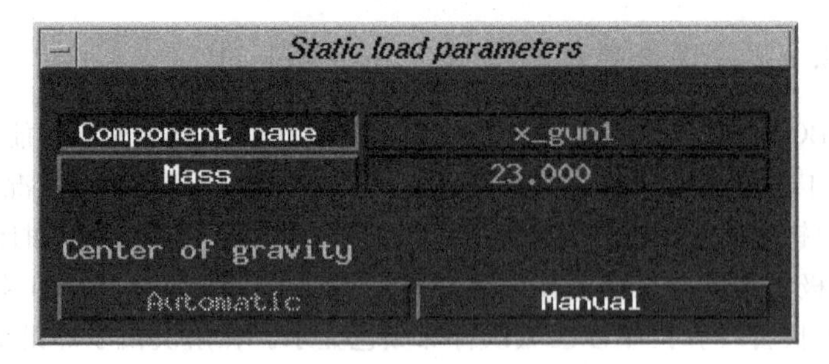

图 5-45 Static load parameters 窗口

5.3.2.11 焊点处可见焊枪(Guns at locations)

单击 Gun→Guns at locations→Create,在 Place gun at locations 窗口中,选择焊枪、工具坐标、焊点或工作路径,则在选择焊点上显示当前焊枪。用 Gun→Guns at locations→Delete 清除当前的显示,如图 5-46 所示。

图 5-46 焊点处可见焊枪

5.3.2.12 焊枪只部分模型更新时的操作

(1)先导入具有动作的焊枪模型。

(2)如果要删除某一部分,那么首先要把其从 link 中去除,然后再删除对象,否则可能动作丢失。

(3)在反显的模式下调入更新后的枪模型,并保留其需要的部分,这样不必再重新定义动作。

(4)保存或者另存为,然后退出。

5.3.2.13 焊点分配后的零件更新(Part Update)

导入并布局好新的零件后,注意选择方式为 Self Origin,然后单击 Weld_locs→Copy to new component。弹出 Copy points to new component 窗口,如图 5-47 所示,指定旧零件及新零件即可。

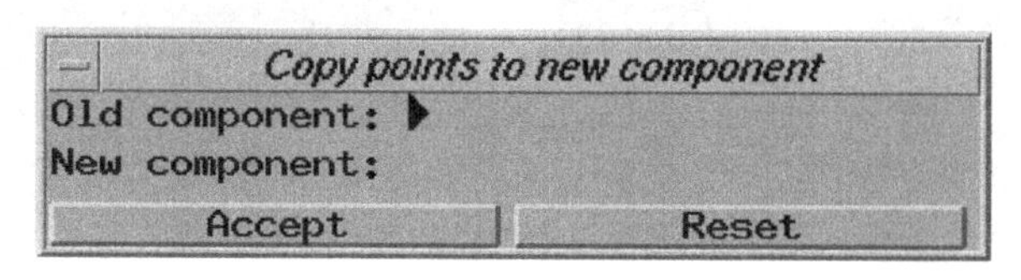

图 5-47 Copy points to new component 窗口

5.3.2.14 机器人的布局及激活(Robot Layout)

机器人按平面布局图摆放到正确位置后，需激活当前工作的机器人，点击 Motion 中的 Active intervl，选择机器人，如图 5-48 所示。

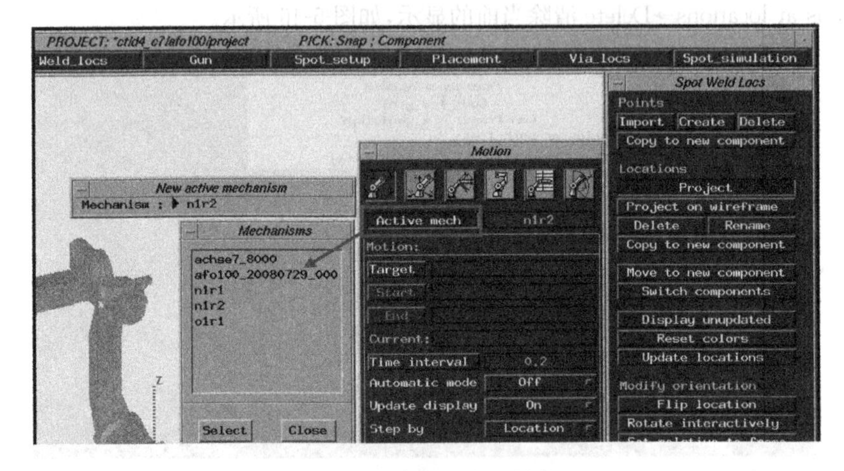

图 5-48 激活当前机器人

5.3.2.15 机器人的定义(Robot Definition)

(1)转换并导入数模。把其他类型数据导入，存贮为 .co 文件，放置在 PROJECT 目录下。

(2)机器人机械结构定义。在 Modeling 模块中定义机器人的轴、关节及每个关节的最大范围。定义机器人的 baseframe 和 toolframe(将 toolframe 命令里的 attach to link 选择直接与焊枪作用的 link)，也可定义其 Controll，如图 5-49 所示。

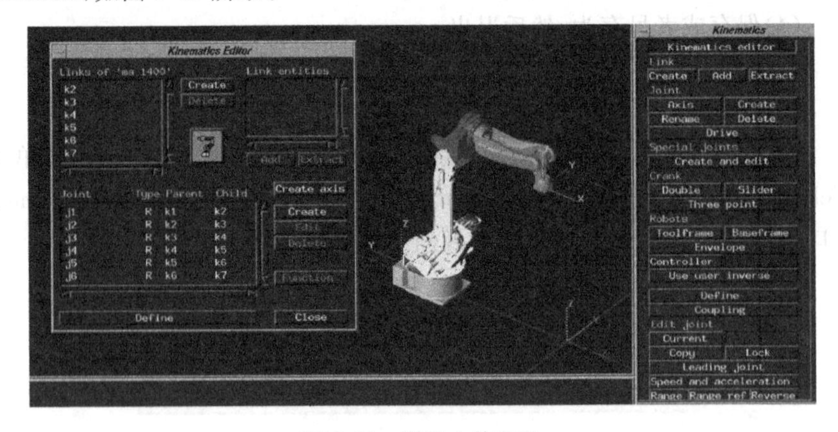

图 5-49 机器人的定义

至此，机器人就定义完毕，保存。

(3)设置机器人的位置。导入一个机器人.co 文件，选择机器人(F12 切换整体与部件)后右键选择 Placement，然后通过①输入一定坐标值，来实现多段移动和角度旋转，(world 是原点坐标，self 是个体本身坐标，other 是任意位置坐标。)也可以通过②输入坐标来实现移动。最后点击③view 来记录位置，如图 5-50 所示。

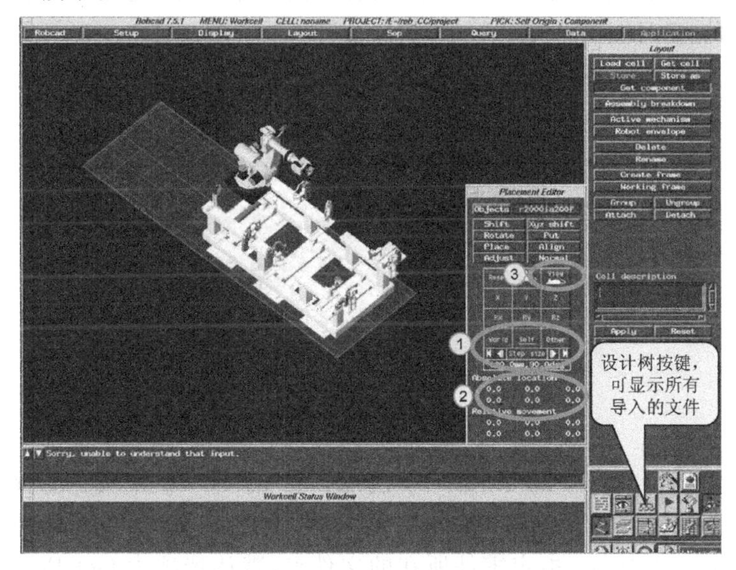

图 5-50　设置机器人的位置

(4)机器人恢复原点位置。点击 Motion 内的 Robot jog，双击所要恢复的机器人(快速选择机器人)，或者在 Active mech 内选择所要恢复的机器人，单击后确定，如图 5-51 所示。也可左键选择机器人后，右键后选择 Jump To Home。

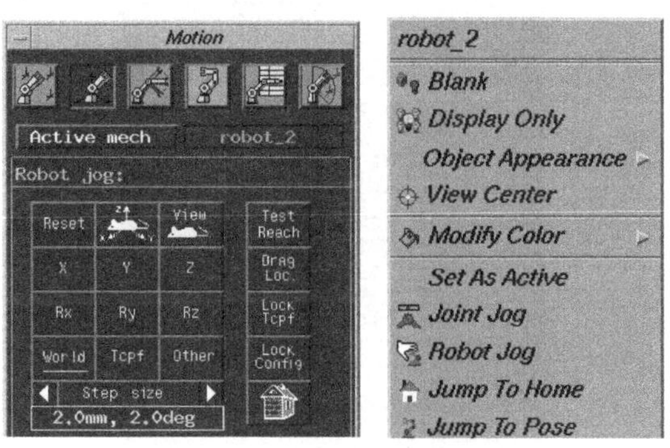

图 5-51　机器人恢复原点

5.3.2.16 机器人添加 CABLE

机器人添加 CABLE 增加仿真的真实性，但在实际应用过程中，由于视觉、力传感器的大量应用，管线包越来越复杂，仿真情况与实际现场还有点区别。仿真前需准备好 CABLE 文件（一般没有相关文件，企业购买机器人时，直接要求供货方提供相关的电子数模，包括管线包），这个文件前期是预设置好的，已经具有一定的特性，如图 5-52 所示。

图 5-52　管线包电子文件

操作步骤如图 5-53 和图 5-54 所示。在 Modeling 模块中 Open 机器人，然后点击工具箱中的 Browser 按钮，在 Browser 窗口中 Model 选中 Component，Library 指定零件所在的文件夹，默认选项为 Get Part。选择相应的 CABLE 文件，使其选项显示白色，点击 Insert，把当前 CABLE 文件插入到当前编辑的文件中，同时通过 Placement Editor 指令，把管理包放置到机器人上的正确位置，注意此时 PICK 的方式是 Parts。

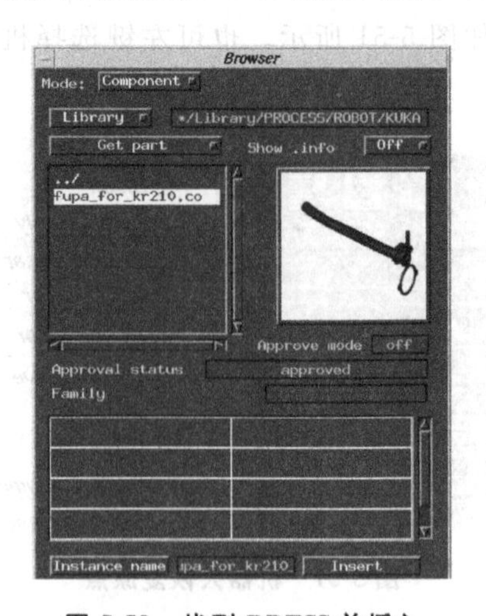

图 5-53　找到 DRESS 并插入

下一步进入 Kinematics→Coupling 中进行定义。点击 Coupling 按钮，在 Coupling_table 中，用 add 添加 dress 上随机器人 4、5、6 轴转动而从动的轴。

单击 Add，弹出 Coupling 窗口，其中：

Leading mech：驱动机构单元

Leading joint：驱动轴

Follow mech.：从动机构单元

Follow joint：从动轴

Follow factor：驱动比例，速比关系

Apply coupling：接受确认

Reset：重新设置

Coupling
Leading mech.
exp_kr210_2
Leading joint
Follow mech.
Follow joint
Follow factor
1
Apply coupling
Reset

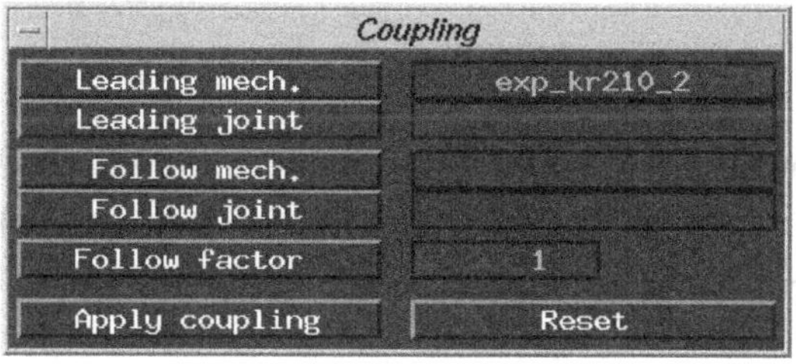

图 5-54　Add 重属关系

最终的结果如图 5-55 所示。

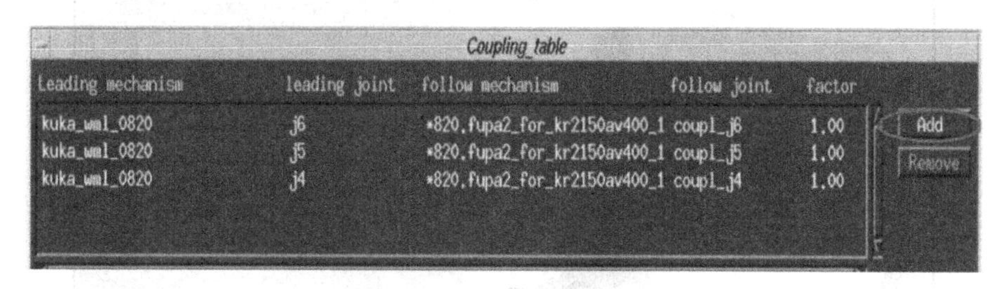

Coupling_table
Leading mechanism
leading joint
follow mechanism
follow joint
factor
kuka_wml_0820
j6
*820.fupa2_for_kr2150av400_1
coupl_j6
1.00
kuka_wml_0820
j5
*820.fupa2_for_kr2150av400_1
coupl_j5
1.00
kuka_wml_0820
j4
*820.fupa2_for_kr2150av400_1
coupl_j4
1.00
Add
Remove

图 5-55　管线包最终状态

5.3.2.17　安装焊枪到机器人上(Mounting Gun on Robot)

机器人上安装多种类 Tool，Tool 泛指机器人所用的抓手、滚压轮、焊枪等，此次以焊枪为例。

(1)焊枪和机器人的定义有密切关系，确切地说，是和 tool frame 的建立直接相关。

(2)在焊枪上创建两个坐标系，一个与机器人第 6 轴末端的默认 Tool0

重合，另一个是焊枪的头部，作为 Tcpf 的，如图 5-56 所示。

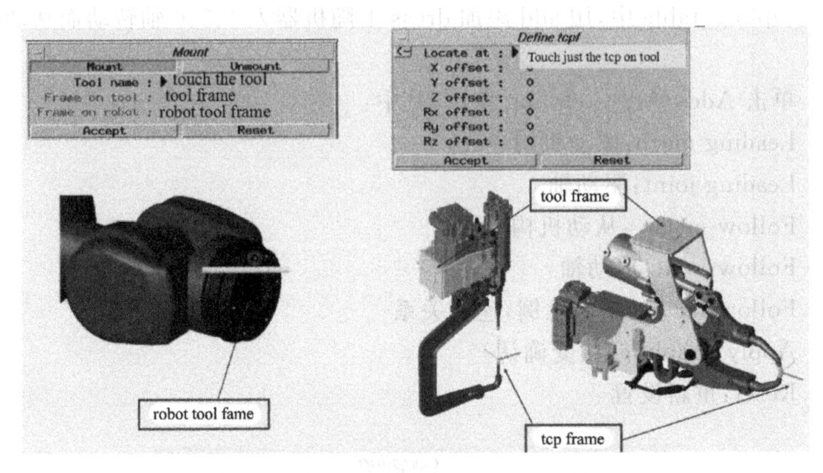

图 5-56　Tool 最重要的两个坐标系

（3）在 Workcell 模块下的 motion 里，用 Mount 命令可将焊枪安装至机器人上，就可以了。Mount 功能是焊枪或工具的安装：Mount＝(Put on TOOLFRAME)＋(One-way attach)，如图 5-57 所示。

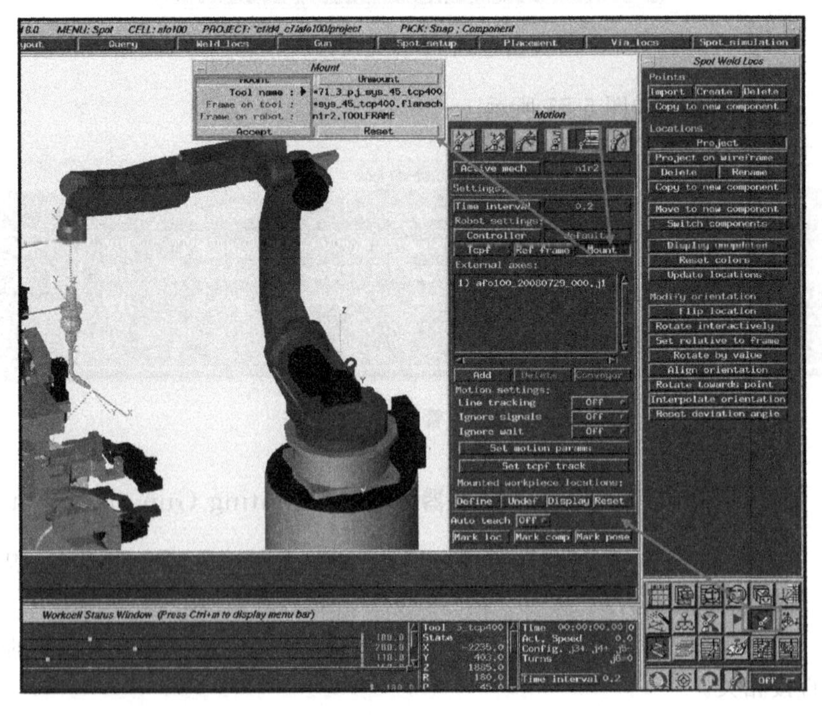

图 5-57　Tool 安装在机器人上的流程

安装工具完成后，如图 5-58 所示。

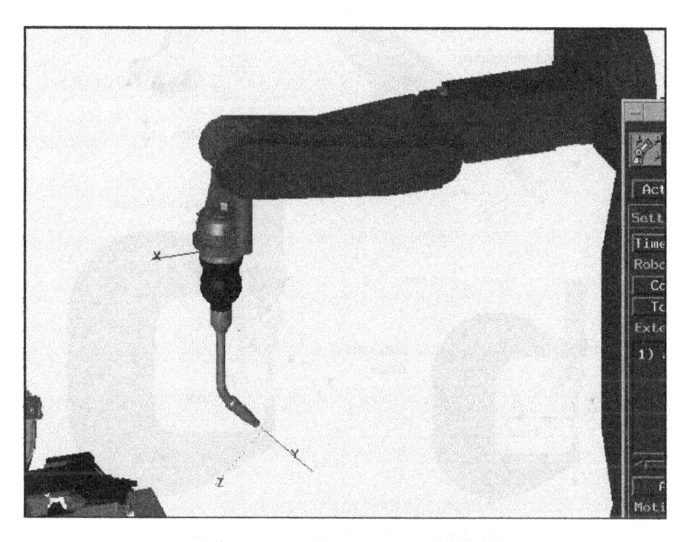

图 5-58　Tool 安装后状态

选择 Tcpf，如何设定 Tcpf，请参考各企业标准，或对现有要选择的 Frame 进行更改，如图 5-59 所示。常见的 Tcpf 方向定义如图 5-60 所示。

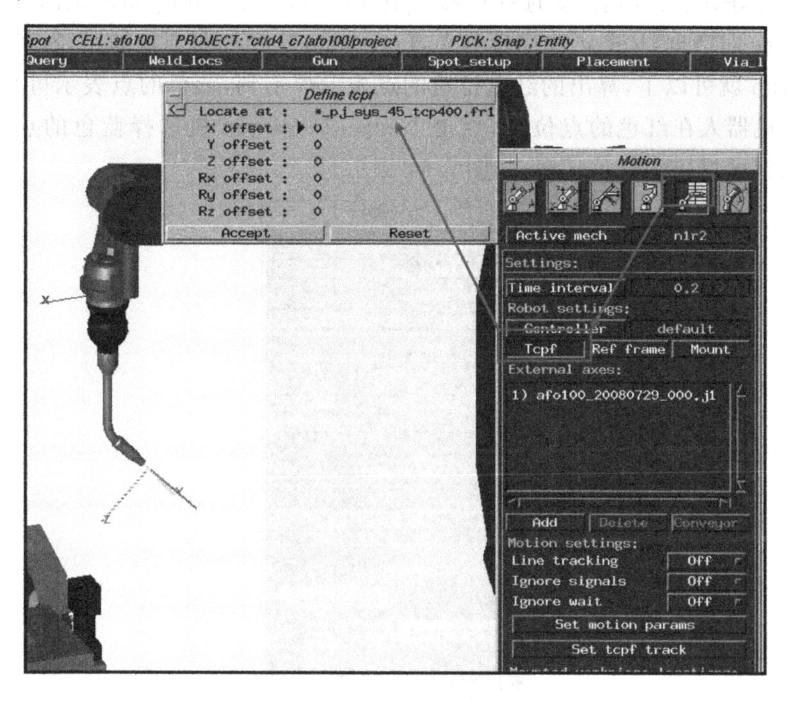

图 5-59　Tcpf 设置及快捷更改

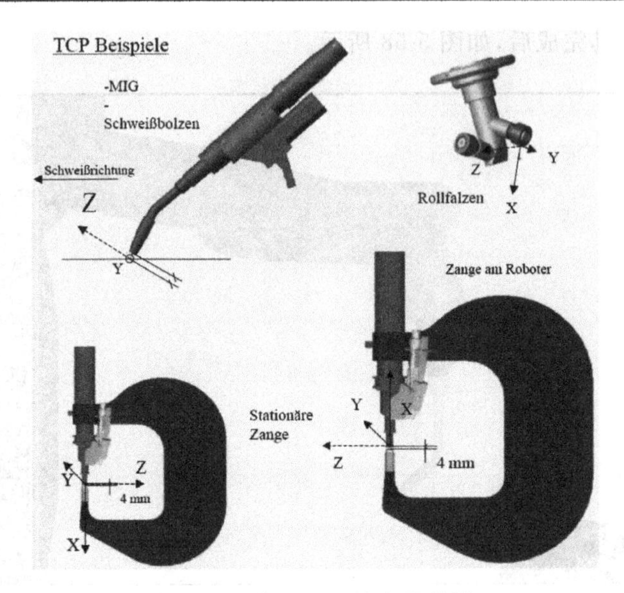

图 5-60 常见 Tcpf 方向及位置

5.3.2.18 机器人的姿势定义(Robot Positioning)

弄好焊点方向后，要选择机器人最佳位置，点击 Autoplace，则出现 Autoplace 对话框，Robot 选择机器人，Locations 选择你要焊接的路径，最后点击 Run 就可以了，算出的红色位置的点表示焊不到，蓝色的点表示可行的，如果机器人在红色的点位置，点击 Jump to solution 再选择蓝色的点它就会跳到可焊接的蓝色区域，如图 5-61 所示。

图 5-61 自动进行姿势调整

5.3.2.19　干涉列表打开(List of Collision)

首先进行干涉设置，见第 2 章 2.8.15 节介绍，干涉列表打开是在屏幕右下角选择 Lists 这个选项，如图 5-62 所示。这样在仿真过程中有干涉现象时，则报警。

图 5-62　干涉列表打开选项

5.3.2.20　焊枪方向的调整(Orientation of Welding Locations)

为避让干涉，焊枪可绕工具坐标系的 Z 坐标进行旋转，或绕 X、Y 轴进行小角度的旋转。部分功能见第 5 章 5.1.1 节中 Modify orientation 功能的介绍。

5.3.2.21　中间点的创建(Via Location Creation)

为避让干涉，保证机器人运动轨迹圆润，增加中间过渡点。如中间点的增加，首尾点要求重合。在这里重点强调，机器人是完成一个工作循环，所以必须首尾点重合，同时在主程序调用子程序时，调用子程序之前的位置点必须与子程序的首点相同。

(1)机器人焊接至最后一点后，编制机器人的移动轨迹使其返回原点或至另一处焊点部位，首先点击 Motion 内的①Robot jog，再点击②tcpf 调整机器人姿态及位置，点击③Mark loc 来记录这一点。依次类推，完成轨迹编制。再将新编制的点添加至焊点组内，④将另创建的焊点添加到组内或删除，⑤在组内焊点的顺序排列，如图 5-63 所示。

(2)对于机器人活动范围比较小时，在进焊枪或出焊枪就需要调整机器人的关节臂了。如点击 1Joint Jog，机器人关节臂 j1～j6 选择自己需移动的坐标系，按正或负方向进行移动，假如想移动关节臂 2，点击 2J2 轴，再点击 3JOG，按住中键移动就可以看到它移动了。如果想看一下移动的效果而又不想关闭它，就点击 4View，如果移错了，想重来，点击 5Reset joint，移到自己满意的位置就点击 6Mar loc，标记出这个位置，如图 5-64 所示。在实际

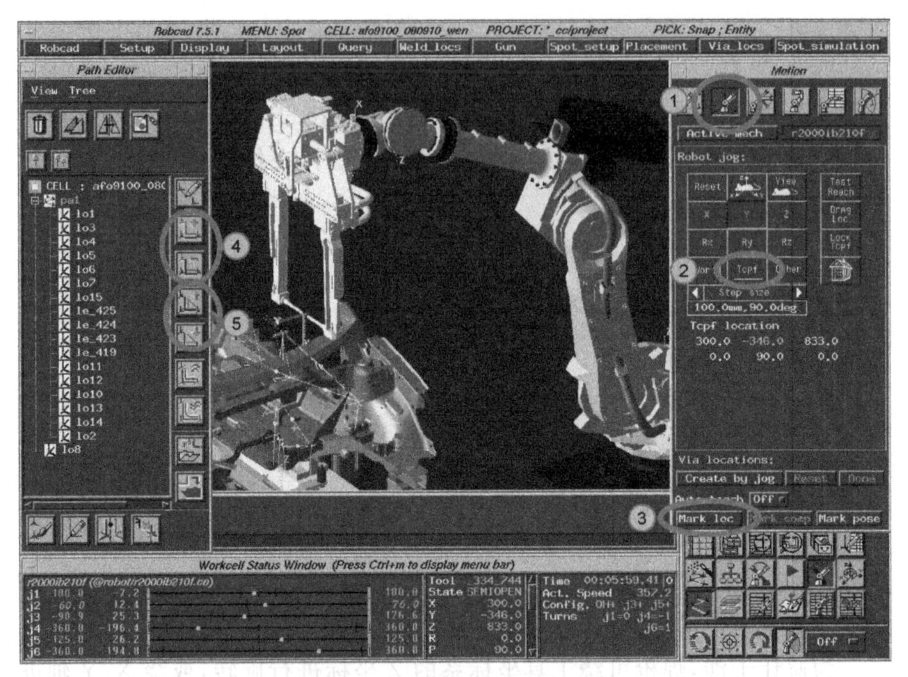

图 5-63 常规生成中间点的方法

示教时，必须非常清晰知道，各关节轴的正负方向，否则易于产生碰撞。

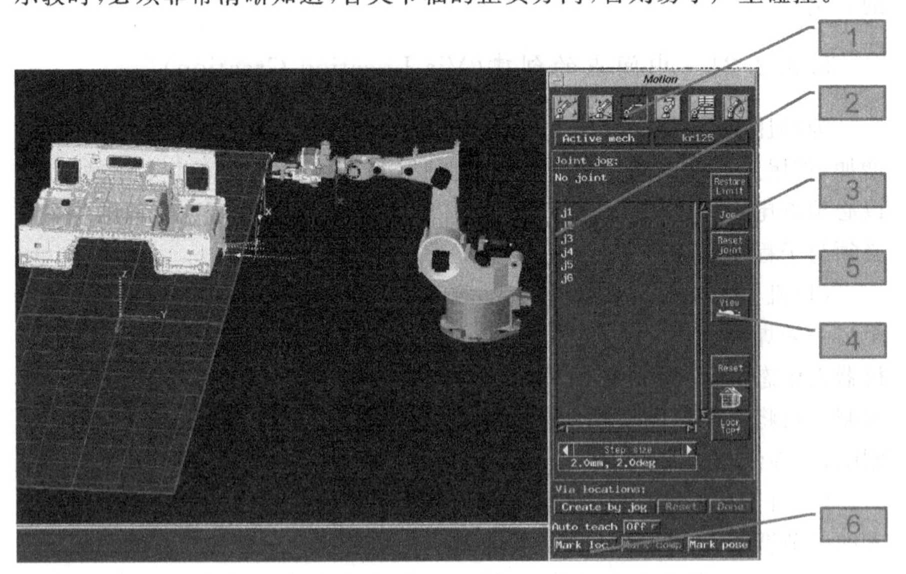

图 5-64 通过移动关节轴的方法生成中间点

(3)自动增加中间点。在第 5 章 5.1.5 节介绍了常用中间点的创建、优化等操作。注意生成的标记的中间点记得加入焊点路径里，退出焊枪也是依照上述方法进行，在设置焊枪进出路径时记住不能与零件干涉。

注意：设置好路径要去想怎么去优化它，这才是最重要的，水平的高低在于你对这个路径进行了深入的思考，同时是否设置路径的时间比其他工作时间都要多，把心思放在这里。每完成一个项目，多多回想，是否还有更好的工作路径。

5.3.2.22　仿真过程定义(Process Simulation)

(1)点击右下侧①motion 图标后点击②active mech 来选择机器人，再点击③target 来选择焊点，可以单选也可多选。再点击播放至最后一个焊点焊接结束，然后再进行机器人移动轨迹的制作，如图 5-65 所示。通过这种方法，可方便单步控制机器人动作，方便观察机器人的动作，同时清晰观察机器人的轨迹是否可达、是否干涉等。

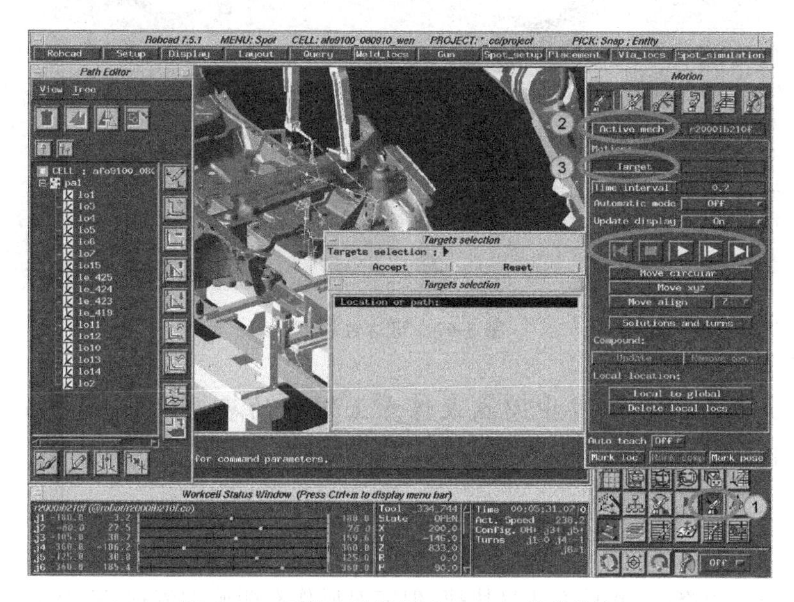

图 5-65　机器人路径通过 Motion 简单仿真

(2)想在仿真时得到更多的输出信息，请见第 5 章 5.1.6 节介绍的，依次选择机器人与机器人工作路径后进行仿真，如图 5-66 所示，选择默认值即可。

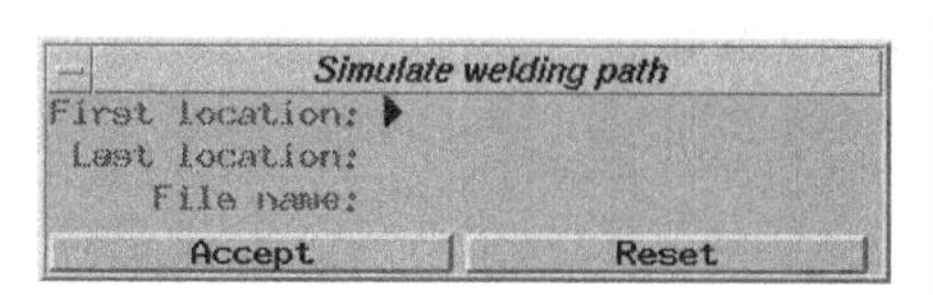

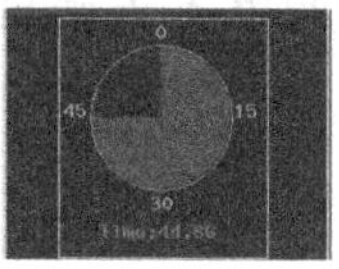

图 5-66　Spot 模块下的简单仿真

5.3.2.23 机器人可达性检查

检查机器人各路径点的可达性，首先在【Motion】下选择好机器人及工作路径，然后依次单击【Placement】→【Modify location】→【Pie chart on/off】→【Locaton】，如图 5-67 所示，用鼠标中键或右键都可放置 Location 点。

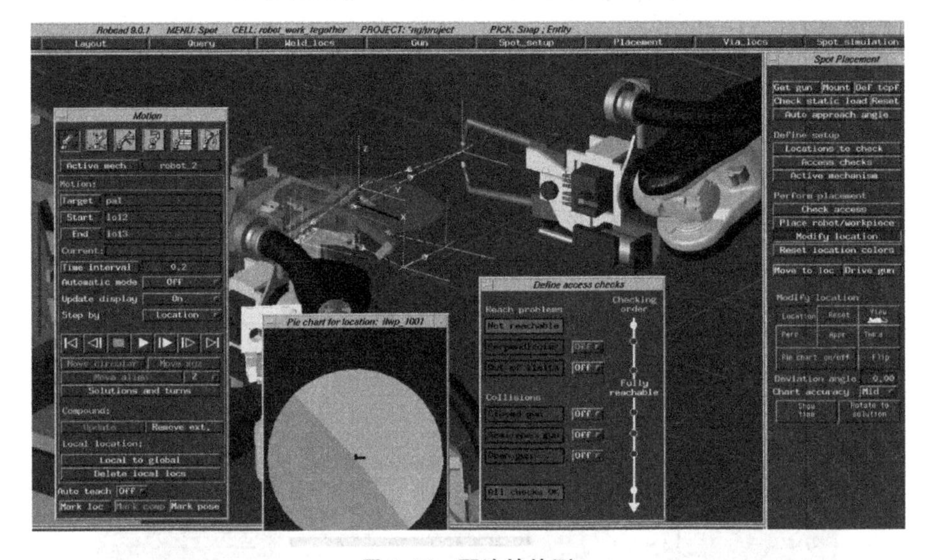

图 5-67 可达性检测

5.3.2.24 调整中间点或焊点上焊枪的姿态(Modification of Via Locations)

(1)通过 Motion 对话框调整。如图 5-68 所示，点击右下侧的①Motion 内的②Robot jog，点击③Drag loc 之后选中所要修改的点后点击 Tcpf 进行焊枪姿势的修改，此种方法最快捷，但需对操作有明确的流程，减少误操作。

(2)通过 Rotate interactively 调整。如图 5-69 所示，点击 1 和 2 则会在下面出现这个对话框：Name 是选择调整方向的焊点，Perp 是表示焊点绕 Z 轴方向旋转，Appr 和 Third 其他两个方向。按住中键就可以调整方向，若调整不正确可 Reset 复位。

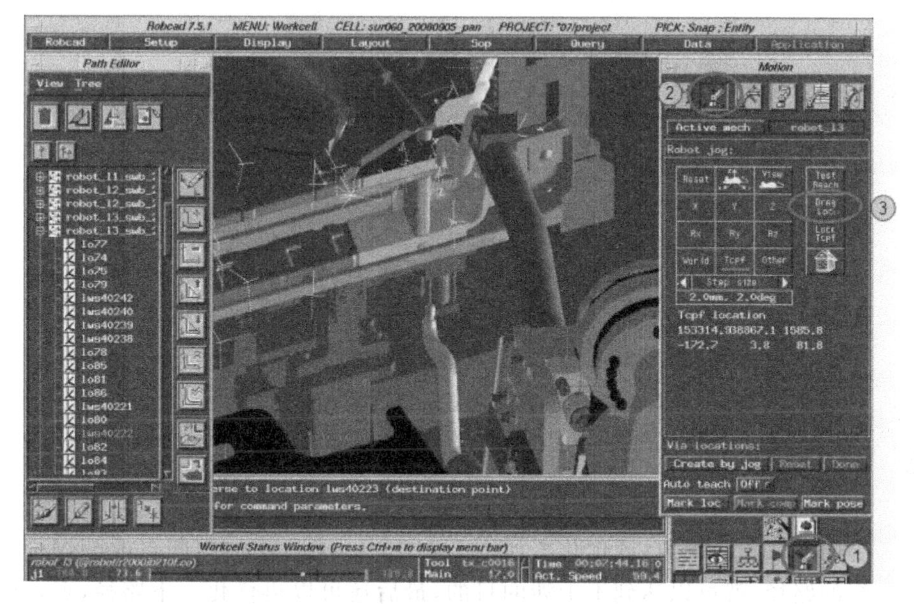

图 5-68　快捷调和中间点姿态

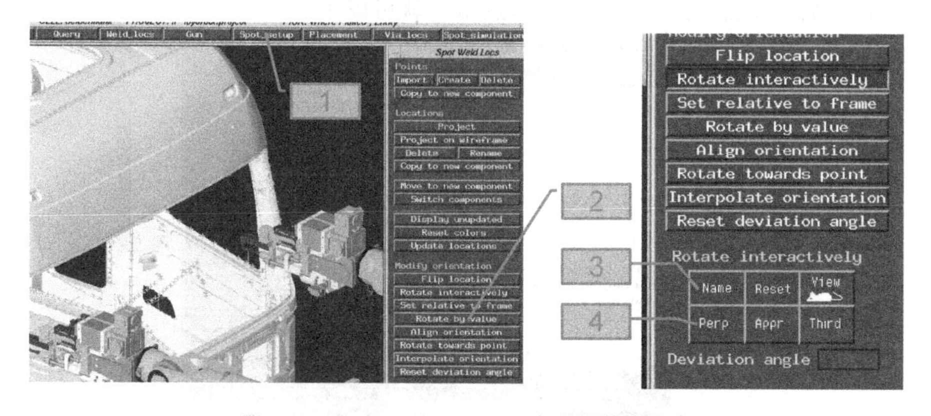

图 5-69　Rotate interactively 方法调整中间点

(3)通过 Align orientation 调整。如图 5-70 所示，点击 1，会出现 2 对话框，Reference frame 是选择你已经定好方向的焊点，Aligned location list 是选择你要定方向的焊点(以这个焊点为基准点，在前期需进行调整，并注意这个焊点的状态，保证后续的焊点按其调整后，能够到达)，最后点击 Accept，就可以完成批量点的同步调整。

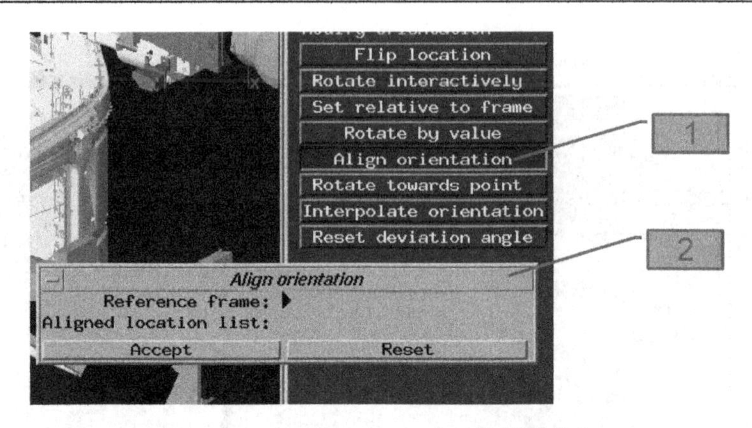

图 5-70 Align orientation 方法调整中间点

5.3.2.25 优化轨迹(Trajectory Optimisation),定义轨迹焊枪状态

(1)Automatic:自动优化。如图 5-71 所示,通过添加中间点改变焊枪运行的路径,就可以达到不干涉的目的,最后还可以再优化一下路径,点击 1,进入左边的对话框,点击 2 选择要优化的第一个点(一定是焊点),点击 3 选择最后一个点(也一定是焊点),点击 4 就可以了。

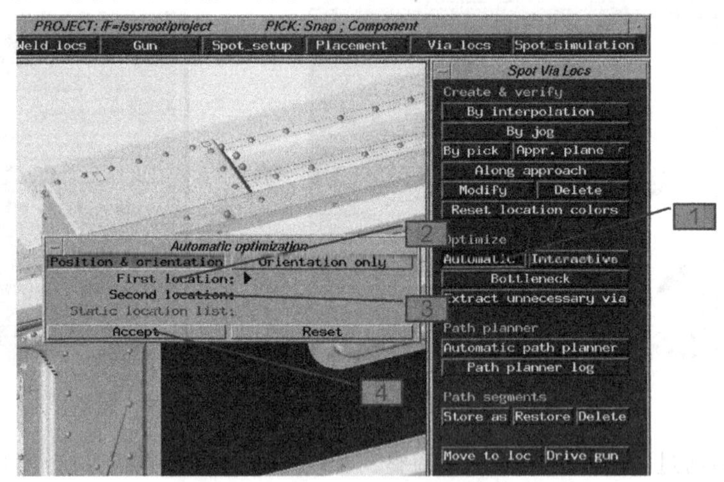

图 5-71 自动优化

(2)Bottleneck。此操作必须在对应的路径定义好机器人的前提下进行,且选取的焊点只属于唯一路径。选取第 1 个焊点,选取第 2 个焊点,Accept(选取点之间的总和不能超过 17 个),如图 5-72 所示。

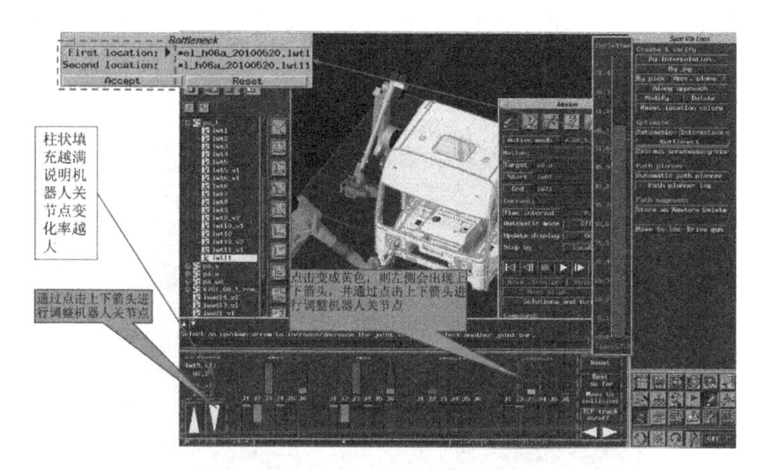

图 5-72　Bottleneck 下优化

5.3.2.26　中间点和焊点的参数设置(Via and Weld Location Parameters)

为更接近真实机器人运动，需设置 Location 的属性，这些属性跟真实机器人设置一样。首先点击左上侧【Robcad】内的【Spot】显示焊点操作界面，再点击右下侧①Location Attributes 图标，点击显示框内②Locations 后选择 Add poth/loc 来选择焊点，然后在显示框内选择刚添加的焊点后双击，修改小显示框内③Spot 下的④Location type 的状态为 Via，再修改⑤Gun state 的状态为 Open，如图 5-73 所示。

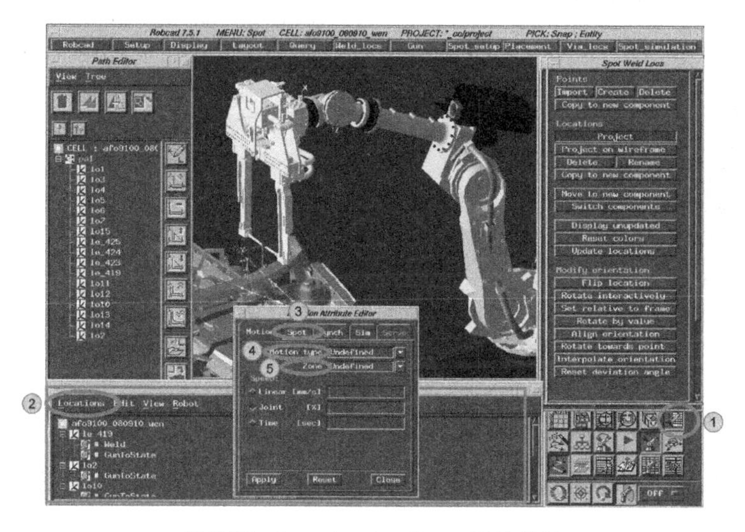

图 5-73　Location Attributes 简单使用

定义 Location 的属性不同时，机器人运动过程是不一样的，如图 5-74 所示。

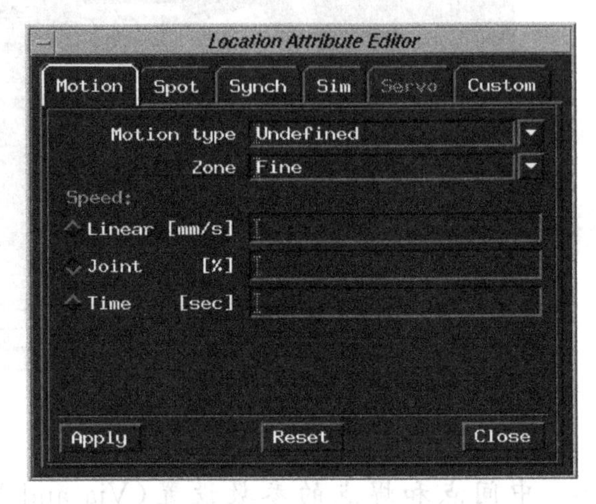

图 5-74 Location Attribute Editor 窗口

(1)Motion 界面。

①Motion type：动作属性设置。动作属性，主要是动作类型等类别，如图 5-75 所示。

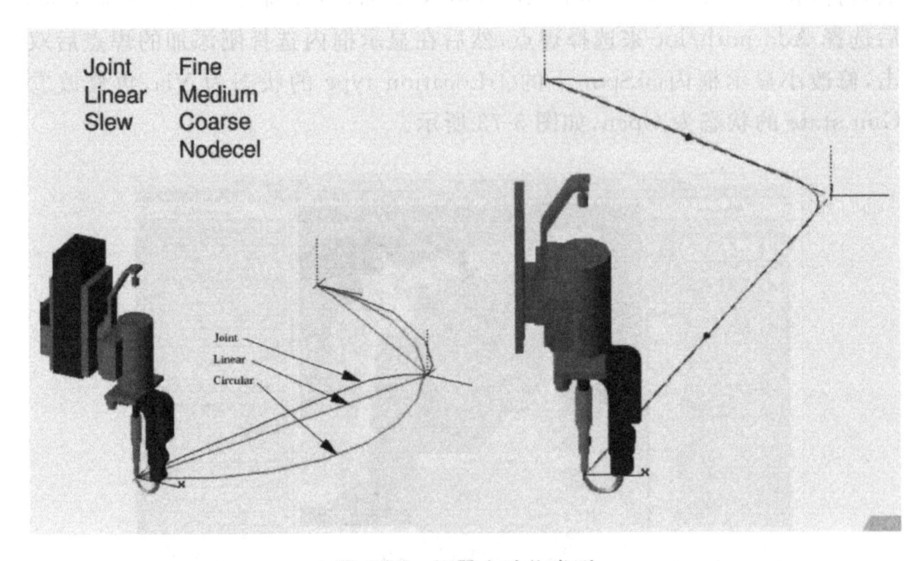

图 5-75 机器人动作类型

②Zone：终点到达方式设置，为精确到达或有转弯半径，如图 5-74 所示。

③Speed：速度设置，分别设置直线、关节运动的速度。

(2)Spot 界面。Spot 界面对焊点一些属性设置，如图 5-76 所示。

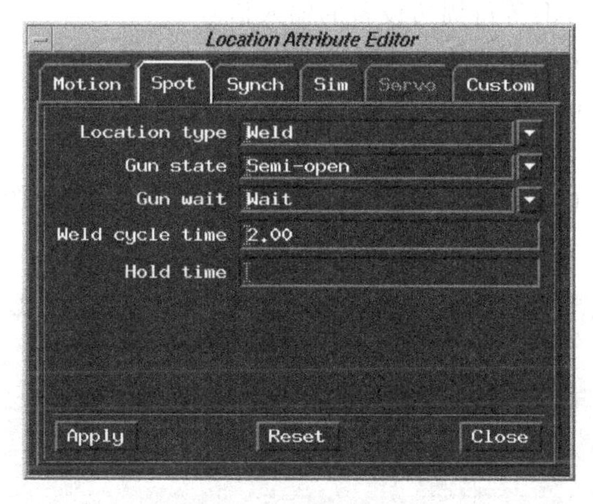

图 5-76　同步信号设置

①Location type：位置类型，设置为焊点还是中间点。

②Gun state：焊枪在当前点的姿态。

③Gun wait：焊枪等待时间。

④Weld cycle time：焊接循环时间。

(3)Synch 界面。同步信号，主要设置机器人与周边设备的通信，I/O 信号设置及仿真。I/O 设置是机器人中非常重要的一个设置，如图 5-77 所示。首先需定义目标通信周边设备的一些状态，然后才能在这个界面进行设置。

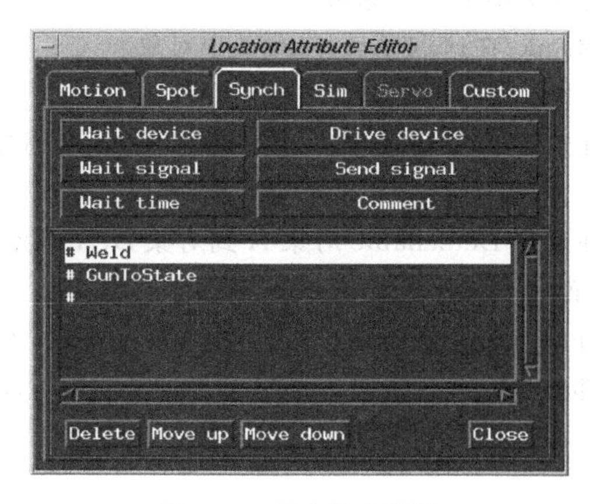

图 5-77　同步信号设置

①Wait device:等待周边设备的状态。

②Drive device:驱动周边设备的状态。

③Wait signal:等待周边设备的输入信号。

④Send signal:向周边设备输出信号。

⑤Wait time:程序中加入等待行,输入等待时间。

⑥Comment:程序中加入注释,输入注释信息。

(4)Sim 界面。主要设置在虚拟信息时的一些动作,如图 5-78 所示。

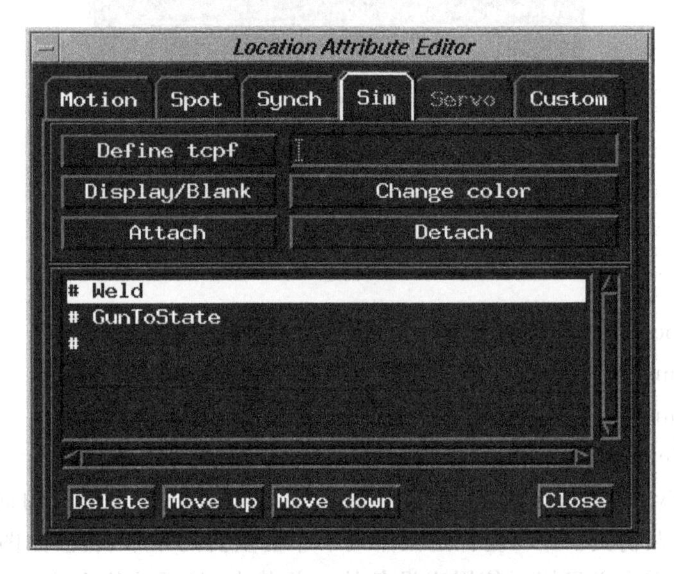

图 5-78 同步信号设置

①Define tcpf:切换工具坐标系。

②Display/Blank:在这点显示/隐藏某个对象。

③Change color:在这点改变某对象的颜色。

④Attach:在这点 Attach 对象 A 到对象 B,然后 A 对象与 B 对象同步移动。

⑤Detach:在这点 Detachable 对象 A 到对象 B,A 对象与 B 对象分离,并停留在当前位置。

注意:一个好的机器人仿真程序,在输出仿真动画时,不单单在 SOP 模块中进行仿真,部分设置需在 Location Attributes 中进行设置。

5.3.2.27 显示 Robcad 内焊点信息

(1)首先选择①Layout 内的②Working frame 来选择③frame,在④Locate at 内选择焊点所在的数模部件后确认,如图 5-79 所示,因为输出的焊点信息针对这个坐标系而来，所以必须选择部件的汽车坐标系。

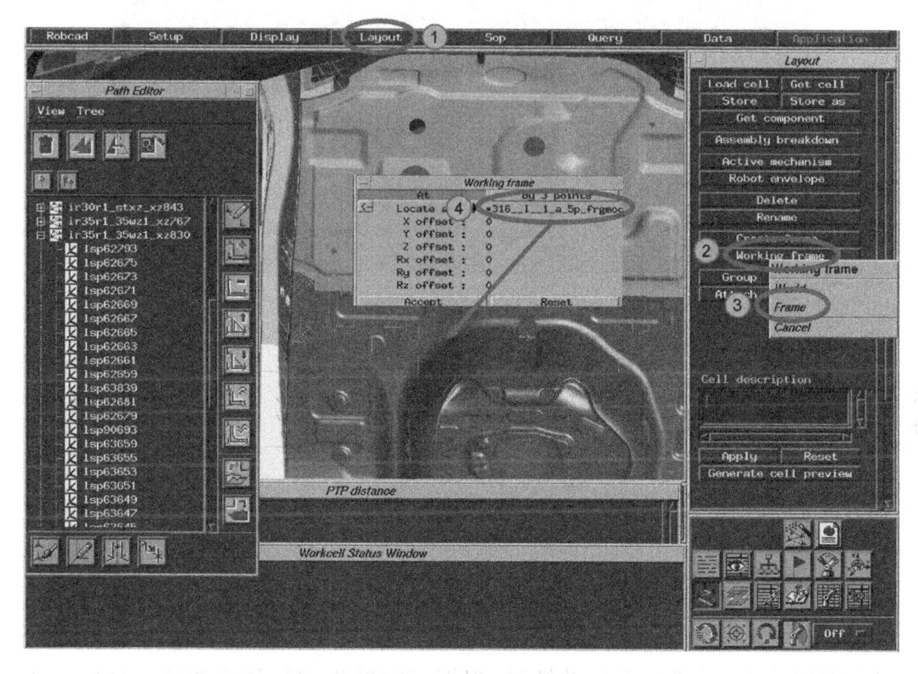

图 5-79　设置汽车坐标系

(2)首先选择 Spot_setup 内的 Location information，在 Location information 窗口显示框中选择焊点所在的部件和焊点后确认，如图 5-80 所示。注意前提条件是必须在 Self Origin 的状态下才能显示。切换方法：在数模上点击 F6 按钮，点击 Pick Intent 后选择 Self Origin 后即可。输出信息如图 5-81 所示。

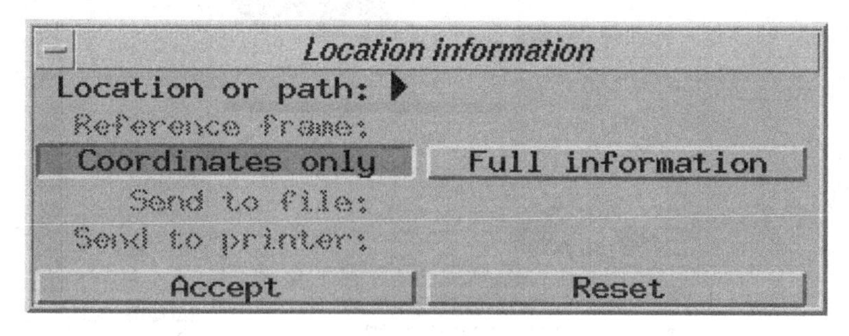

图 5-80　仿真

Location information

Location information

Reference Frame : World

Location Name	X	Y	Z	Rx	Ry	Rz	Member of / Attached to
lo12	531.8	-1150.8	1902.1	-0.2	0.1	-86.	path pa1
lo11	69.3	-1047.2	1903.9	-0.2	0.1	-86.	path pa1
llwp_1004	45.2	-664.5	1537.4	-0.2	0.1	-86.	path pa1
llwp_1026	127.7	-661.8	1536.9	-0.7	0.2	-81.	path pa1
llwp_1026_v1	132.3	-691.4	1536.8	-0.7	0.2	-81.	path pa1

图 5-81 焊点信息

5.3.3 仿真及结果输出

5.3.3.1 仿真设置(Process Simulation)

点击右下侧①motion 图标后,点击②active mech 来选择机器人,再点击③target 来选择运动路线,可以单选也可组选。再点击播放至最后一个焊点焊接结束,看机器人运动结果,根据观察结果进行优化调整。最后完成机器人移动轨迹的制作,如图 5-82 所示。

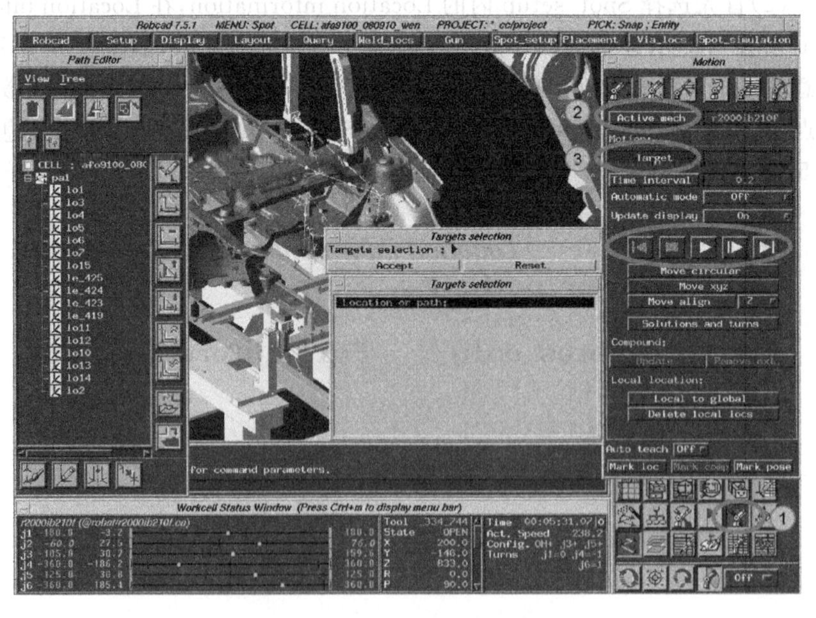

图 5-82 Motion 命令下的仿真

5.3.3.2　模拟时间计算

模拟时间计算 spot simulation→robots&paths，进入命令后选择对应的机器人和路径，再点击 Simulation 即可看见机器人的运行时间，也即是当前项目仿真出来的时间。

5.3.3.3　仿真报告(Simulation Report)

ROBCAD-Spot 还提供了焊接过程分析、甘特图分析和线平衡分析等，分析结果以清晰的柱状图表示，工艺过程、焊接顺序、焊接时间、等待时间等信息一目了然。在 Spot_simulatin 中选择好 Robot & paths，并进行仿真 Simulate 后，单击 Work balance，选择默认值，如图 5-83 所示，输出结果如图 5-84 所示。

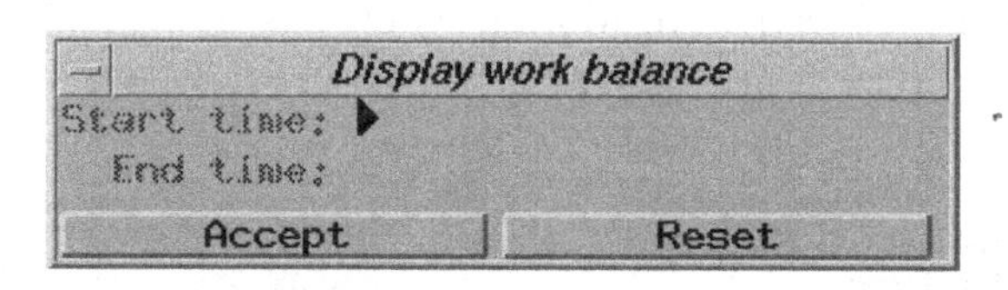

图 5-83　Display work balance 窗口

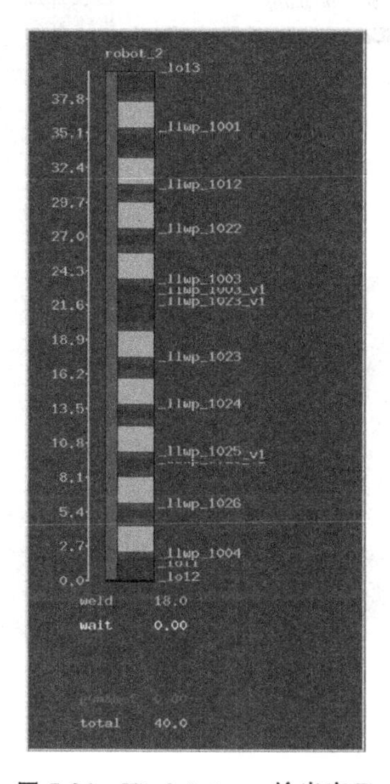

图 5-84　Work balance 输出窗口

5.4 带有 Location 的旧零件更新

使用 brower 调入新零件，在 Spot Weld Locs 中，选择 Move to new component。旧零件上的 Location 一定要选定，最后确认。

5.5 机器人外部 TCP 焊接仿真

在 ROBCAD 软件中使用外部 TCP 命令，把路径定义成外部 TCP 即可，常用在固定焊枪焊接、固定冲铆、固定支架涂胶等一系列机器人抓取工作的仿真，如图 5-85 所示。在 Motion→Settings 中单击 Define，弹出 Define location 窗口，选择相关内容即可。

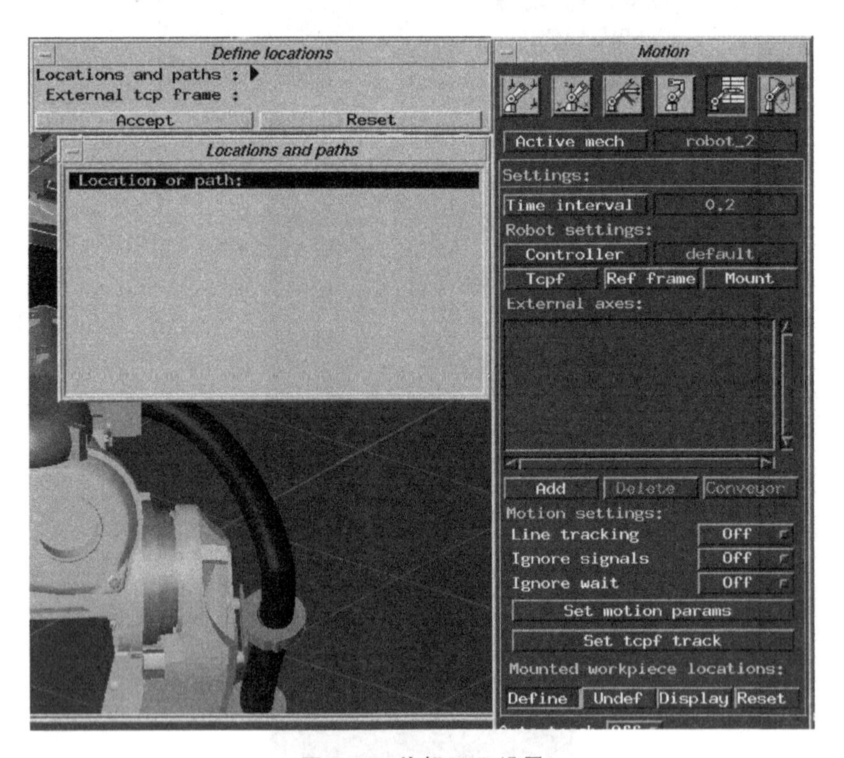

图 5-85 外部 TCP 设置

5.6　七轴机器人仿真

七轴的机器人经常会使用，仿真时先有第七轴部件，可以是走行轴或附件上的其他伺服轴，然后把第七轴的关节加载到机器人关节中。多应用于机器人在需要长距离运动抓件、焊接、搬运时，如图 5-86～5-88 所示。

(1)按 F12 键，切换到 Entity 状态。

(2)点击 Attach，然后把机器人底座 Attach 到滑轨上。

(3)激活相应的机器人。

(4)点击 Add，然后添加上第七轴。

(5)当记录 Location 的时候点击 Mark comp 即可。

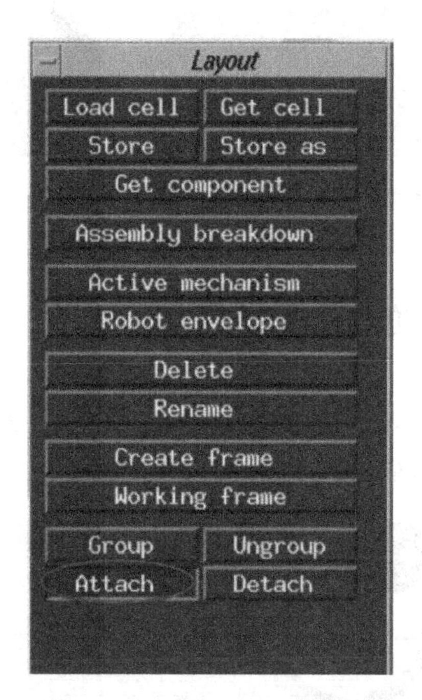

图 5-86　Attached 机器人到滑轨上

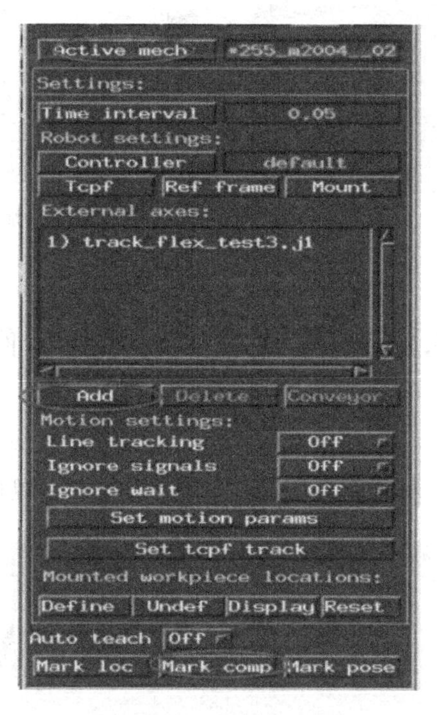

图 5-87　Add 增加第七轴

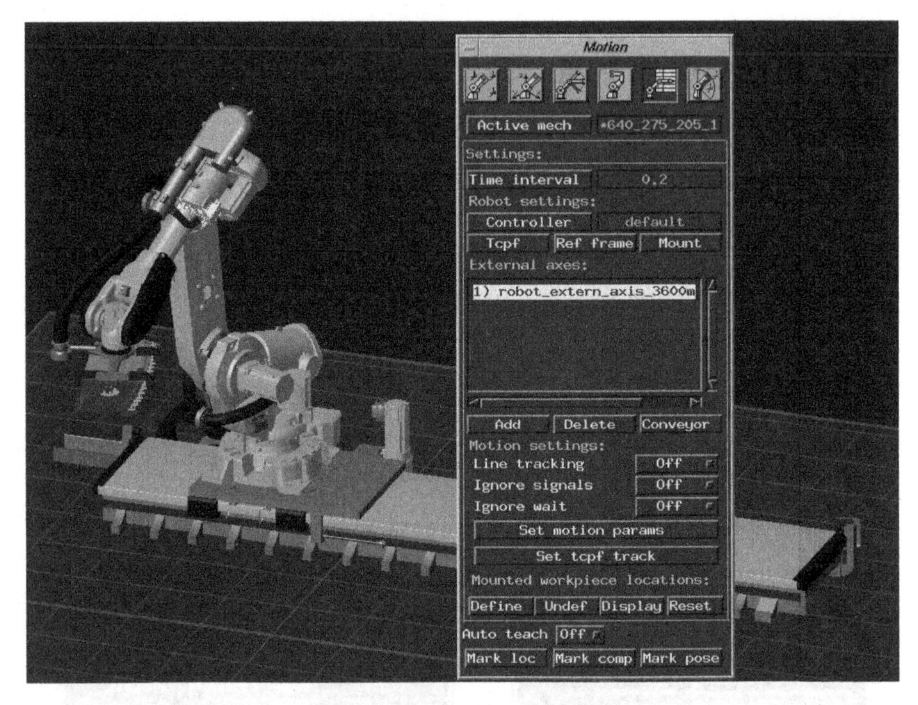

图 5-88　增加第七轴结果

5.7　快速添加 Target 路径的方法

这是非常实用的一个技巧，如图 5-89 所示。先显示出来 path，点击 Target 后再在窗口中的路径上单击鼠标左键。

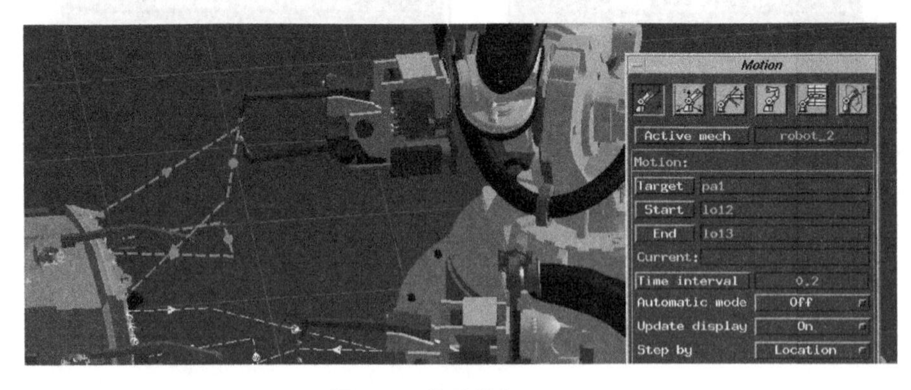

图 5-89　快速添加 Target

5.8　小结

想保证焊接质量,需对点焊技术和焊枪结构非常熟悉,工欲善其事,必先利其器。只有掌握这些专业知识,才能进行后面的学习。

5.9　练习

(1)熟悉各专用主菜单。

(2)完成并优化工位焊点的焊接路径。

(3)外部 TCP 设置。

(4)第七轴增加。

第6章 ROBCAD_SOP 模块

利用 ROBCAD 的 SOP 功能模块，能够对所有的操作和生产环节及其利用的资源（比如，机器人、机械装置、人力）进行详细的描述、排序。通过该功能，能够对整个工作单元的制造过程在可视化的环境下进行优化。

离线是仿真软件的最终目的，但必须在离线前仿真验证机器人动作及时序是否正确，即动作流程是如何规划的，如图 6-1 所示，可包含子动作时序。

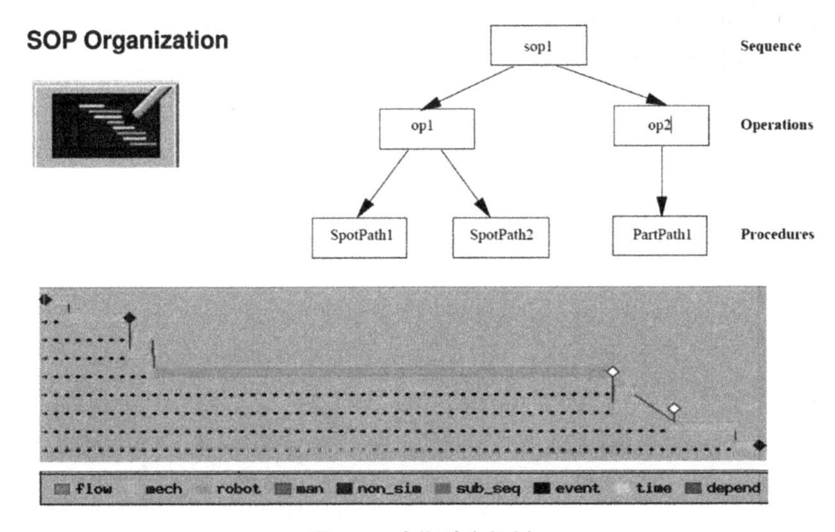

图 6-1 动作时序规划

6.1 SOP 模块菜单

SOP 主菜单是进行动作时序制作的主要唯一菜单，如图 6-2 所示。

（1）Sequence：动作时序名称创建。

（2）Delete：删除动作时序。

（3）Query：查询动作时序。

（4）Store：保存动作时序。

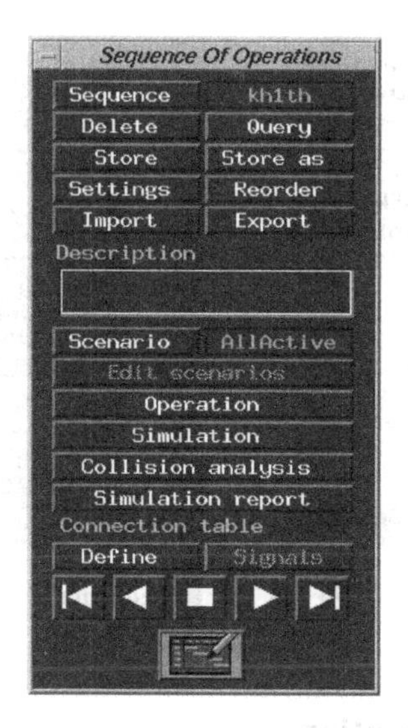

图 6-2　Sequence Of Operations 菜单

(5)Store as:另存动作时序。

(6)Settings:设置动作时序。

(7)Reorder:重新排序动作时序。

(8)Import:导入动作时序。

(9)Export:导出动作时序。

(10)Description:描述,对当前动作时序的注释。

(11)Scenario:当前新建或激活那个动作时序。

(12)Edition Scenario:编辑动作时序,其中某个动作可以不激活。

(13)Operation:新建动作时序中的所有工步,基本上所有的功能都在这里。

(14)Collision analysis:干涉分析。

(15)Simulation report:仿真报告。

6.2　SOP 制作

6.2.1　新建 Sequence

新建 Sequence,也可选择已创建的(对其进行编辑),如图 6-3 所示。

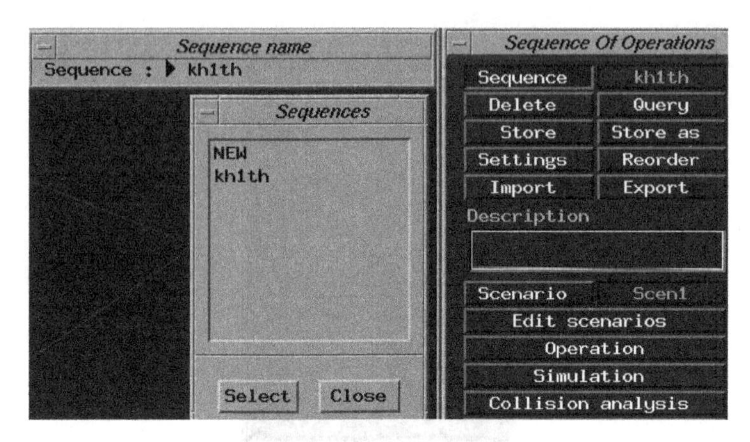

图 6-3　新建 Sequence

6.2.2　新建 Operation

新建 Operation 工步。Operation：工步名称，如图 6-4 所示。如果 type 不同，下面的选项也有变化。

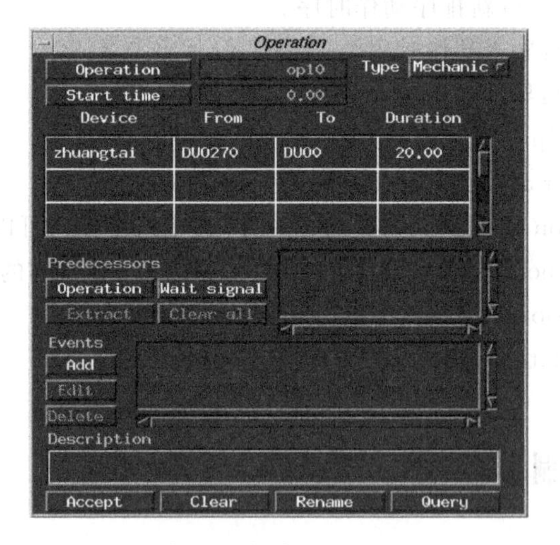

图 6-4　新建 Operation

(1)Operation：新建工步。

(2)Type：当前工序操作对象，Flow、Robot、Manual、Mechanic、Sub seq 等。

(3)Start time：开始时间。

(4)Device:选择操作对象。

(5)From:操作对象当前状态。

(6)To:操作对象要达到状态。

(7)Duration:时间。

(8)Predecessors:当时工步的前序。

①Operation:选择当前工步的前工步。

②Wait signal:等待信号。

③Extract:清除。

④Clear all:清除全部。

(9)Events:事件。

①Add:增加事件,包含如图 6-5 所示。

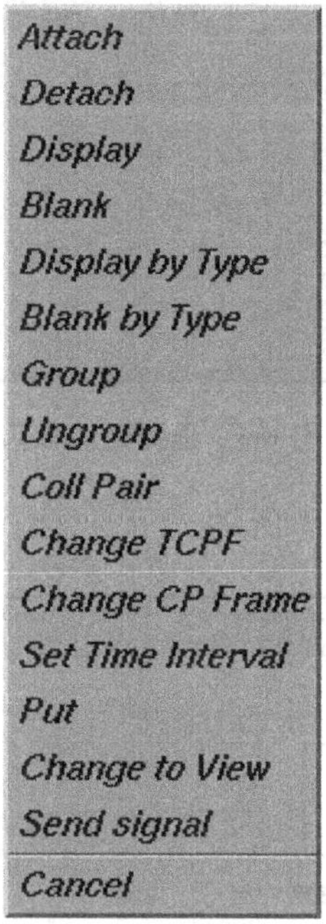

Attach
Detach
Display
Blank
Display by Type
Blank by Type
Group
Ungroup
Coll Pair
Change TCPF
Change CP Frame
Set Time Interval
Put
Change to View
Send signal
Cancel

图 6-5　Events 事件类型

②Edit:编辑事件。

③Delete:删除事件。

(10)Description:描述。

(11)Accept:接受。

(12)Clear:清除。

(13)Rename:重命名。

(14)Query:查询。

6.2.3 简单工步制作流程示例

(1)选择运动单元,即机械结构,如图 6-6 所示。

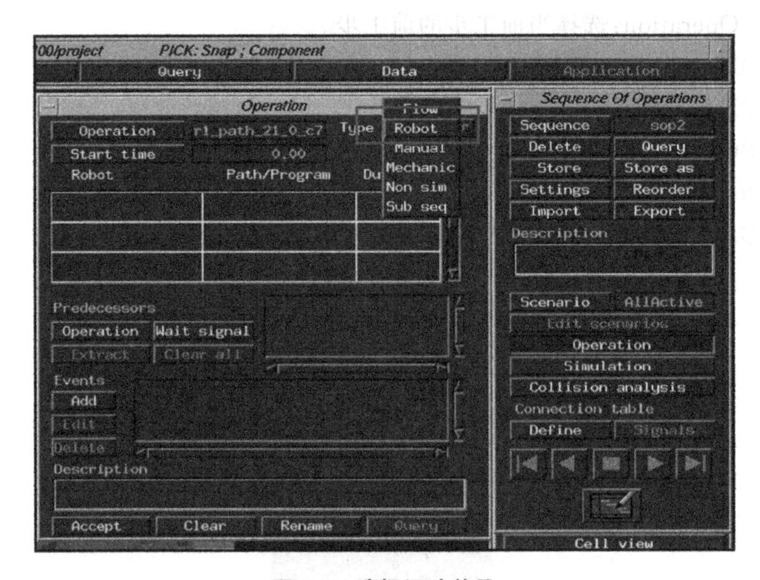

图 6-6 选择运动单元

(2)选择机器人,如图 6-7 所示。

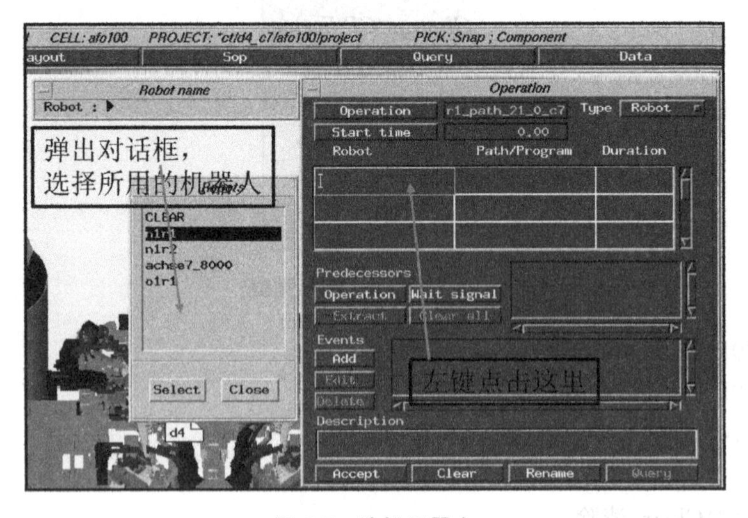

图 6-7 选择机器人

(3)选择 path 与选择机器人同样的操作方式,如图 6-8 所示。

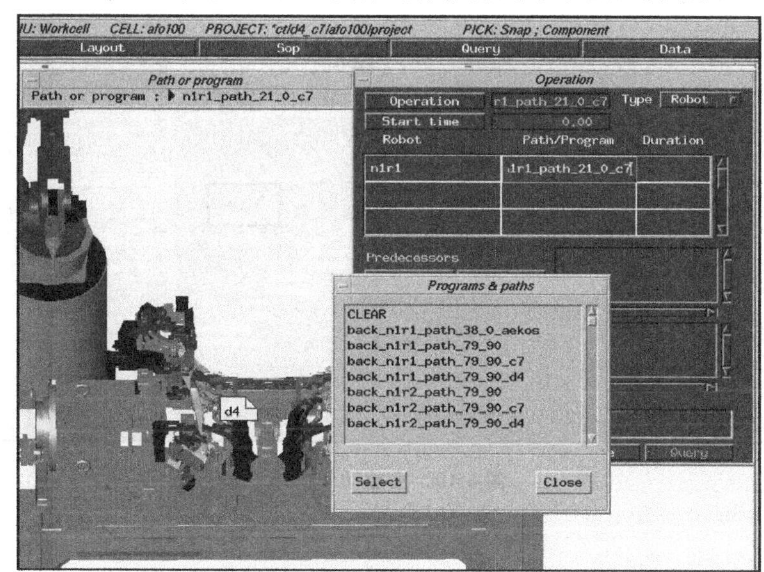

图 6-8　选择 path

(4)最后点接受按钮,接受后会发生变化,如图 6-9 所示。

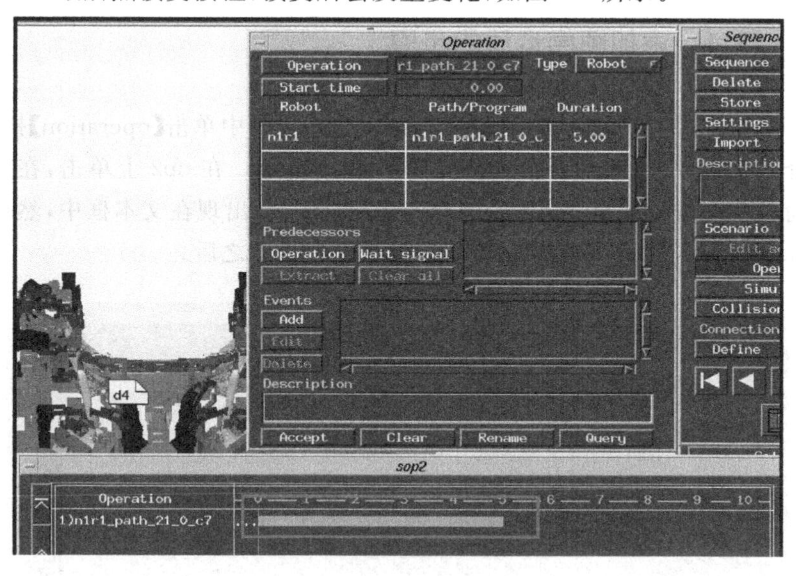

图 6-9　完成一个工步

重复以上步骤直到把所有需要的路径全部添加完毕。最后只要点击播放按钮就可以了,如图 6-10 所示。

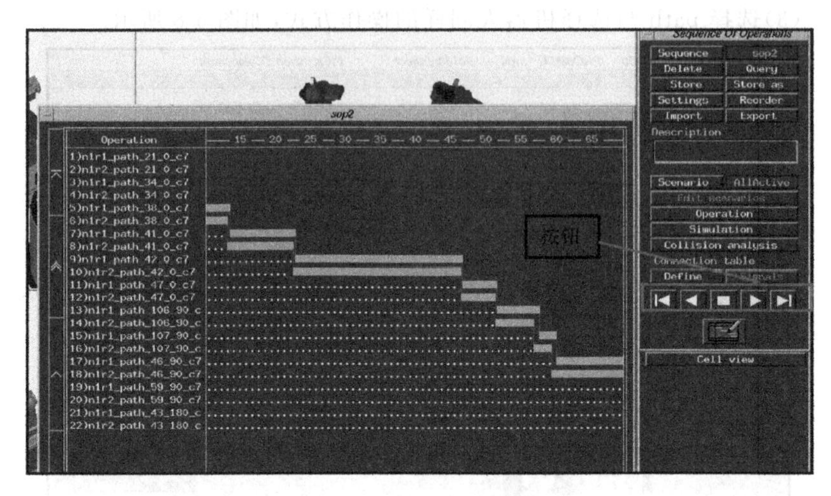

图 6-10 播放动作时序

6.3 SOP 高级应用

6.3.1 添加顺序运动的步骤

按顺序增加或调整各动作的先后顺序，在界面中单击【operation】按键，选择其前一顺序，按 Accept 按键，如图 6-11 所示。在 op2 上单击，在弹出的窗口中单击 operation，然后选择 op3，那么 op2 出现在文本框中，然后单击 accept 确定，op2 的路径执行顺序会排列在 op3 之后。

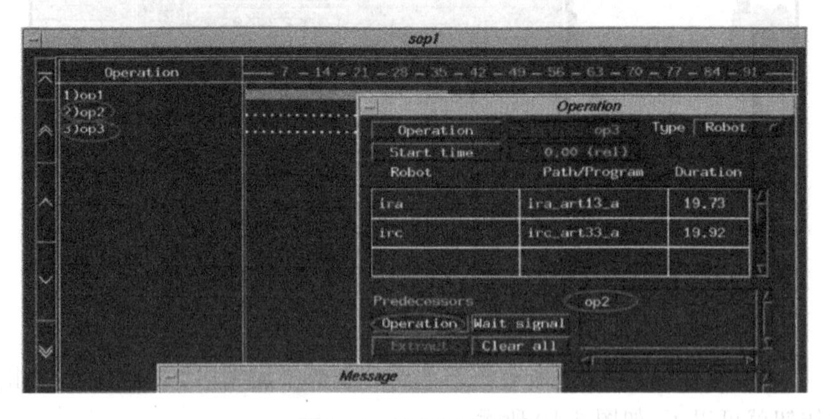

图 6-11 添加顺序运动

6.3.2　Workcell Status window 菜单项

在 SOP 时为更好地了解机器人各轴的状态，可调整此窗口的各轴的数值等数据，如图 6-12 所示。把鼠标放在 status window 窗口上，按下 Ctrl＋M 键，此时出现 3 个菜单，在 Options 中可以设置各轴的数值以百分比显示。

图 6-12　仿真

6.3.3　添加 SOP 相关操作指令

为了更好地仿真，需增加一些指令，单击【Operation】，然后在 operation 中选择某一动作，然后单击【Add】按钮，可增加如下动作：

(1)Attach：贴合。

(2)Detach：取消贴合。

(3)display：显示。

(4)Blank：隐藏。

(5)Display by Type：显示某些类型。

(6)Blank by Type：隐藏某些类型。

(7)Group：成组。

(8)Ungroup：取消成组。

(9)Coll Pair：收集一对。

(10)Change TCPF：改变工具坐标系。

(11)Change CP Frame：改变 CP 坐标系。

(12)Set Time Interval：设置时间。

(13)Put：放置。

(14)Change to view：改变视角。

(15)Send signal：发出信号。

(16)Cancel:取消。

6.3.4 工位视角的变换操作

把当前界面存成一个视角,在 SOP 中可以使用当前视角,如图 6-13 和图 6-14 所示。选择工具箱中的 View Manager 按钮,当视图调整好以后,按 Create 来创建浏览视图。在 SOP 相关操作指令中选择 Change to view,选择当前保存了视图,并设置 steps,这个操作完成。

图 6-13 创建视角

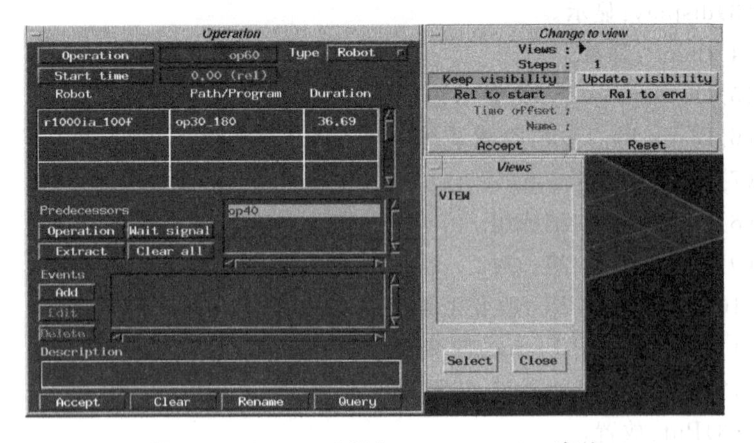

图 6-14 在 ADD 中增加 Change to view 事件

6.4　干涉区信号设置

多机器人或制造装备比较多时，为保证工作顺利，防止相互打架，需进行干涉区的设置。

例 1：SVW（上海大众）机器人干涉区设置标准如图 6-15 所示。这种情况比较复杂，每台机器人都与其他 3 台机器人有干涉设置，如 Rob A 对 Rob B 有 22、23 信号，如 Rob A 对 Rob C 有 24、25 信号，如 Rob A 对 Rob D 有 26、27 信号。其他机器人以此类推即可。

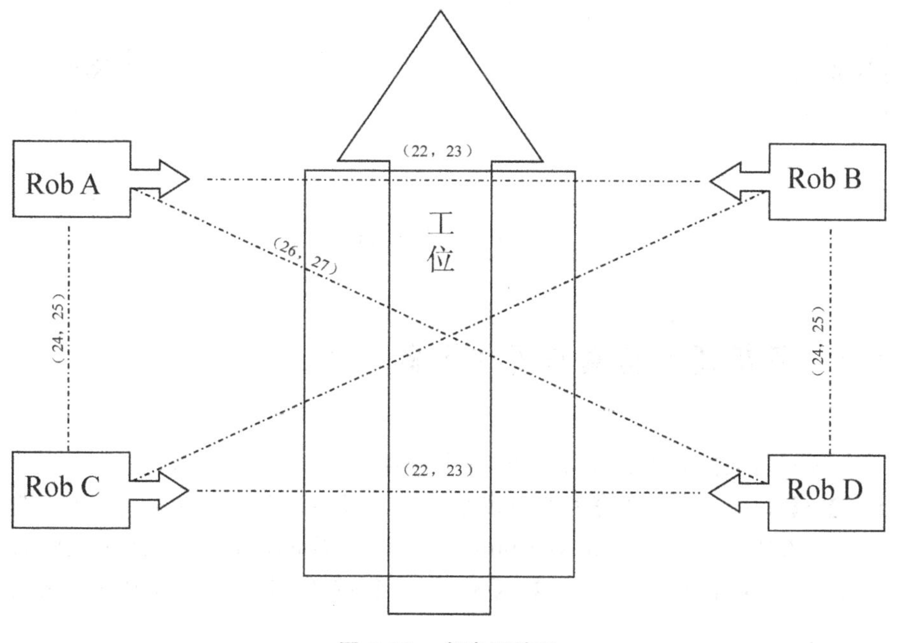

图 6-15　复杂干涉区

例 2：FAW（一汽大众）机器人干涉区设置标准，如图 6-16 所示。这种情况比较简单，每台机器人都与其他 2 台机器人有干涉设置，如 Rob A 对 Rob B 有 13、14、15、16 信号，如 Rob A 对 Rob C 有 9、10、11、12 信号，与 Rob D 没有干涉区。

选择某个规划后，在软件中进行相关设置即可。

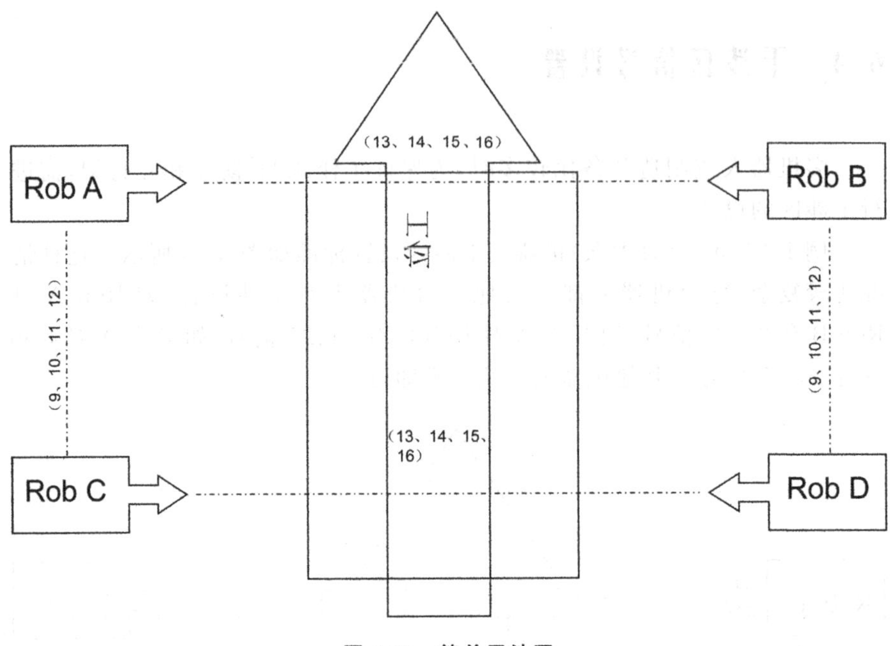

图 6-16　简单干涉区

6.5　多机器人仿真与工作平衡

多机器人协同工作是常用的功能，如图 6-17 所示。在【Spot_simulation】→【Robot & paths】中选择多个机器人及对应的机器人轨迹，并前期在机器人轨迹的 Location Attributes 中 Synch 界面增加多台机器人之间的交互信号。【Spot_simulation】→【Simulate】→【Work balance】中显示相互的交流。

Main Bar Legend：主要颜色图例：

(1)Orange(橙色)：焊接动作。

(2)White(白色)：等待动作。

(3)Green(绿色)：机器人在点之间动作。

(4)Blue(蓝色)：焊枪在两个姿态之间动作。

(5)Cyan(青色)：焊枪与机器人同步动作。

Collision Bar Legend：碰撞颜色图例：

(1)Red(红色)：碰撞。

(2)Yellow(黄色)：接近区域。

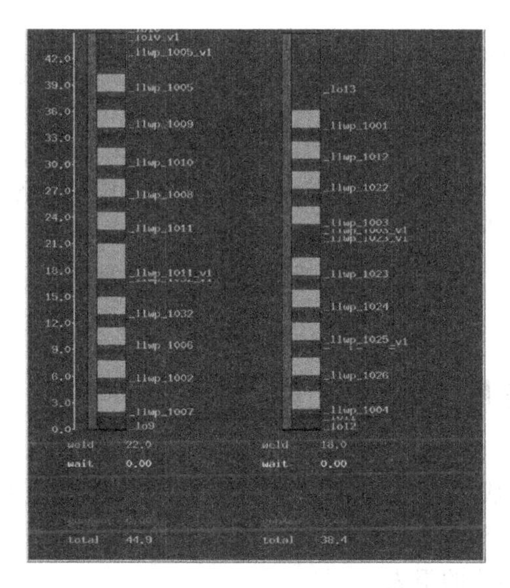

图 6-17　多机器人仿真

(3)Blue(蓝色):非碰撞区域。

6.6　通过互换信号进行干涉区确认

在互换信号之前,被 plc 调用之前,先复习 5.1.7.3 Interference Zone 小节。

(1)先要创建一个干涉区的确认,如图 6-18 所示。

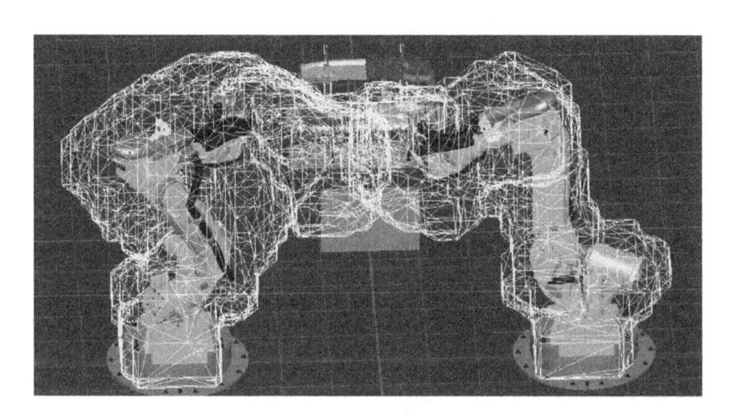

图 6-18　多机器人干涉区确认

(2)确认两个机器人之间互换信息,在 Location Attributes 中进行设置,如图 6-19 所示。

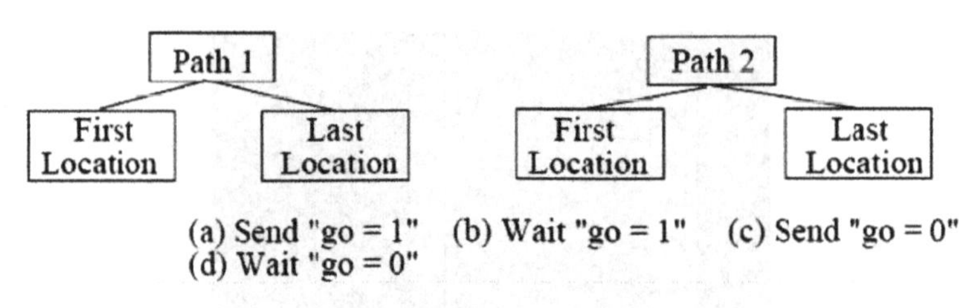

图 6-19　机器人之间互换信息

6.7　SOP 生成 .html 网页报告

SOP 制作完成后，仿真运行完成，可生成 .html 网页报告，报告示意如图 6-20 所示。在 Sequence Of Operations 中，单击 Query 按钮，选择 Html 格式，输出网页形式的报表。

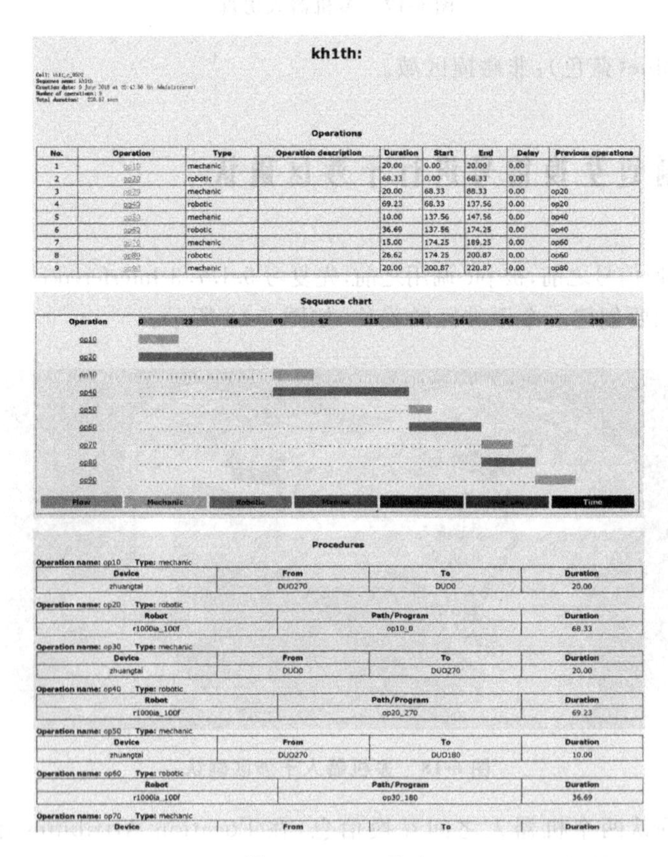

kh1th:

Operations

No.	Operation	Type	Operation description	Duration	Start	End	Delay	Previous operations
1	op10	mechanic		20.00	0.00	20.00	0.00	
2	op20	robotic		68.33	0.00	68.33	0.00	
3	op30	mechanic		20.00	68.33	88.33	0.00	op20
4	op40	robotic		69.23	68.33	137.56	0.00	op20
5	op50	mechanic		10.00	137.56	147.56	0.00	op40
6	op60	robotic		36.69	137.56	174.25	0.00	op40
7	op70	mechanic		15.00	174.25	189.25	0.00	op60
8	op80	robotic		26.62	174.25	200.87	0.00	op60
9	op90	mechanic		20.00	200.87	220.87	0.00	op80

Procedures

Operation name: op10　**Type:** mechanic

Device	From	To	Duration
zhuangtai	DUO270	DUO0	20.00

Operation name: op20　**Type:** robotic

Robot	Path/Program	Duration
r1000ia_100f	op10_0	68.33

Operation name: op30　**Type:** mechanic

Device	From	To	Duration
zhuangtai	DUO0	DUO270	20.00

Operation name: op40　**Type:** robotic

Robot	Path/Program	Duration
r1000ia_100f	op20_270	69.23

Operation name: op50　**Type:** mechanic

Device	From	To	Duration
zhuangtai	DUO270	DUO180	10.00

Operation name: op60　**Type:** robotic

Robot	Path/Program	Duration
r1000ia_100f	op30_180	36.69

Operation name: op70　**Type:** mechanic

Device	From	To	Duration

图 6-20　SOP 输出

6.8　小结

要想提供好的仿真结果，并把仿真结果展示给用户，必须学会 SOP，要求对动作时序非常了解。能够对所有的操作和生产环节及其利用的资源（比如机器人、机械装置、人力）进行详细地描述、排序。并通过该功能，能够对整个工作单元的制造过程在可视化的环境下进行优化。

6.9　练习

（1）熟悉 SOP 主菜单。

（2）完成 1 个 SOP 实例。

（3）SOP 的优化练习。

第 7 章　Draft 绘图模块

Draft 模块可实现图纸输出、焊枪 2D 输出及仿真布局 Layout 输出等操作。

7.1　Draft 模块菜单

7.1.1　Drafting 菜单的简单介绍

主要完成出图的初始设置，如图 7-1 所示。

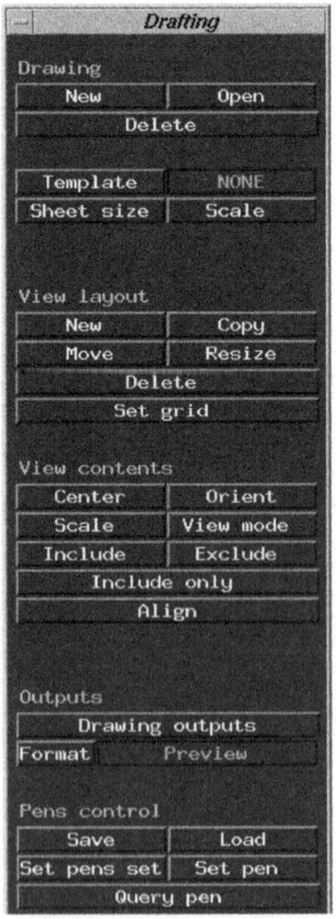

Drafting
Drawing
New　Open
Delete
Template　NONE
Sheet size　Scale
View layout
New　Copy
Move　Resize
Delete
Set grid
View contents
Center　Orient
Scale　View mode
Include　Exclude
Include only
Align
Outputs
Drawing outputs
Format　Preview
Pens control
Save　Load
Set pens set　Set pen
Query pen

图 7-1　Drafting 菜单

(1)Drawing:图纸设置。

①New:新建图纸。

②OPen:打开图纸。

③Delete:删除图纸。

④Template:模板。

⑤Sheet size:更改所选图纸尺寸。

⑥Scale:更改所选比例,针对整张图纸。

(2)View layout:视图布局。

①New:新视图。

②Copy:拷贝视图。

③Move:移动视图。

④Resize:重定义尺寸。

⑤Delete:删除。

⑥Set grid:设置网格点。

(3)View contents:视图内容。

①Center:视图中心。

②Orient:视图原点。

③Scale:视图比例,针对单个视图。

④View mode:视图模式。

⑤Include:增加到视图中。

⑥Exclude:从视图中移出。

⑦Include only:仅包含。

⑧Align:对齐。

(4)Outputs:输出设置。

①Drawing outputs:视图输出。

②Format:选择视图输出的格式。

(5)Pens Control:打印笔设置。

①Save:笔设置保存。

②Load:笔设置载入。

③)Set pens set:设置笔的初始设置,笔号对对象相关联。

④Set pen:直接设置对象与笔的关联。

⑤Query pen:查询笔设置。

7.1.2 Annotations 菜单介绍

主要完成图纸的标注，包括尺寸、文字、注释等，如图 7-2 所示。

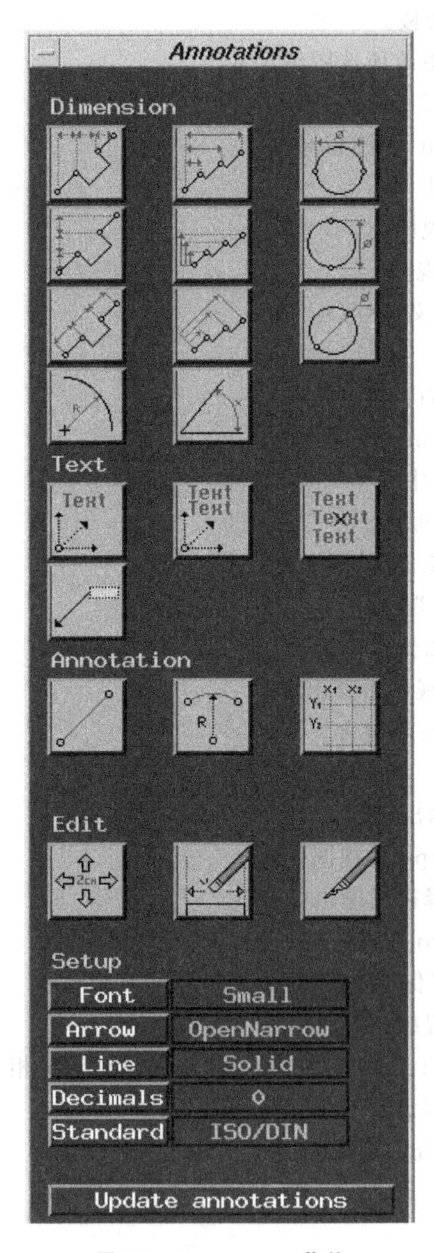

图 7-2 Annotations 菜单

(1)Dimension:尺寸标注,见图例的标注方法。

(2)Text:文字标注,见图例的标注方法。

(3)Annotation:注释标注,见图例的标注方法。主要是绘制辅助直线、圆弧、网络坐标线操作。

(4)Edit:标注编辑,分别是移动 Annotation 对象,删除 Annotation 对象,设置 Annotation 的笔号。

(5)Setup:设置。

①Font:字体。

②Arrow:箭头样式。

③Line:线形。

④Decimals:小数位置。

⑤Standard:标准基准式样。

(6)Update annotations:更改标注。

7.2 图纸输出

7.2.1 新建一张图纸

新建图纸如图 7-3 所示,点击 New 命令,显示图框,可通过模板、通过图纸、通过零件作为模板来创建图纸。输入图纸名称,单击 Accept 按钮。

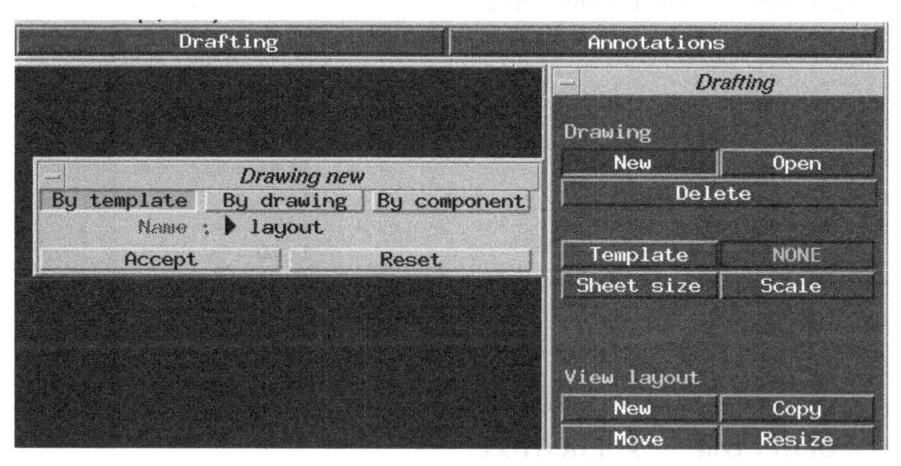

图 7-3 新建一张图纸

7.2.2 选择图纸大小

如图 7-4 所示，点击 Sheet size 命令，出现 Drafting 窗口，选择某图纸后，出现菜单 Sheet size catalog，点击 A4h，单击 Select 按钮。

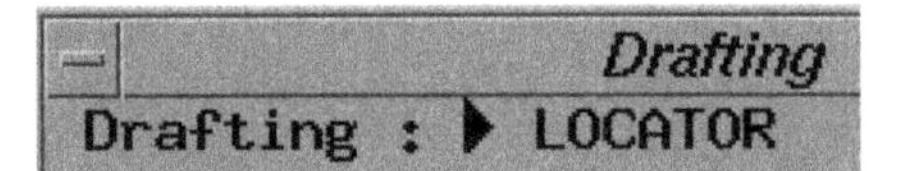

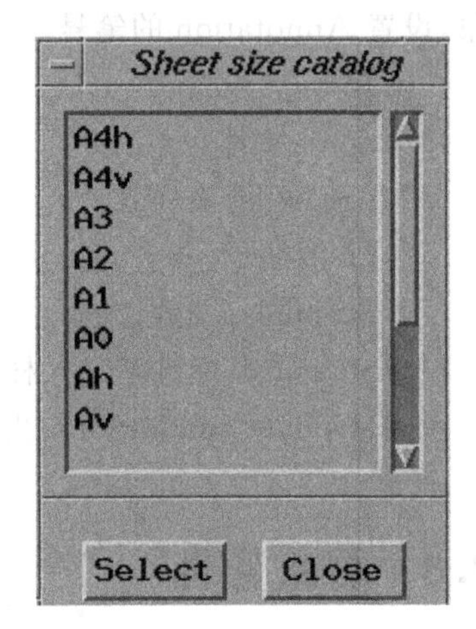

图 7-4　选择图纸大小

7.2.3 选择图纸比例

如图 7-5 所示，点击 Scale 命令，出现菜单 Scale catalog，选择你想要的比例（点击 1∶1），单击 Select 按键。

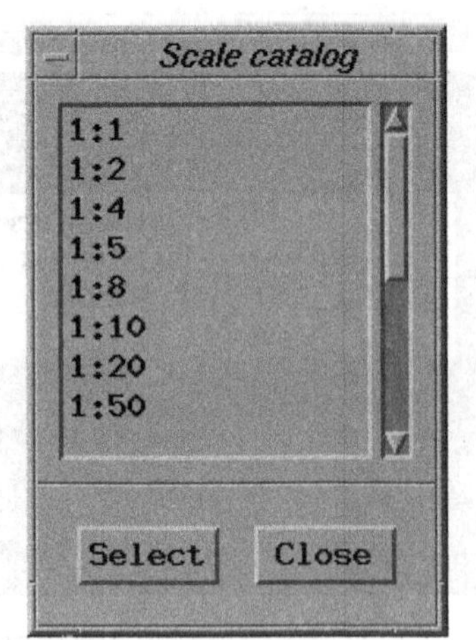

图 7-5　选择图纸比例

7.2.4 选择投影对象

在 Drafting 菜单中 view layout 处选择 new→By position 出现 By Position 窗口，如图 7-6 所示，选择 By diagonal。可见视角选择 Top、Buttom、Q1、Q2、Front、Back、Q3、Q4、Left、Right（常用的几种视图在这里都可进行选择，前期建立 Cell 时，需注意投影方向）。选择 TOP（俯视图），输入第一点及第二点，视图放在这两点构成的方框内。也可用 By values 的方法，区别是填写投影范围（相对世界坐标），可以点击投影范围中心 Center。

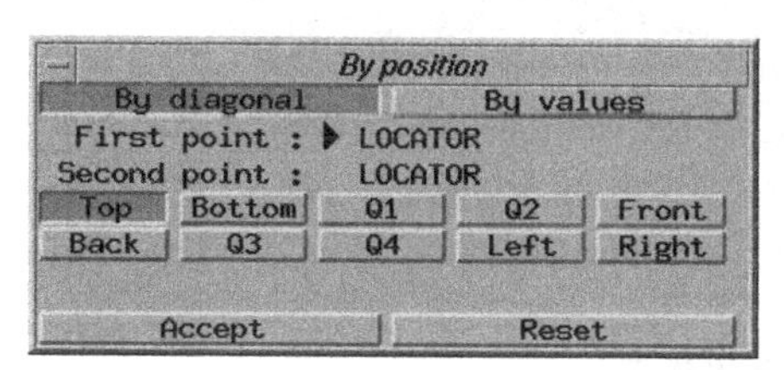

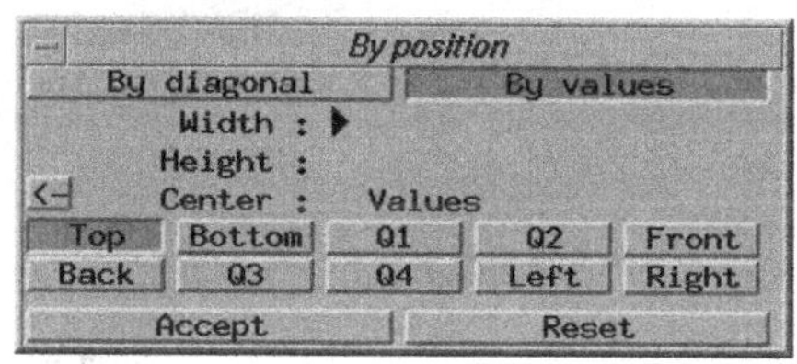

图 7-6 By Position 窗口

7.2.5 选择视图显示模式

如图 7-7 所示，点击 View mode 命令，出现 View 窗口，点击图纸中间某个视图，出现视图显示模式 View modes 窗口，选择 HLR（只显示轮廓）。

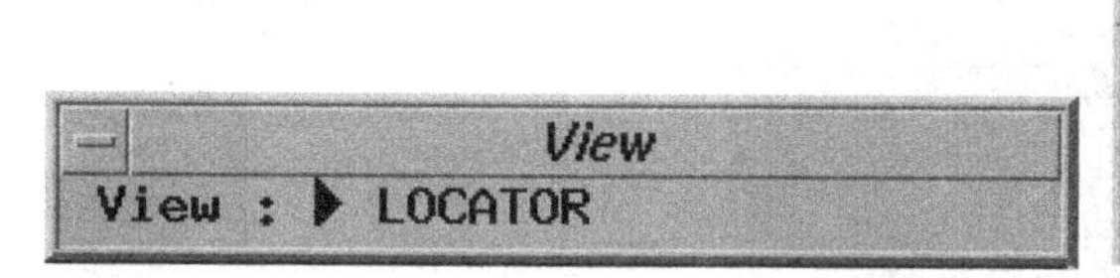

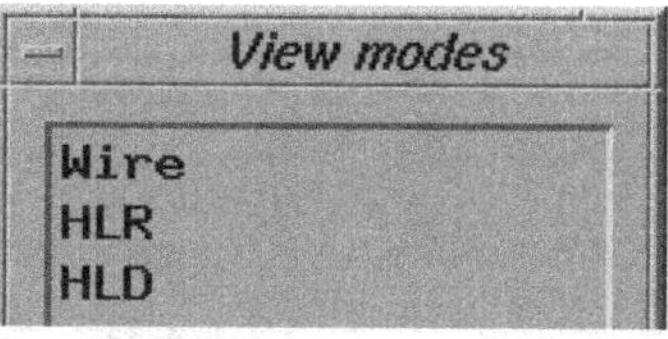

图 7-7 视图显示模式选择

7.2.6 选择输出格式

如图 7-8 所示，点击 Outputs 处的 Format 命令，选择 DXF 格式，格式非常多，请自己参考其他说明。

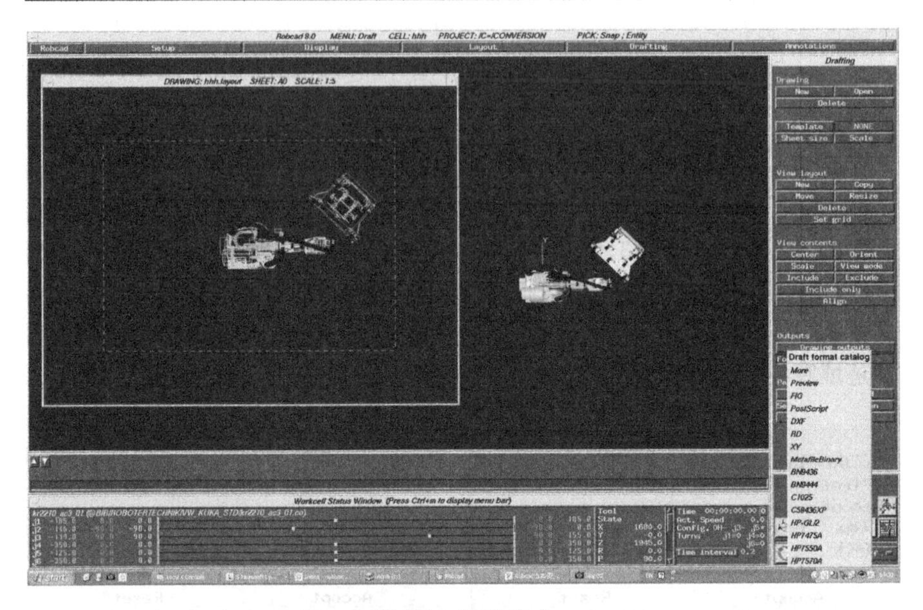

图 7-8　输出格式

7.2.7　输出

如图 7-9 所示，点击 outputs 中的 drawing outputs 命令，出现 Drawing outputs 窗口，写上导出的名字，然后按 F9 或者单击 Accept，出现 Drawing 选择窗口，选择要导出的图纸后回车。

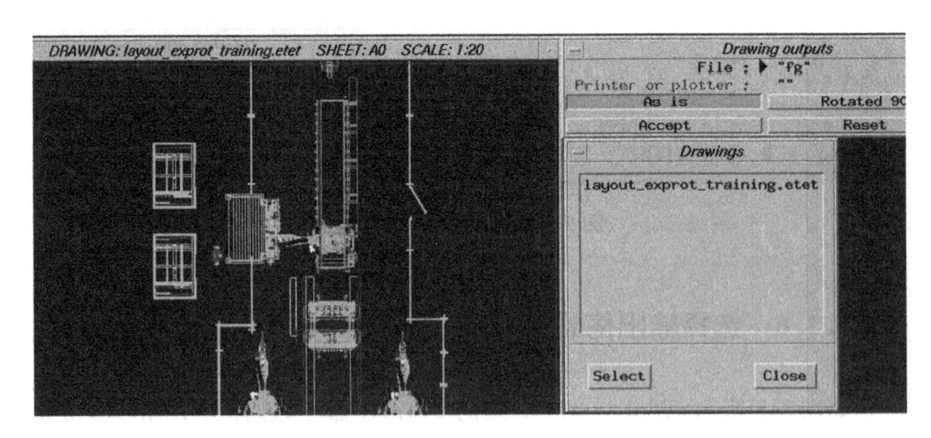

图 7-9　输出

回车后出现如图 7-10 所示的 DOS 菜单界面，等待出现下面选项后，如图 7-10 所示(同时弹出输出预览图，可关闭)。键入 Y 回车退出，然后到

.ce 中把导出的 .dxf 文件 copy 出来，可用其他常用软件打开进行编辑或测量，输出任务完成。

```
DRAWING OUTPUTS: layout_exprot_training.etet
Notice: The number of back facets discarded is 0.
Notice: The output has been sent to "C:/tmp//drawingout_8676_.mtb".

Command: plotfile=${outfname}.ps; ${ROOT}/bin/hp_gl <$draftoutfile | ${ROOT}/bin/hp2xx -w 300 -o 100
 -O 50 -q &
Notice: format        = Preview
Notice: outfname      = E:/Training/Lesson7_Data_Management_Training/Robcad_Layout_Export/project/lay
out_exprot_training.ce/fg
Notice: draftoutfile  = C:/tmp//drawingout_8676_.mtb
Notice: plotfile      = E:/Training/Lesson7_Data_Management_Training/Robcad_Layout_Export/project/lay
out_exprot_training.ce/fg.ps
Notice: Drawingout finished successfully.

type y to exit
y
```

图 7-10　输出的 DOS 界面

7.3　Dxf 文件输入输出

7.3.1　由 DXF 转换成 CO 文件

DXF 文件在导入进 ROBCAD 软件前，需对 DXF 文件进行前处理，否则转换时间太长，无用线条太多，综合来看影响工作效率，所以需有丰富经验来进行 DXF 的前处理。

(1)线条要打散，否则转换有可能不会成功。

(2)DATA→Cad Import→dfx→export，如图 7-11 所示。

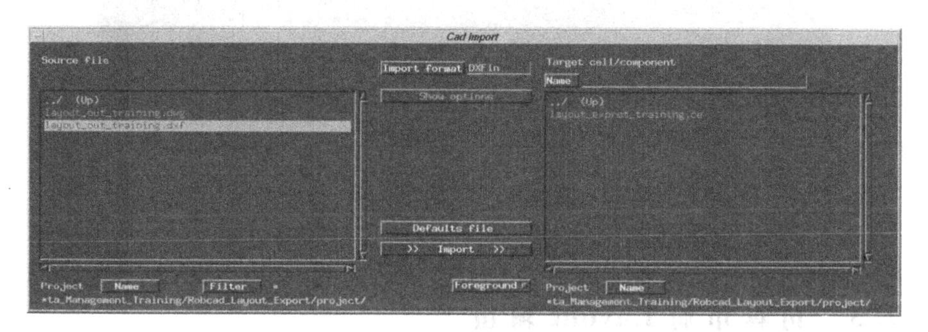

图 7-11　Dxf 文件输入

7.3.2 CO 转换成 DFX

(1)先把 n 个零件存成 1 个 CO 文件。

(2)DATA→Cad Export→dfx→export。

7.4 焊枪投影输出 2D

为了保证焊枪设计质量,在机器人仿真后,需输出焊枪整改图,前期对焊枪进行处理,包括外观尺寸、焊枪开口等尺寸,更改的投影,如图 7-12 所示。然后输出即可,操作见 7.2.7 小节。

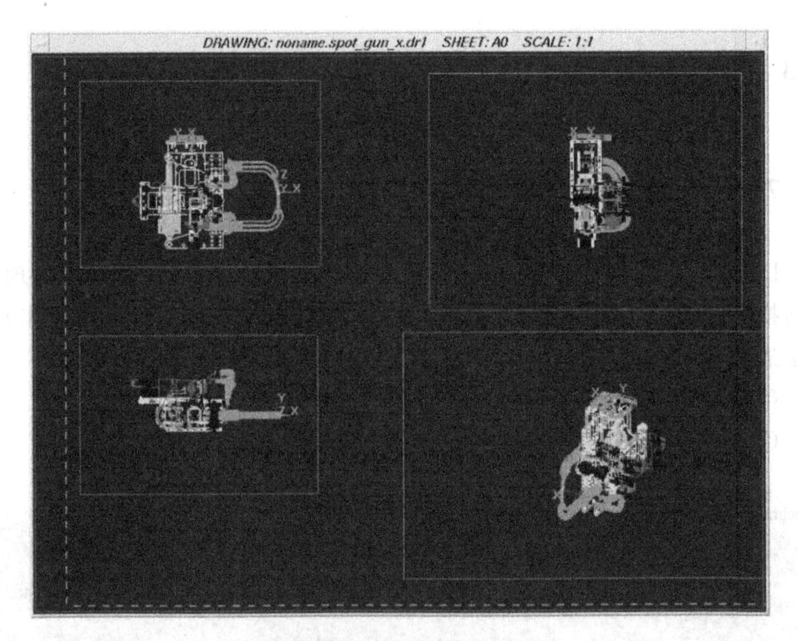

图 7-12 焊枪投影输出

7.5 仿真布局 Layout 输出

仿真布局输出,只需输出关键部分,在视图中保留主要部分,次要部分移出视图,这也需有丰富的经验来决定,如图 7-13 所示。

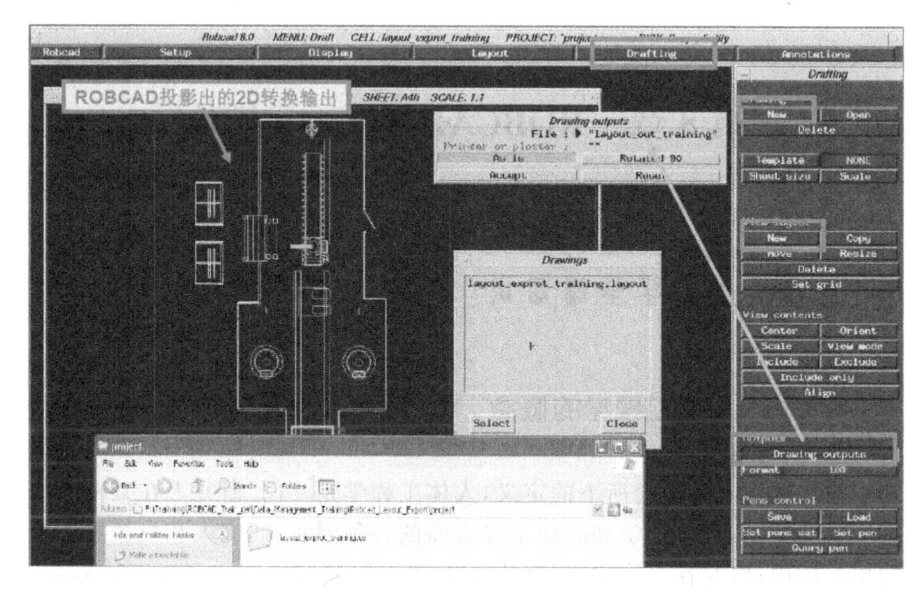

图 7-13　仿真布局 Layout 输出

7.6　小结

ROBCAD 软件有很多类型输出，Draft 输出对于机械设计师具有重要的指导意义，他需根据 Draft 输出，整改原设计。

7.7　练习

(1)新建图纸。更改图纸尺寸、更改图纸比例。

(2)新建视图。更改视图比例，在视图中加入对象、移出对象。

第 8 章　ROBCAD_Human 模块

8.1　人机工程学基础知识

8.1.1　人机工程学的概念

按照国际工效学会所下的定义，人体工程学是一门“研究人在某种工作环境中的解剖学、生理学和心理学等方面的各种因素；研究人和机器及环境的相互作用；研究在工作中、家庭生活中和休假时怎样统一考虑工作效率、人的健康、安全和舒适等问题的科学”。日本千叶大学小原教授认为：人体工程学是探知人体的工作能力及其极限，从而使人们所从事的工作趋向适应人体解剖学、生理学、心理学的各种特征。”

人体工程学(Human Engineering)，也称人类工程学、人体工学、人间工学或工效学(Ergonomics)。工效学 Ergonomics 原出希腊文“Ergo”，即“工作、劳动”和“nomos”即“规律、效果”，也即探讨人们劳动、工作效果、效能的规律性。人体工程学是由 6 门分支学科组成，即：人体测量学、生物力学、劳动生理学、环境生理学、工程心理学、时间与工作研究学。人体工程学诞生于第二次世界大战之后。

8.1.2　人机工程学研究的主要内容

早期的人体工程学主要研究人和工程机械的关系，即人机关系。其内容有人体结构尺寸和功能尺寸，操作装置，控制盘的视觉显示，这就涉及了心理学、人体解剖学和人体测量学等，继而研究人和环境的相互作用，即人-环境关系，这又涉及了心理学、环境心理学等。至今，人体工程学的研究内容仍在发展，并不统一。

在工业环境中，人-机-环境的具体含义如下：

人-机-环境系统工程是运用系统科学理论和系统工程方法，正确处理人、机、环境三大要素的关系，深入研究人-机-环境系统最优组合的一门科学，其研究对象为人-机-环境综合系统，其指由共处于同一时间和空间的

“人”与其所使用的“机”以及它们所处的周围环境所构成的系统。系统中的“人”是指作为工作主体的人(如操作人员或决策人员);“机”是指人所控制的一切对象(如工具、机器、计算机、管理系统和技术)的总称;“环境”是指人、机共处的特定工作条件(如空间、温度、噪声、振动等)。系统最优组合的基本目标是“安全、高效、经济”。

研究的主要内容如下:

(1)工作系统中的人。

(2)工作系统中直接由人使用的机械部分如何适应人的使用。

(3)环境控制,如何适用人的使用。

8.1.3　人-机-环境系统工程师的基本要求

工程师一般都必须满足 3 个最基本的要求:

(1)他们应该是一些知识广博的人。由于人-机-环境系统工程的研究包括 7 个方面的内容,为了充分运用人-机-环境系统工程理论,他们不只是单独对人、对机、对环境的相关专业具有足够的造诣,而且要对人、机、环境及其相互关系都有相当全面、深刻的理解,并掌握其发展动向。因此,他们不仅是“专家”,而且是“博家”“杂家”,如图 8-1 所示。

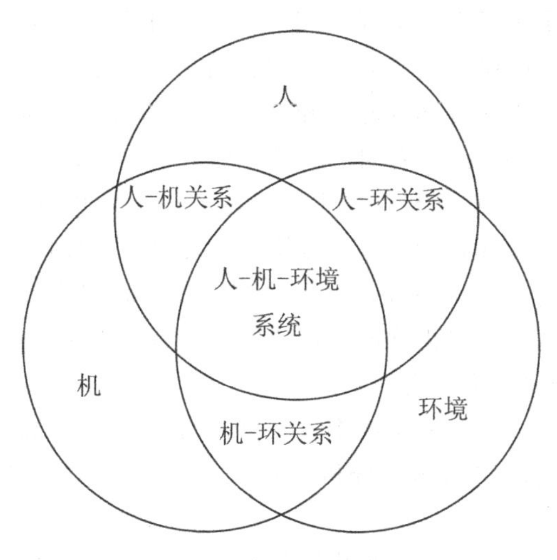

图 8-1　人-机-环境系统

(2)他们应该是一些能够站在系统总体高度,高瞻远瞩、通观全局的人。钱学森曾经强调指出:“人-机-环境系统工程,把人、机器跟整个客观环境连在一起来考虑,这就跟单个考虑人、考虑环境不一样 ,这就是辩证法,综合了，辩证统一了”。因此，人-机-环境系统工程师不仅要把各种专业知识融入各项具体任务之中，而且要把系统的整体意识贯穿于工作的全过程，并始终朝着总体目标的提高而开展全方位的努力。

(3)他们应该是一些具有极强创造性思维的人。美国贝尔研究所所长曾说，“系统的研制、设计是一种组织化的创造技术，它和绘画、雕刻、建筑设计等是一脉相承的，都是创造的产物。从这个意义上看，科学和艺术正是一根藤上的两个瓜，它们的根基就是创造性思维”。对人-机-环境系统工程理论及应用而言，它所强调的人、机、环境三大要素的协调发展，正如绘画艺术中“三色原理”一样，可以构建出千姿百态、神态各异的人-机-环境系统。因此，这就要求他们必须善于发现新问题、提出新问题，并有足够的想象力和创造力来解决问题。正如一个文学家，如果他只拥有华丽的词汇，而缺乏对文学素材整体布局的能力，就不能写出好的文学作品；但是，如果他具有高度驾驭文学素材整体布局的能力，即使运用一些普通词汇，也能写出动人心弦的伟大篇章。

8.1.4 人机工程学的研究方法

人体工程学的研究广泛采用了人体科学和生物科学等相关学科的研究方法及手段，也采用了系统工程、控制理论、统计学等其他学科的一些研究方法，而且本学科的研究也建立了一些独特的新方法。使用这些方法来研究以下问题：测量人体各部分静态和动态数据；调查、询问或直接观察人在作业时的行为和反应特征；对时间和动作的分析研究；测量人在作业前后以及作业过程中的心理状态和各种生理指标的动态变化；观察和分析作业过程和工艺流程中存在的问题；分析差错和意外事故的原因；进行模型实验或用电子计算机进行模拟实验；运用数学和统计学的方法找出各变量之间的相互关系，以便从中得出正确的结论或发展成有关理论。

目前常用的研究方法有：

(1)观察法。为了研究系统中人和机器的工作状态，常采用各种各样的观察方法，如工人操作动作的分析、功能分析和工艺流程分析等都属于观察法。

(2)实测法。实测法是一种借助仪器设备进行实际测量的方法。例如，对人体静态和动态参数的测量，对人体生理参数的测量或者对系统参数、作业环境参数的测量等。

(3)实验法。这是当运用实测法受到限制时采用的一种研究方法,一般在实验室中进行,也可以在作业现场进行。例如,为了获得人对各种不同的显示仪表的认读速度和差错率的数据,一般实验室进行试验;为了了解色彩环境对人的心理、生理和工作效率的影响,由于需要进行长时间研究和多人次的观测,才能获得比较真实的数据,通常在作业现场进行实验。

(4)模拟和模型实验法。由于机器系统一般比较复杂,因而在进行人机系统研究时常采用模拟的方法。模拟方法包括对各种技术和装置的模拟,如操作训练模拟器、机械模型以及各种人体模型等。通过这类模拟方法可以对某些操作系统进行仿真实验,得到从实验室研究外推所需的更符合实际的数据。因为模拟器和模型通常比其模拟的真实系统价格便宜得多,但又可以进行符合实际的研究,所以应用较多。

(5)计算机数值仿真法。由于人机系统中的操作者是具有主观意志的生命体,用传统的物理模拟和模型方法研究人机系统,往往不能完全反映系统中生命体的特征,其结果与实际相比必有一定误差。另外,随着现代人机系统越来越复杂,采用物理模拟和模型的方法研究复杂的人机系统,不仅成本高、周期长,而且模拟和模型装置一经定型,就很难做修改变动。为此,一些更为理想和有效的方法逐渐被研究出来,其中的计算机数值仿真法已成为人体工程学研究的一种现代方法。数值仿真是在计算机上利用系统的数学模型进行仿真性实验研究。研究者可对尚处于设计阶段的未来系统进行仿真,并就系统中的人、机、环境三要素的功能特点及其相互间的协调性进行分析,从而预知所设计产品的性能,并进行改进设计。应用数值仿真研究,能大大缩短设计周期,并降低成本。

(6)分析法。分析法是上述各种方法中获得了一定的资料和数据后采用的一种研究方法。目前,人体工程学研究常采用以下几种分析方法:

①瞬间操作分析法。生产过程一般是连续的,人和机械之间的信息传递也是连续的。但要分析这种连续传递的信息很困难,因而只能用间歇性的分析测定法,即采用统计学中的随机采样法,对操作者和机械之间在每一间隔时刻的信息进行测定后,再用统计推理的方法加以整理,从而获得人机环境系统的有益资料。

②知觉与运动信息分析法。人机之间存在一个反馈系统,即外界给人的信息,首先由感知器官传到神经中枢,经大脑处理后,产生反映信号再传递给肢体对机械进行操作,被操作的机械又将信息反馈给操作者,从而形成一个反馈系统。知觉与运动信息分析法,就是对此反馈系统进行测定分析,然后用信息传递理论来阐述人机间信息传递的数量关系。

③动作负荷分析法。在规定操作所必需的最小间隔时间条件下,采用

电子计算机技术来分析操作者连续操作的情况，从而推算操作者工作的负荷程度。另外，对操作者在单位时间内工作的负荷进行分析，可以获得用单位时间的作业负荷率来表示操作者的全部工作负荷。

④频率分析法。对机械系统使用频率和操作者的操作动作频率进行测定分析，其结果可以获得作为调整操作人员负荷参数的依据。

⑤危象分析法。对事故或者近似事故的危象进行分析，特别有助于识别容易诱发错误的情况，同时也能方便地查找出系统中存在的而又需用较复杂的研究方法才能发现的问题。

⑥相关分析法。在分析方法中，常常要研究两种变量，即自变量和因变量。用相关分析法能够确定两个以上的变量之间是否存在统计关系。利用变量之间的统计关系可以对变量进行描述和预测，或者从中找出合乎规律的东西。例如，对人的身高和体重进行相关分析，便可以用身高参数来描述人的体重。统计学的发展和计算机的应用使相关分析法成为人机工程学研究的一种常用方法。

⑦调查研究法。目前，人体工程学专家还采用各种调查方法来抽样分析操作者或使用者的意见和建议。这种方法包括简单的访问、专门调查、精细的评分、心理和生理学分析判断以及间接意见与建议分析等。

8.1.5 全身施力的要求

全身施力应符合以下要求，如图 8-2 所示，不同测量条件下，单手及双手可以的负载。

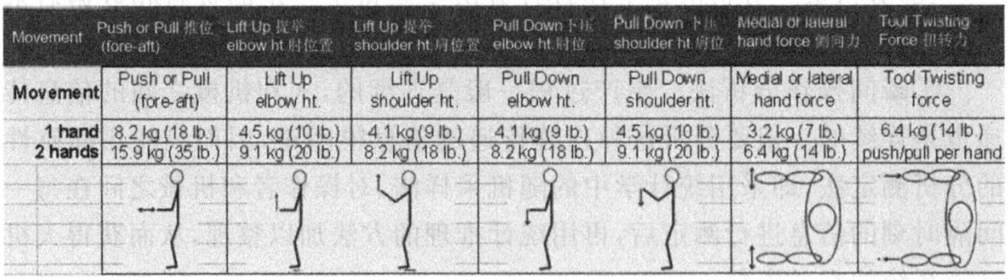

Movement	Push or Pull 推位 (fore-aft)	Lift Up 提举 elbow ht 肘位置	Lift Up 提举 shoulder ht 肩位置	Pull Down 下压 elbow ht 肘位	Pull Down 下压 shoulder ht 肩位	Medial or lateral hand force 侧向力	Tool Twisting Force 扭转力
Movement	Push or Pull (fore-aft)	Lift Up elbow ht.	Lift Up shoulder ht.	Pull Down elbow ht.	Pull Down shoulder ht.	Medial or lateral hand force	Tool Twisting force
1 hand	8.2 kg (18 lb.)	4.5 kg (10 lb.)	4.1 kg (9 lb.)	4.1 kg (9 lb.)	4.5 kg (10 lb.)	3.2 kg (7 lb.)	6.4 kg (14 lb.)
2 hands	15.9 kg (35 lb.)	9.1 kg (20 lb.)	8.2 kg (18 lb.)	8.2 kg (18 lb.)	9.1 kg (20 lb.)	6.4 kg (14 lb.)	push/pull per hand

图 8-2　不同条件下的全身施力

8.1.6 加工任务高度

加工任务高度是基于“肘高度”，并与其所做的工作相关。肘高度的定义是手臂在肘部处弯曲 90°并放置在身体侧面时肘与地面的距离（立姿）。

以下是推荐的立姿操作时的工作任务高度的指导。

(1)对于精确加工,任务应当在肘高度以上 0～10.2cm 进行,并尽可能提供前臂有衬垫的休息处。

(2)对于轻型工作,任务应当在肘高度以下 0～10.2cm 进行。

(3)对于需要向上或者向下施加大力的任务应当在肘高度以下 10.2～20.4cm 处进行,如图 8-3 所示。

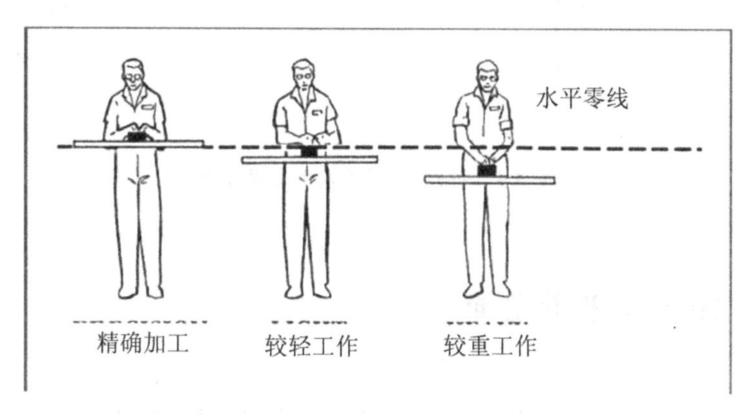

图 8-3 加工任务高度

8.1.7 把手、手枪式把手人机工程分析

(1)把手应该与工具的重心位于同一条直线上,关于这点在应用时必须注意。

(2)如果可能考虑可调节或可互换的把手,以适应各种操作者。

(3)把手与对准轴之间的推荐角度应当是 100°(手枪式把手)或 180°(直线式把手)。在具体的应用中可考虑其他的中间角度。

(4)建议把手宽度应当在 2.8～6.4cm。

(5)工具把手的长度应当至少为 14cm 以上。

(6)工具把手上应当有一个凸台,防止手从把手上滑脱。

(7)工具把手不许有指槽,如图 8-4 所示。

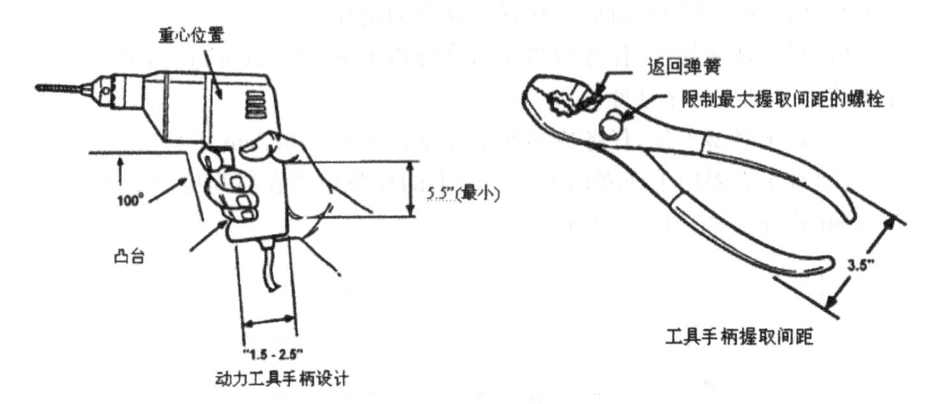

图 8-4　手枪式、把手人机工程分析

8.2　Human 模块菜单

点击 Robcad，单击 Human 进入 Human 模块，在该模块中完成人机工程学的大部分工作。

8.2.1　Environment 菜单的简单介绍

人机工程环境设置，激活被操作的人体模型，如图 8-5 所示。

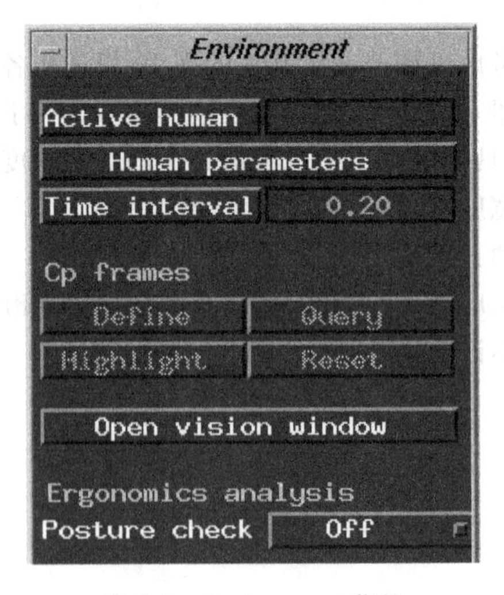

图 8-5　Environment 菜单

(1)Active human:人体激活指令,选择人体模型。

(2)Human parameters:人体参数设置。其中设置 Weight:重量;Age:年龄;Conditioning:条件;Step size:步距尺寸,如图 8-6 所示。

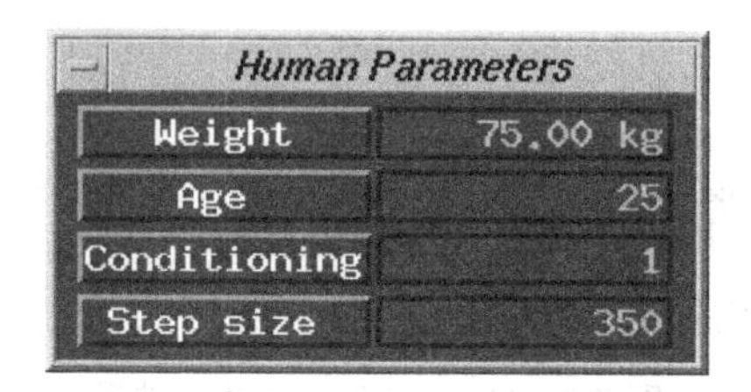

图 8-6　Human Parameters 窗口

(3)Time interval:仿真时速率设置。

(4)Cp frame:人体手、脚、CP 坐标定义命令。

①Define:定义左右手、左右脚,如图 8-7 所示。

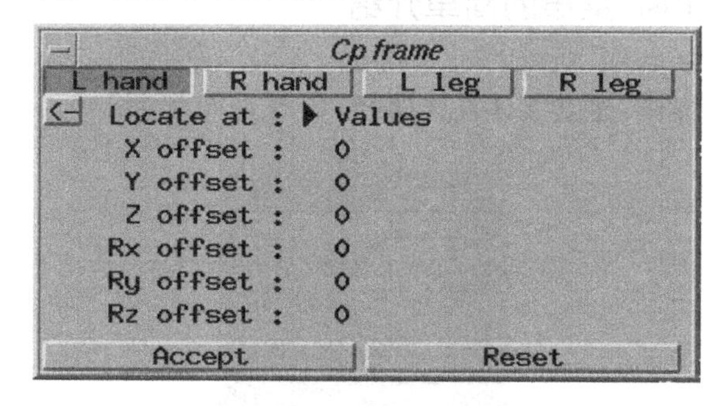

图 8-7　手、脚的 CP 坐标定义

②Query:查询,如图 8-8 所示。

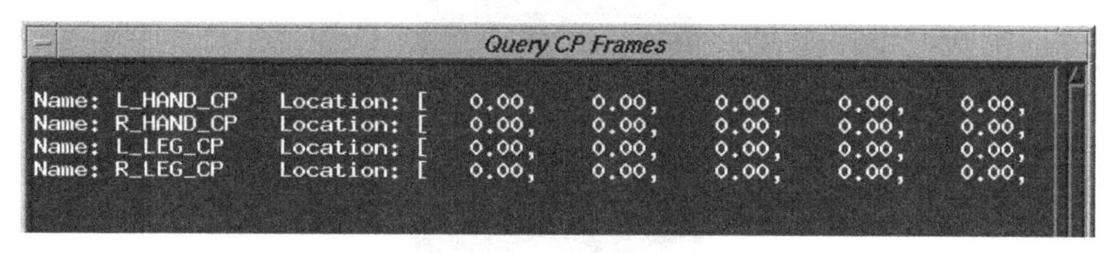

图 8-8　左右手、左右脚的坐标输出

③Highlight:高亮显示当前人体各坐标系。

④Reset:清除高亮显示。

⑤Open vision window:打开一个人体视角窗口,选择人体模型,是新开一个窗口还是在现有窗口中打个视角窗口,如图 8-9 所示。这个窗口内容随着人的头部移动而移动。

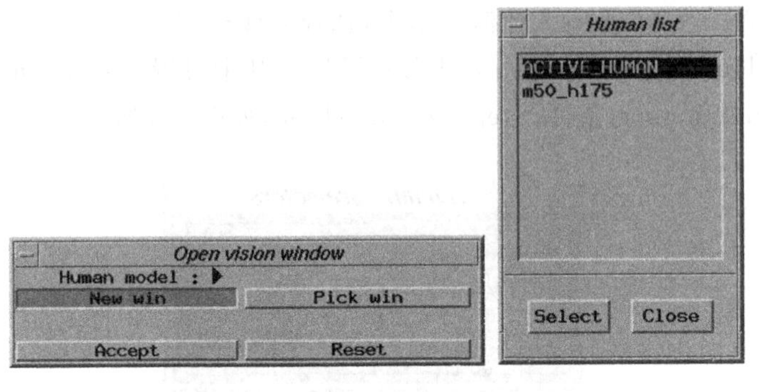

图 8-9　Open vision window 选项

(5)Ergonomics analysis 部分：Posture check：人机操作姿态分析开关，关闭、只是检测、检测并停止。

8.2.2　Task 菜单的简单介绍

人机作业操作，建立人体操作路径，如图 8-10 所示。

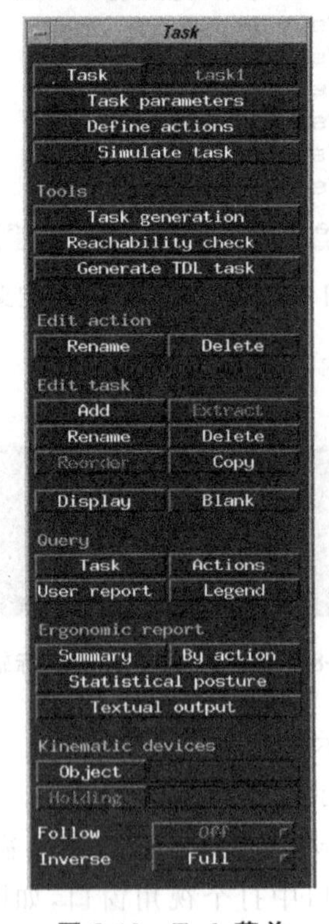

图 8-10　Task 菜单

(1)Task:创建或打开人机作业路径。

(2)Task parameters:定义人机作业参数,如图 8-11 所示。

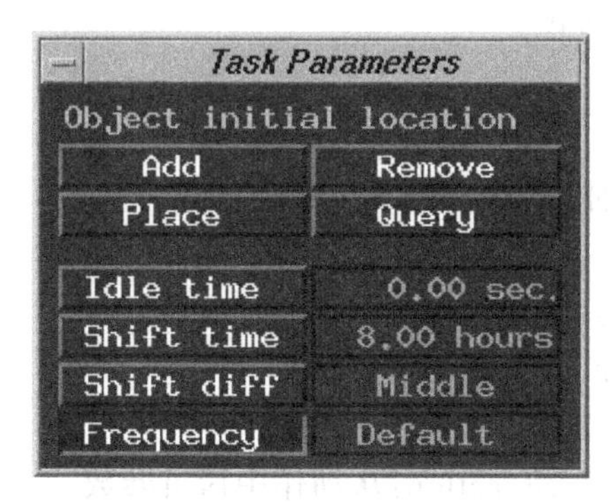

图 8-11 Task parameters 窗口

①Add:增加初始位置。

②Remove:移除初始位置。

③Place:放置到初始位置。

④Query:查询。

⑤Idle time:空闲时间。

⑥Shift time:工作时间。

⑦Shift diff:工作负载。

⑧Frequency:工作频次。

(3)Define actions:定义人机作业动作,如图 8-12 所示。

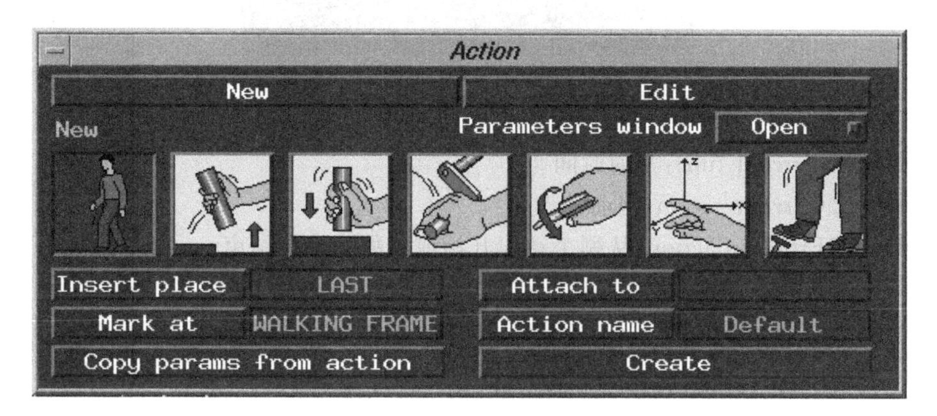

图 8-12 Define actions 窗口

新建或编辑动作:

①Walk:步行。

②Get：获取。

③Put：放置。

④Crank：曲柄回转。

⑤Turn：旋转。

⑥Reach Hand：伸手(按)。

⑦Reach Leg：伸脚(踩)。

⑧Insert place：插入位置。

⑨Attach to：与谁贴合。

⑩Mark at：标识在哪个坐标系。

⑪Action name：动作名称。

⑫Copyparams from action：从动作中拷贝参数。

(4)Simulate task：运动仿真人机作业路径，如图 8-13 所示。

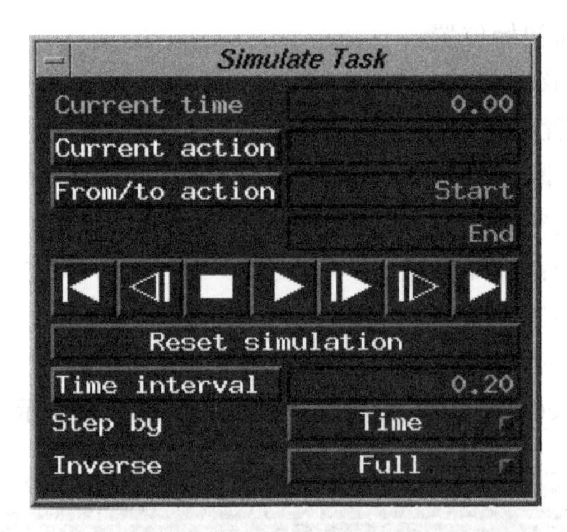

图 8-13　Simulate Task 窗口

①Current time：当前时间。

②Current action：当前动作。

③From/to action：从哪个动作开始或到哪个动作结束。

④ 仿真播放工具条。

⑤Reset simulation：重新初始化仿真参数。

⑥Time interval：速度控制参数。

⑦Step by：通过时间控制步进。

⑧Inverse：反转。

(5)Tools：常用工具。

Task generation：Task 生成，如图 8-14 所示。

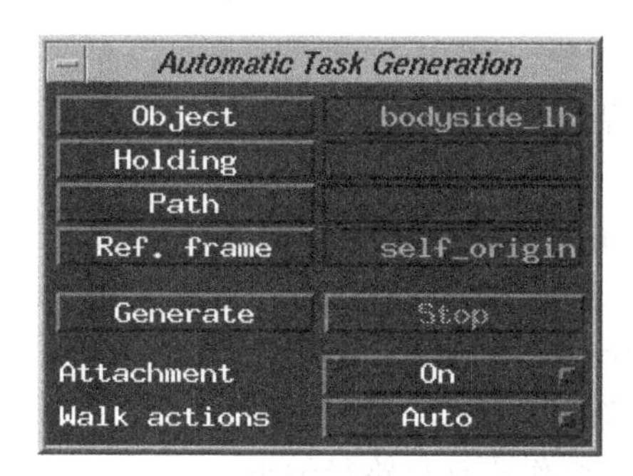

图 8-14　Task generation 窗口

①Object：选择对象。

②Holding：保持。

③Path：路径。

④Ref. Frame：参考坐标系。

⑤Generate：生成。

⑥Stop：停止。

⑦Attachment：附件状态。

⑧Walk actions：步行动作是自动的。

Reachability check：可达性验证，如图 8-15 所示。

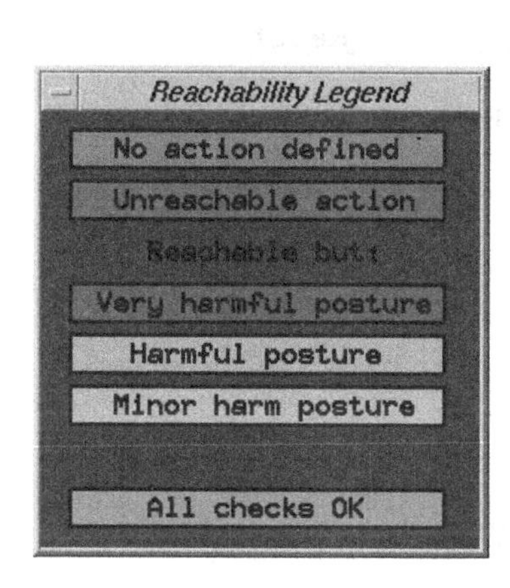

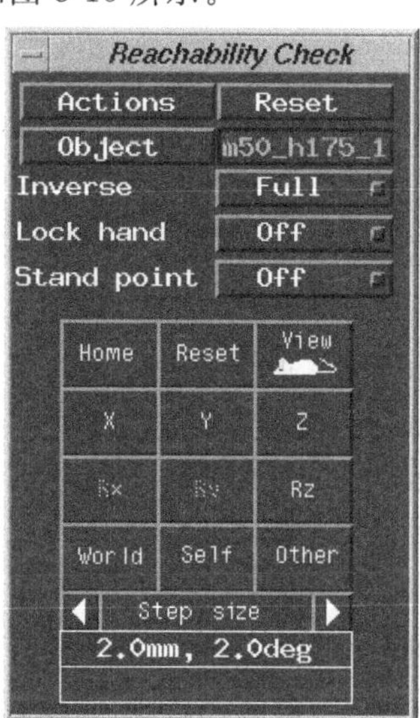

图 8-15　Reachability Check 窗口

①Actions：选择动作。

②Reset：复位。

③Object:选择对象。

通过下面的世界坐标系、自身坐标系、其他坐标系对当前对象进行平移或旋转。

Generete TDL task:指定名称后,生成 TDL 任务。

(6)Edit action:编辑动作。

①Rename:重命名。

②2)Delete:删除。

(7)Edit task:人机作业路径路径编辑。

①Add:增加,如图 8-16 所示。

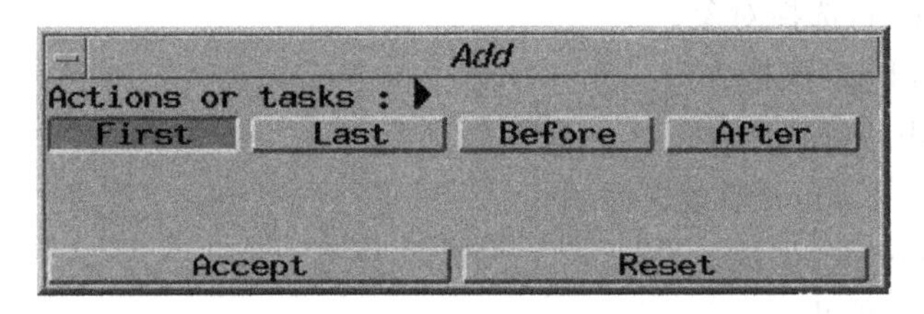

图 8-16　Add 窗口

②Extract:移除部分,如图 8-17 所示。

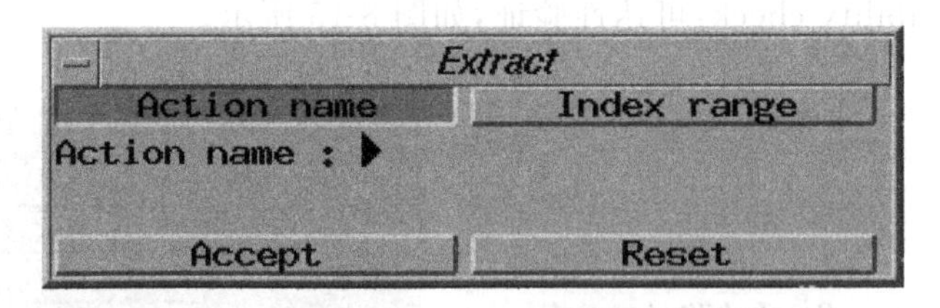

图 8-17　Extract 窗口

③Rename:重命名。

④Delete:删除。

⑤Reorder:生新排序。

⑥Copy:拷贝。

⑦Display:显示。

⑧Blank:隐藏。

(8)Query:查询,人机作业路径信息显示。

①Task:任务查询。

②Actions:动作查询。

③User report:用户报告。

④Legond:各动作颜色标识设置。

(9)Ergonomic report:人体工程学报告。

①Summary:整体输出,包含 TIME、ENERGY、NIOSH 等分析,如图 8-18 所示。

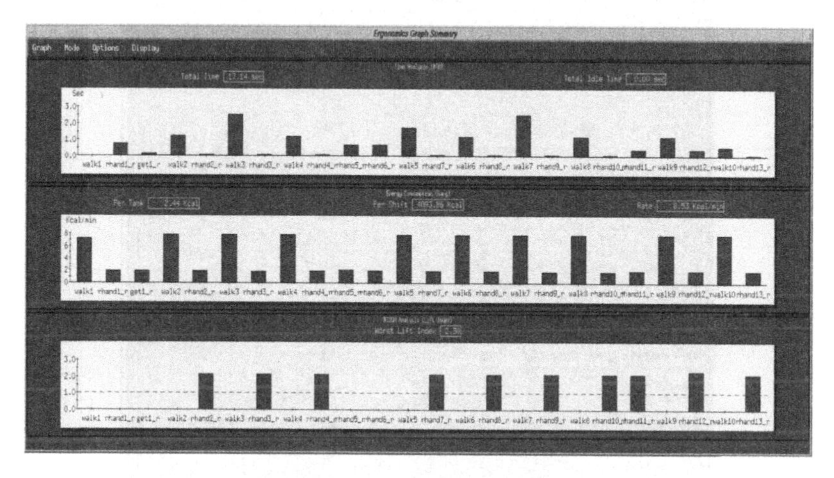

图 8-18　Summary 输出

②By action:按行动输出,如图 8-19 所示。

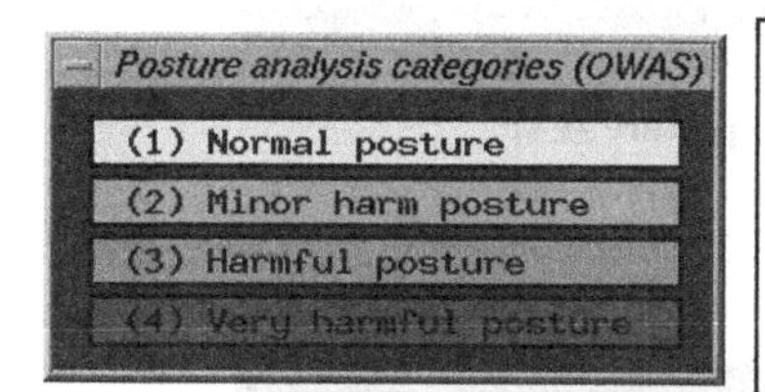

Posture analysis categories（OWAS）有4种显示。（1）Normal posture人体正常姿态；（2）Minor harm posture人体舒适姿态；（3）Harmful posture人体困难姿态；（4）Very harmful posture：人体非常困难姿态。主要是通过不同的颜色来显示。

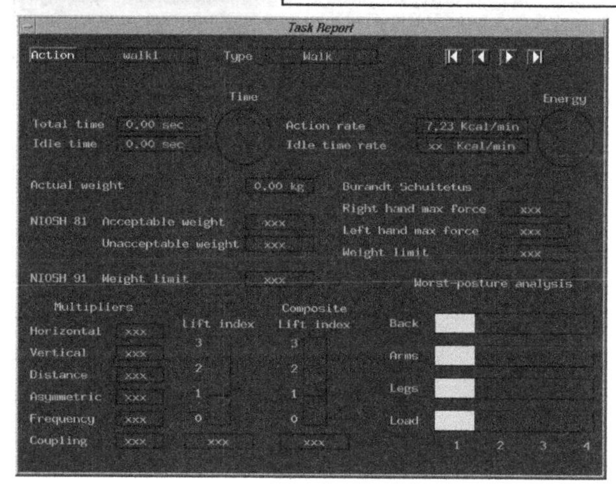

图 8-19　By action 输出

③Statistical posture：统计姿态，如图 8-20 所示。

Statistical Posture Analysis

Statistical Posture Analysis

Body Region	Percentage	Category
Back		
Straight	95.92	1
Forward	4.08	1
Twisted	0.00	1
Bent & twisted	0.00	1
Arms		
Both arms below shoulder level	100.00	1
One arm at or above shoulder level	0.00	1
Both arms at or above shoulder level	0.00	1
Legs		
Sitting	0.00	1
Standing with both legs straight	25.51	1
Standing with one leg straight	0.00	1
Standing with both legs bent	0.00	1
Standing with one leg bent	0.00	1
Kneeling on one or both knees	0.00	1
Walking	74.49	1
Head		
Free	81.63	1
Bent forward	18.37	2
Bent sideways	0.00	1
Bent backward	0.00	1
Turned to the side	0.00	1

Action Category 1 - The work posture is normal.
Action Category 2 - The work posture may have some harmful effects.
Action Category 3 - The work posture has a harmful effect.
Action Category 4 - The work posture has a very harmful effect.

图 8-20　Statistical posture 统计

④Texual Output：文本输出，如图 8-21 所示。

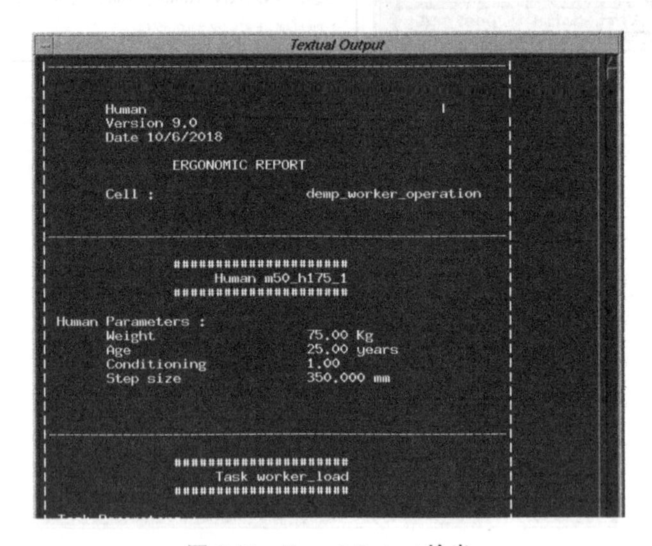

Textual Output

Human
Version 9.0
Date 10/6/2018

ERGONOMIC REPORT

Cell :　demp_worker_operation

######################
Human m50_h175_1
######################

Human Parameters :

Weight	75.00 Kg
Age	25.00 years
Conditioning	1.00
Step size	350.000 mm

######################
Task worker_load
######################

图 8-21　Texual Output 输出

(10)Kinematic devices:机械单元。

①Object:选择对象。

②Holding:拿着。

(11)Follow:是否跟随。

(12)Inverse:反转。

8.2.3　Human 常用工具箱指令介绍

主要完成人体姿态调整与操作,如图 8-22 所示。单击按钮。

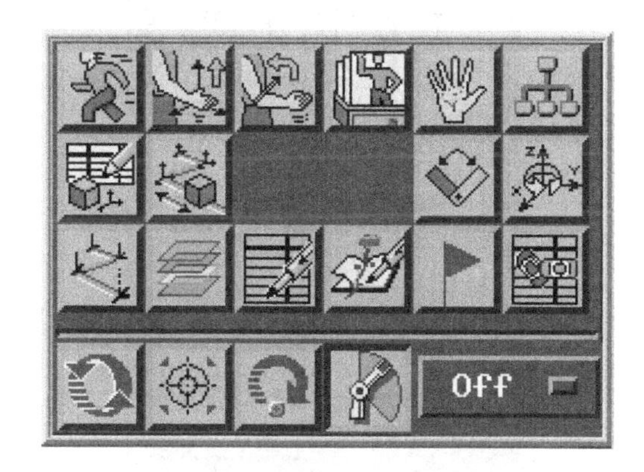

图 8-22　Human 常用工具箱

(1)Man Motion:移动命令,如图 8-23 所示。

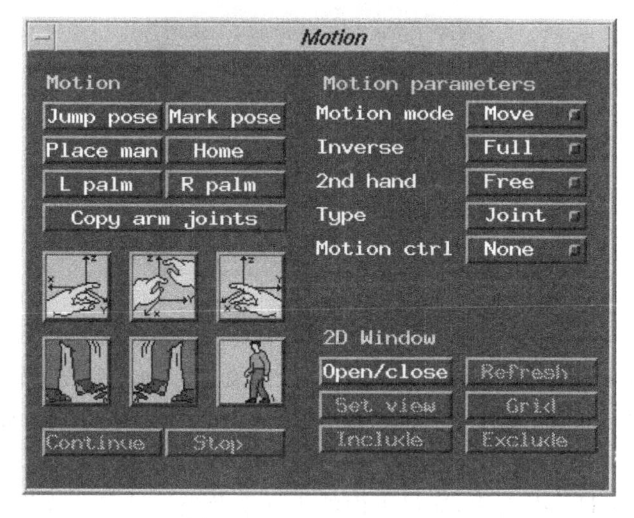

图 8-23　Man Motion 窗口

①Jump pose:跳转到位置。

②Mark pose:标识位置。

③Place man:放置人体模型。

④Home:原点。

⑤L palm:左手掌。

⑥R palm:右手掌。

(2)Man Jog:人体手、脚姿态编辑命令,如图 8-24 所示。

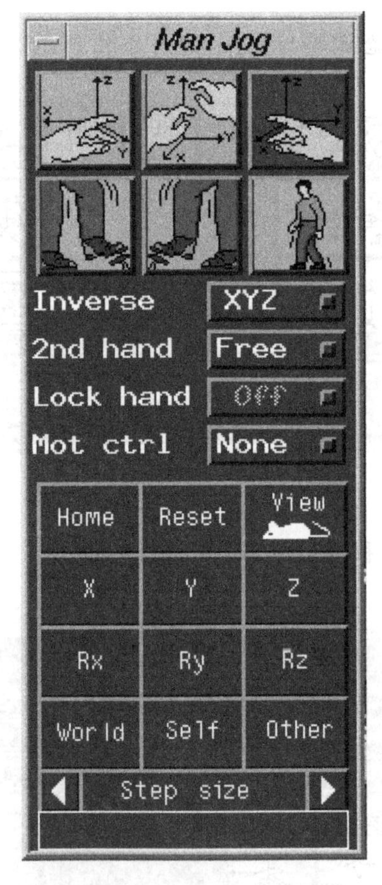

图 8-24　Man Jog 窗口

①Left Hand:左手,通过下面的坐标系及坐标轴移动或旋转左手。

②Both Hands:左右手同步,通过下面的坐标系及坐标轴移动或旋转左右手。

③Right Hand:右手,通过下面的坐标系及坐标轴移动或旋转右手。

④Left Leg:左脚,通过下面的坐标系及坐标轴移动或旋转左脚。

⑤Right Leg:右脚,通过下面的坐标系及坐标轴移动或旋转右脚。

⑥Walk:通过下面的坐标系及坐标轴移动或旋转对象。

⑦Inverse:相反地。

⑧2nd hand:第 2 只手的状态。

⑨Lock hand:是否固定手的状态。

⑩Mot ctrl:运动控制。

(3)Man Posture Editor:人体姿态编辑命令,如图 8-25 所示。人体各关节的编辑。

(4)Man Posture Library:人体姿态标准库,如图 8-26 所示。人体姿态标准库,可自己定义人体姿态后加入进来。

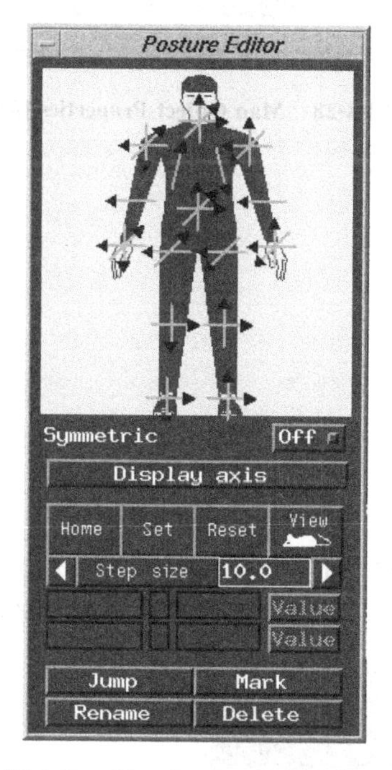

图 8-25　Man Posture Editor 窗口

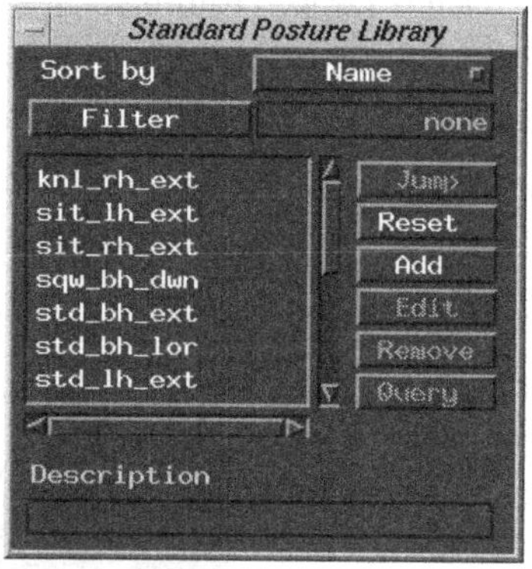

图 8-26　Man Posture Library 窗口

(5)Man Grasp:人体手势标准库,如图 8-27 所示。控制人体模型的手指动作。

(6)Man Object Properties:人体对象属性,如图 8-28 所示。

①Object:选择对象。

②Weight:对象重量。

③Right grasp:右手手势。

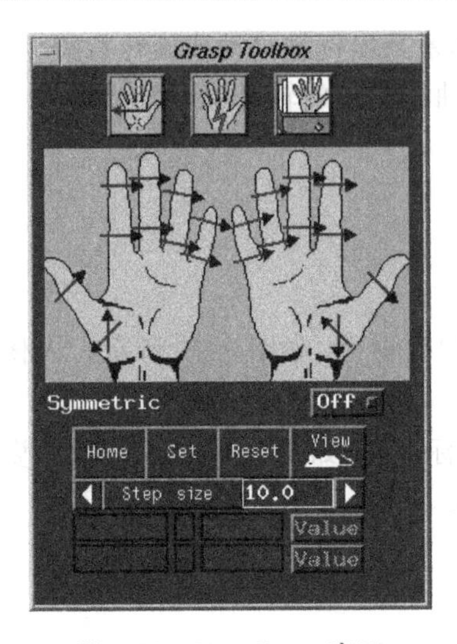

图 8-27　Man Grasp 窗口

图 8-28　Man Object Properties 窗口

④Left grasp:左手手势。

⑤Create:创建 Holding 姿态。

⑥Renamed:重命名 Holding。

⑦Delete:删除 Holding。

⑧Query:查询 Holding。

⑨Display:显示 Holding。

⑩Blank:隐藏 Holding。

⑪Jump to holding:跳转到 Holding。

⑫Display in new window:在新窗口中显示。

(7)Man Flow:人体运动路线,如图 8-29 所示。模拟人体在路径动作。

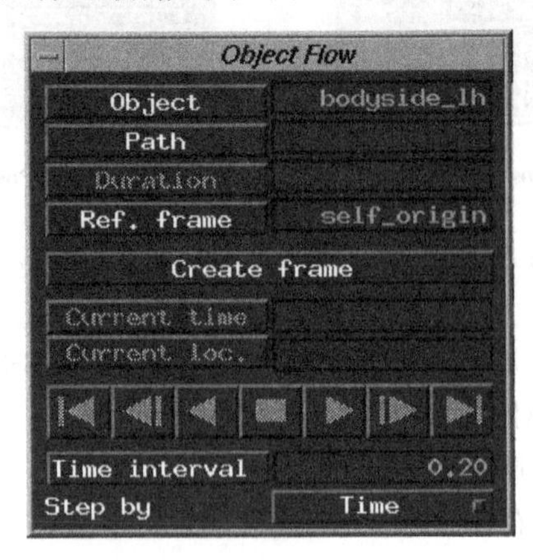

图 8-29　Man Flow 窗口

8.3 人体姿态分析

人体姿态分析是人机工程学非常重要的一步，是为后续决策提供理论支持的数据，也是项目审核时必须包含的要项。可制作人体状态分析文档，也可制作动作的仿真视频。

8.3.1 人体可视视角

图 8-30 所示的左上角视图，通过一个视角窗口，仿真人的视角范围。有助于了解当前姿态下可以看到什么。

8.3.2 人体操作姿态

一般必须输出主视角、俯视角、三维视角共 3 个视角。仿真完成后通过不同的颜色展示人体的舒服状态，具体见 8.2.2 小节的介绍。如图 8-30 所示，右下为主视图（展示作业高度），左下为俯视图（体现工人与零件的相对位置关系），右上为三维视图（整体观看人的姿态）。

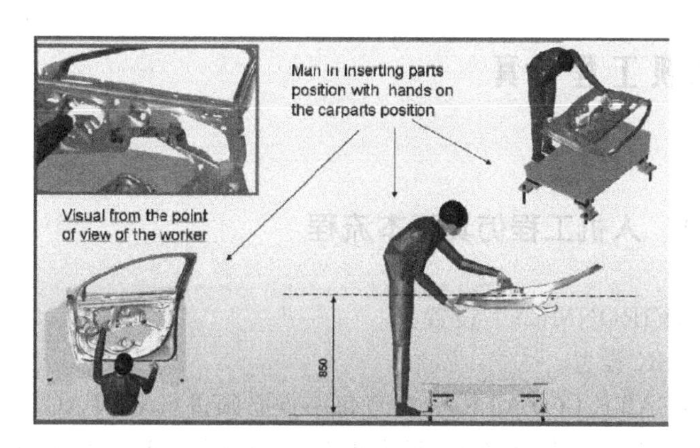

图 8-30 人体操作姿态

注意：人体非常困难的姿态一定不被允许，这时劳动效率非常低，同时容易损伤身体。

8.3.3 人体操作高度(手操作高度)

操作不同对象时,分别标注出手的高度,如图 8-31 所示,只简单用手动操作 C 型焊枪来描述。

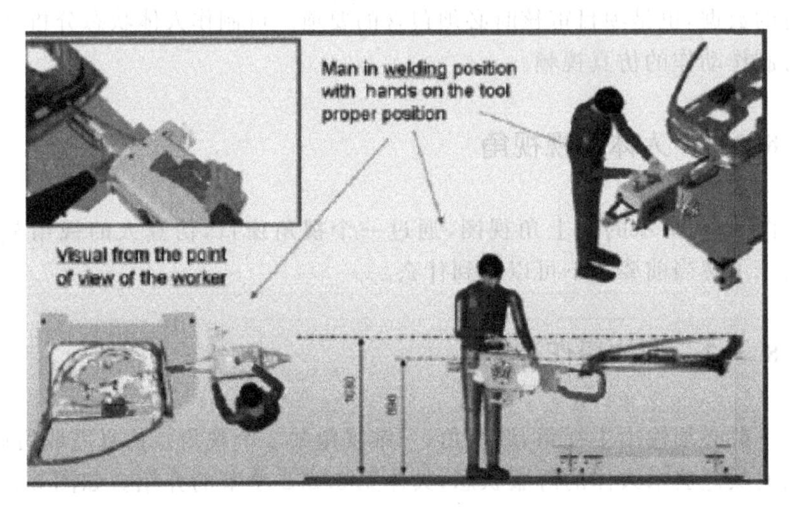

图 8-31 人体操作高度

8.4 人机工程仿真

8.4.1 人机工程仿真基本流程

(1)ENVIRONMENT 设置。

(2)TASK 设置。

(3)CREATE LOCATION 注意每个点必须进行 DETAC。

(4)重复建立整个路径点,每个点都必须进行 DETACH,关键点的选择采用 PICK:SELF ORIGIN 方式,关键点也需重新命名,方便后继人员理解。

(5)CREATE PATH 把刚才建立的点生产一条路径。

(6)OBJECT FLOW 的建立。

(7)MAN JOG 的建立,左手势、右手势的建立及保存。

①GRASP TOOLBOX 的应用。

② POSTURE EDITOR 的应用。

(8)MAN OBJECT PROPERTIES 注意是 BOTH 双手同时建立，创建的 HOLDING 点。

(9)MOTION。

(10)CREATE TASK 功能路径的建立：

AUTOMATIC TASK GENERATION。

(11)DEFINE ACTION NEW 标签页：

① 开始点一般为 GET(拿取物品)，注意此时用单步进给的方式，保证手在物品上。

② 结束点一般为 PUT(放置物品)，注意建立这个动作时，必须保证 HUMAN 走到当前路径点。

(12)DEFINE ACTION EDIT 标签页调整人与夹具的合理路线：WALK TYPE 由 REGULAR(正规)改为 SIDEWAYS(沿路线)，所有的 WALK TYPE 都需进行更改(或想办法改成默认值)。

(13)SOP 的设置：

① 先进行保存。

② 在 OPERATION 中，TYPE 选择 MANUAL。

dainty 为保证动作真实，请使用物品的显示与隐藏设置。

技巧：

(1)先建立物品的路径，再把人物品路径关联起来。

(2)随时注意 DETACH 的应用。

注意：一些相配件的配合(如导轨)。

8.4.2　手动焊接人机工程仿真流程

手动焊接时焊枪挂架与人工操作。

(1)安装机器人到 BALACE(把 BALANCE(助力索臂)这个机械结构看成一个机器人，或在前期设置时，把其设置成机器人)。

(2)导入焊点，注意导入焊点时坐标系的选择，删除多余焊点，由于是 2 个制件，焊点需导入 2 次。

(3)焊点投影，焊点投影后注意 Z 轴和 X 轴的方向，进行调整。

(4)生成焊接路径。

(5)调整焊接路径是否有干涉，增加中间过渡点和导入点、导出点(机器人调整到位置后，按 MARC 按键)。

(6)调整点坐标时,尽可能的行动 Z 轴再动 X 轴,点的位置与实际示教的位置接近,如图 8-16 所示。

8.5 小结

人机工程学是本软件的重要功能,是生产线设计的关键考核指标,与机器人仿真一样,这部分更多的是对人进行仿真,在生产线上有人操作时,这部分是必须仿真。

8.6 练习

(1)导入不同的人体模型。

(2)操作人体模型手、脚动作。

(3)操作人体模型整体移动。

(4)生产人体移动的轨迹路线。

第9章　其他常用模块及其他常用焊接技术

ROBCAD软件在Application中提供了很多应用，如图9-1所示，有Arc、Cables、Calibration、Cut_and_Seal、Paint、CMM、Process-Integ。本章简重点绍Arc、Cables功能，Cut_and_Seal应用比较重要，单独在第10章进行介绍。

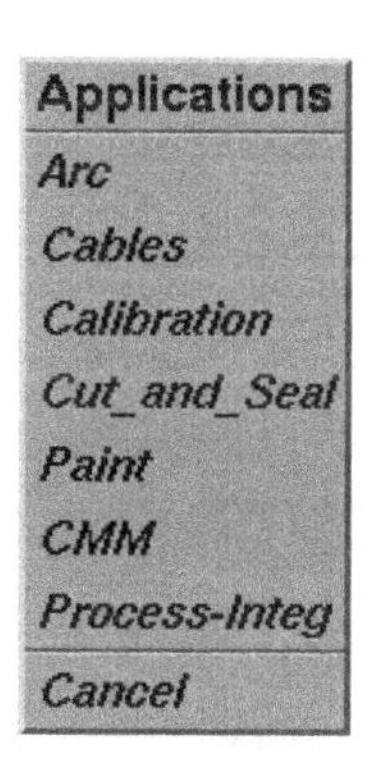

图9-1　Application应用类别

9.1　Arc弧焊应用

弧焊是机器人常用的功能，弧焊常用的MIG焊接或MAG焊接，都是属于弧焊的一种。

(1)MIG就是Metal Inert Gas Welding即熔化级惰性气体保护焊，多为氩气、氦气等惰性气体保护的自动送丝电弧焊。

(2)MAG就是Metal Active Gas Welding即熔化级活性气体保护焊，多为CO_2混合气体保护的自动送丝电弧焊。

电弧在保护气体的压缩下热量集中，焊接速度快，熔池小，热影响区窄，焊件焊后变形小，抗裂性能好，尤其适合薄板焊接，且焊后不需清渣，引弧操作便于监视和控制，有利于实现焊接过程机械化和自动化。所以在汽车焊接行业中广泛采用弧焊。一般汽车焊接使用CO_2气体保护焊，如图9-2和图9-3所示。

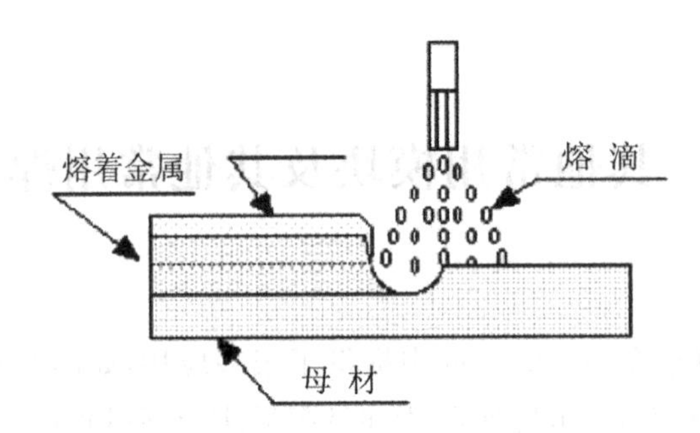

图 9-2 电弧焊说明示意图

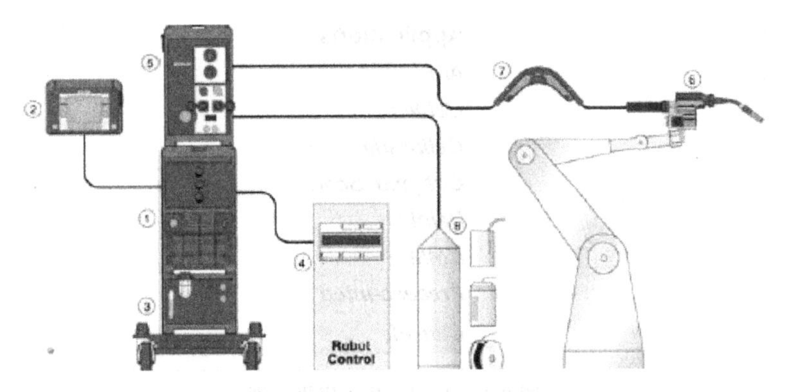

图 9-3 CO_2气体保护弧焊机器人自动化操作

9.1.1 CO_2气体保护焊注意事项及要求

CO_2气体保护焊有夹渣、气孔、咬边、未融合(假焊)、焊瘤、飞溅、焊穿等缺陷。

(1)焊缝外观检验:焊缝表面应平滑,不应有焊渣、焊丝头、裂纹、密集气孔、大弧坑、烧穿、深咬边、边缘未焊透等缺陷,但允许局部有不高于 1mm 焊瘤。

(2)焊接过程:

①按工艺要求装夹工件,保证贴合间隙不超过 3mm。发现问题及时解决。

②对于瓶装普通 CO_2气体,每班焊前需首先放气 2~3s(方法:接通主机和送丝机后,先打开气瓶气阀,再打开焊机通气按钮 2~3s 后,再接焊接电源)。

③起弧应在距焊缝 2~5mm 处,严禁在工件或夹具的工件面上打弧。

④定时查看气体的压力，对于瓶装普通 CO_2 气体，气压降到 0.98 个大气压时，应停止使用。

⑤为避免和消除弧坑、气孔和裂纹缺陷的产生，收弧时应填满弧坑。

(3)焊后：

①去除焊接毛刺和飞溅物。

②自检焊接质量和焊接尺寸。

弧焊后的效果一般如图 9-4 所示。

图 9-4　弧焊后的效果

9.1.2　Arc 应用菜单

操作步骤：BOBCAD→Applications→Arc，如图 9-5 所示。

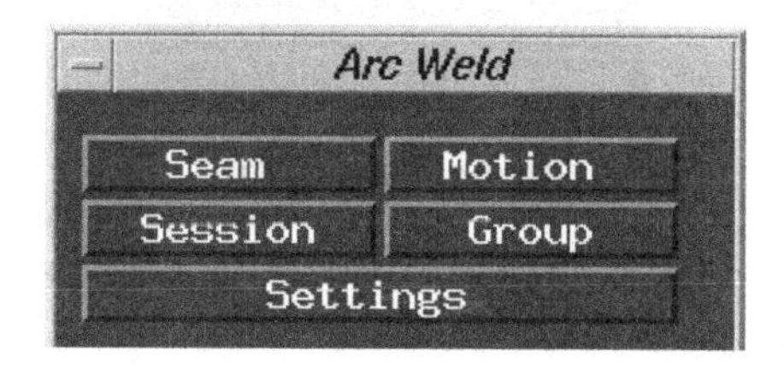

图 9-5　Arc 应用菜单

9.1.2.1　Seam：焊缝

主要进行焊缝的相关设置，如图 9-6 所示。

(1)Creation：创造。

①Convert：转变为焊缝。

②Import：导入焊缝。

(2)Editing：编辑。

①Delete：删除。

②Interpolate：插入。

③Insert：插入，在 SEAM 中插入 LOCATION。

④Reverse：反转。

图 9-6 Seam 菜单

⑤Flip:换向。

⑥Join:线条合并。

⑦Split:线条分段。

⑧Redefine base & side:重新定义基点与边。

⑨Copy/moveworkpiece:从零件拷贝。

⑩Torch at locations:在位置点起火。

⑪Remove dummy torches:移除起火状态。

(3)Features:特征。

①Seam type:焊缝类型。

②Layers:分层。

③Display:显示。

④Search:查找。

⑤Ext. Search:扩展查找。

⑥Airlocs:吹气位置。

⑦End crater:结束起火。

⑧Update Airlocs:更新吹气位置。

⑨Connecting seams:连接焊缝。

(4)Query:查询。

①Location:位置查询。

②Seam:焊缝查询。

③Orientation:原点查询。

(5)Groove structure:创建沟槽。

Define groove structure:定义沟槽。

(6)Table update:表格更新。

①Table type:表格类型。

②Table:指定表格。

③Show table:显示表格。

④Edit table:编辑表格。

9.1.2.2　Motion:运动

主要进行机器人控制,如图 9-7 所示。

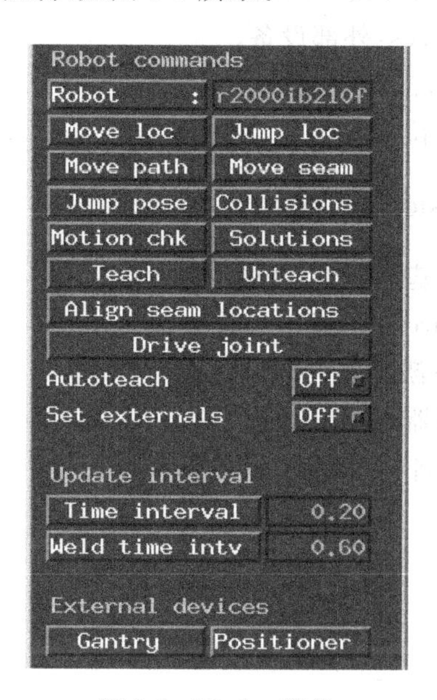

图 9-7　Motion 菜单

(1)Robot commands:机器人指令。

①Robot:选择设置机器人。

②Move loc:沿位置点移动。

③Jump loc:跳转位置点。

④Move path:沿路径移动。

⑤Move seam:沿焊缝路径移动。

⑥Jump pose:跳转到某姿态。

⑦Collisions:碰撞设置。

⑧Motion chk:运动检测。

⑨Solutions:溶液。

⑩Teach:示教到位置。

⑪Unteach:某位置不在示教。

⑫Align seam locations:对齐焊缝与位置点。

⑬Driver joint:驱动某一关节。

⑭Autoteach:自动示教选项。

⑮Set externals:外部设置选项。

(2)Update interval:更新间隔。

①Time interval:时间间隔。

②Weld time intv:焊接时间间隔。

(3)External devices:外部设备。

①Gantry:工作台。

②Postitioner:定位器。

9.1.2.3 Session:弧焊对话

主要完成弧焊的基本设置,如图 9-8 所示。

(1)Session features:Session 特征。

①Active:新建或激活某一 Session。

②Robot:选择机器人。

③Rename:重命名。

④Query:查询。

⑤Split:分割。

⑥Join:组合。

⑦Delete:删除。

⑧Edit:编辑。

(2)Session simulation:Session 仿真。

①Run:整体运行。

②Step:单步运行。

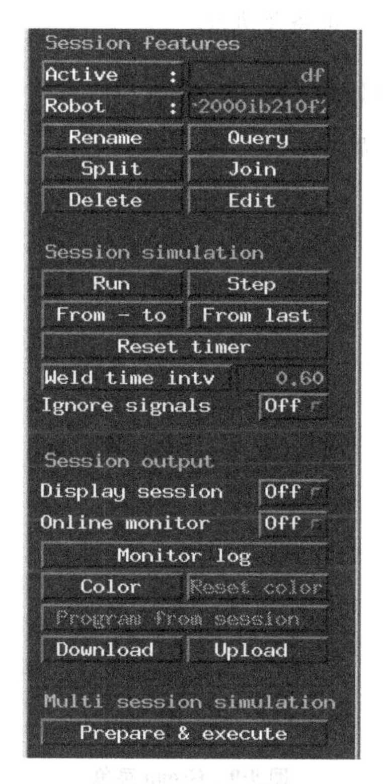

图 9-8　Session 菜单

③From-to：从那到那。

④From last：从最后。

⑤Reset time：复位时间。

⑥Weld time intv：焊接时间间隔。

⑦Ignore signals：忽略信号。

(3)Session output：Session 输出。

①Display session：显示 Session 选项。

②Online monitor：在线监控。

③Monitor log：监控日志。

④Color：颜色。

⑤Reset color：复位颜色。

⑥Program from session：从 session 生成程序。

⑦Download：下载。

⑧)Upload：上传。

(4)Multi Session simulation：多个 Session 仿真。

Prepare & execute:准备及执行。

9.1.2.4 Group:成组

主要进行组设置,如图 9-9 所示。

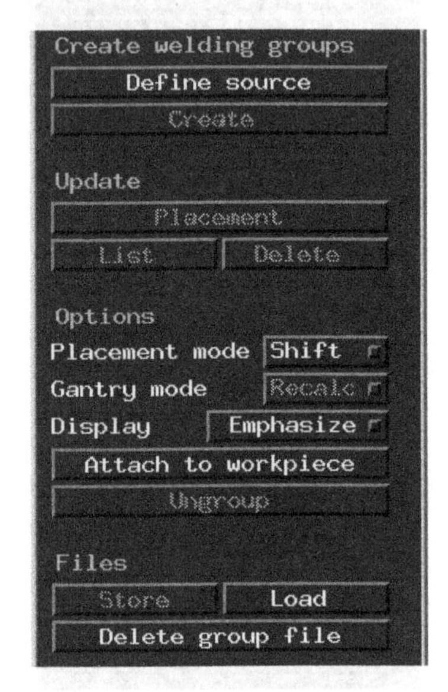

图 9-9 Group 菜单

(1)Create welding groups:创建焊接组。

①Define source:定义源。

②Create:创建。

(2)Update:钢锯条焊接组。

①Placement:放置。

②List:列表。

③Delete:删除。

(3)Options:选项。

①Placement mode:放置模式选项。

②Gantry mode:工作台模式。

③Display:显示模式。

④Attach toworkpiece:贴合到零件上。

⑤Ungroup:取消组合。

(4)Files:文件。

①Store:保存。

②Load:装载。

③Delete group file:删除组文件。

9.1.2.5　Settings:设置

完成其他的一般设置,如图 9-10 所示。

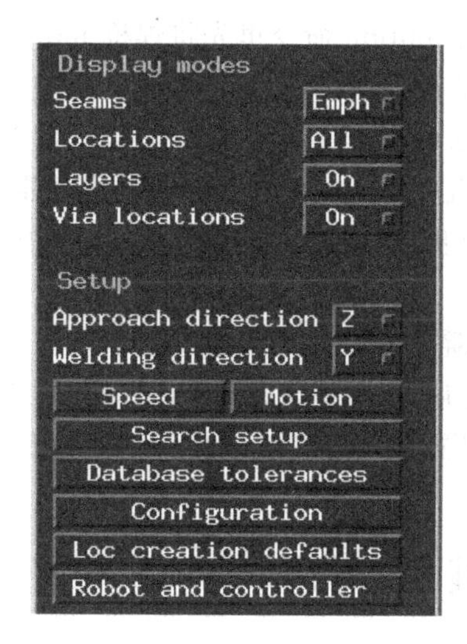

图 9-10　Settings 菜单

(1)Display modes:显示模式。

①Seams:焊缝显示。

②Locations:位置显示。

③Layers:层次显示。

④Via locations:中间点显示。

(2)Setup:设置。

①Approach direction:接近方向。

②Welding direction:焊接方向。

③Speed:速度 。

④Motion:运动类型。

⑤Search setup:查找设置。

⑥Database tolerance:数据公差。

⑦Configuration:配置。

⑧Loc creation defaults:创建位置点默认方式。

⑨Robot and controller:机器人及控制系统。

9.1.3 Arc 应用工作流程

(1)先将每个焊缝都添加直线。

(2)加载所需的单元,包括产品夹具、机器人及焊枪。

(3)Workcell 模块 motion 命令里先将焊枪 mount 到机器人里,然后定义 Tcpf,以及添加外部轴。

(4)过程点及状态可以利用 motion 命令里的 Mark Loc(机器人)和 Mark Comp(外部轴)记录,配合 Motion jog 调节机器人姿态。

(5)焊缝的均匀散步点,可以利用 Cut_and_Seal(涂胶)模块来定义(现场操作练习)。

(6)增加过渡点,避免机器人与产品发生干涉。

(7)设置完路径之后,设置 Location Attributes(路径的属性)。

(8)如果是多个机器人同时焊接,利用 sop,将每道工序分开按步进行。

9.2 Cables 管线包应用

此模块是建立运动中的缆线包仿真现实模拟状态,一般应用在以下几个场景:

(1)机器人端的线缆包仿真模拟。

(2)机器人端抓取涂胶枪涂胶时的胶管仿真示意。

(3)机器人正在抓取的工具,需要连接外部缆线包时的仿真示意。

(4)人工涂胶或人工点焊仿真线缆包示意。

(5)运动中的其他软管仿真。

9.2.1 Cables 管线包注意事项及要求

在进行这些线缆包的仿真时,占用计算机的资源非常大,需要使用非常好的工作站或高级工作站,才可能流畅地工作,所以一般很少使用,主要依据经验,判断线缆包的可行性,再到现场进行实际情况调节。但必须仿真时,也需完成,注意线缆包电子数据的贮备。

9.2.2　Cables 应用菜单

操作步骤：BOBCAD→Applications→Cables，如图 9-11 所示。

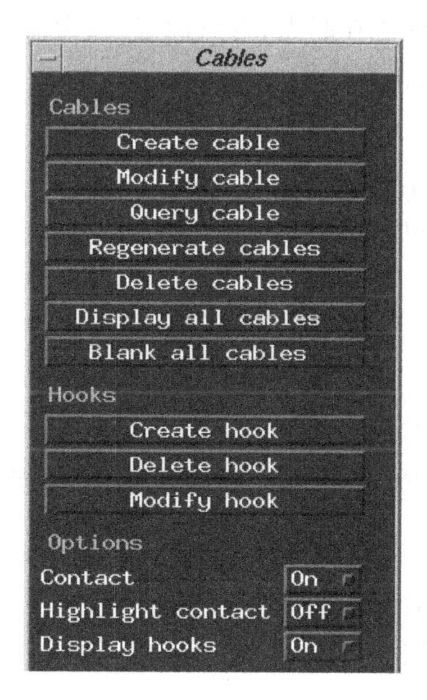

图 9-11　Cables 菜单

(1)Cables：线缆包设置。

①Create cable：创建线缆包。

②Modify cable：编辑线缆包。

③Query cable：查询线缆包。

④Regenerate cable：重新生成线缆包。

⑤Delete cable：删除线缆包。

⑥Display all cable：显示所有线缆包。

⑦Blank all cable：隐藏所有线缆包。

(2)Hooks：挂钩。

①Create hook：创建挂钩。

②Delete hook：删除挂钩。

③Modify hook：编辑挂钩。

(3)Options：选项。

①Contact：On 或 Off。

②Highlight contact：On 或 Off。

③Display hooks:On 或 Off。

9.2.3 Cables 应用工作流程

(1)先创建管线,注意在起点、终点确定,人为需设置长度,这个长度设置不好,将影响后续的仿真操作。

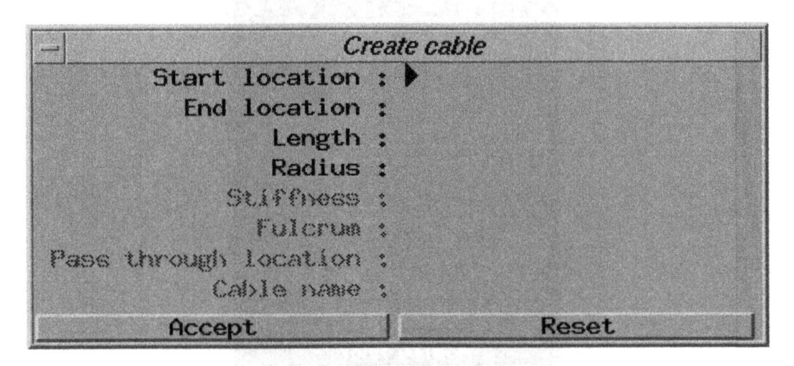

图 9-12 Create cable 窗口

(2)移动机器人,看管线的动作。

(3)根据机器人的仿真结果,重新确认管线的长度。

(4)再次仿真。

(5)确认管线的长度及半径。

9.3 其他常用应用中的工具指令

(1)Assembly 模块中 Section 截面命令,它与仿真布局中的 Layout 输出方法一样,只是属于另一种输出 Layout 的方法,此方法可以切出你需要的 Section,特别是需要切个断面图等,如图 9-13 所示。

操作步骤:ROBCAD→Assembly_Advanced 或 Assembly_Studies→Secton。

(2)Assembly 模块中 Volume Analysis 包络体分析,此命令是生成设备及物体的包络体状态,或是运动中的物体所经过的包络体范围。例如,一把焊枪或一个抓手,需要很容易区分它,使用 clearance 设置它的包络值,生成后就比较直观,或是一个运动的物体需要知道它的运动范围,如图 9-14 所示。

操作步骤:ROBCAD→Assembly_Advanced 或 Assembly_Studies→Volume analysis。

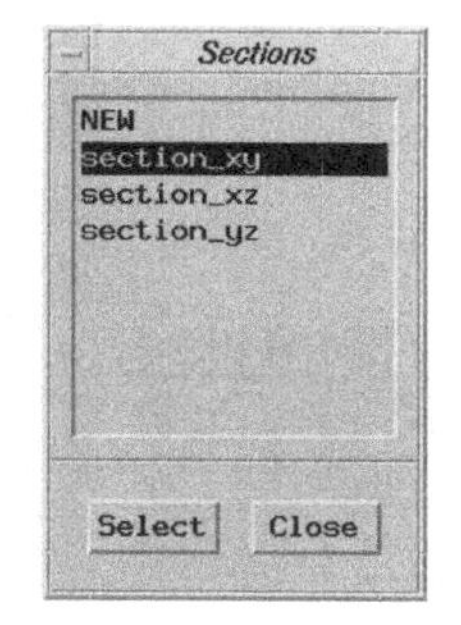

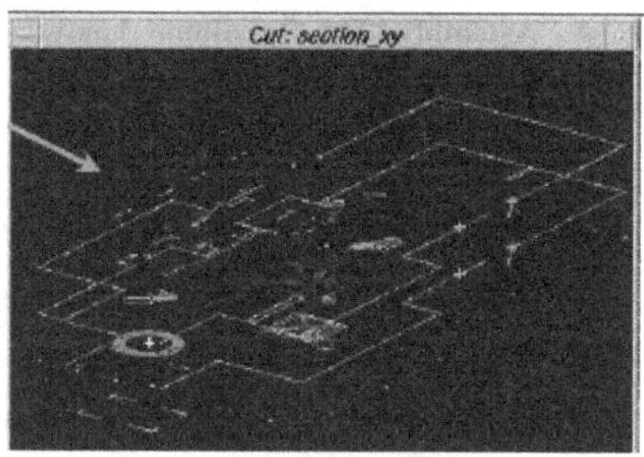

图 9-13　Assembly 模块中 Section 截面

9.4　其他常用焊接技术

为什么介绍这些常用焊接技术，实际上为实现这些技术，需要专门的设备，机器人不单单带动这些设备移动，同时机器人与设备之间可进行信号交互，以实现对设备的操作。所以这些技术也存在机器人仿真的问题。

9.4.1　固定焊枪

固定焊枪属于点焊的一种，一般使焊枪固定不动，而零件移动，所以称其为固定焊枪，如图 9-15 所示。

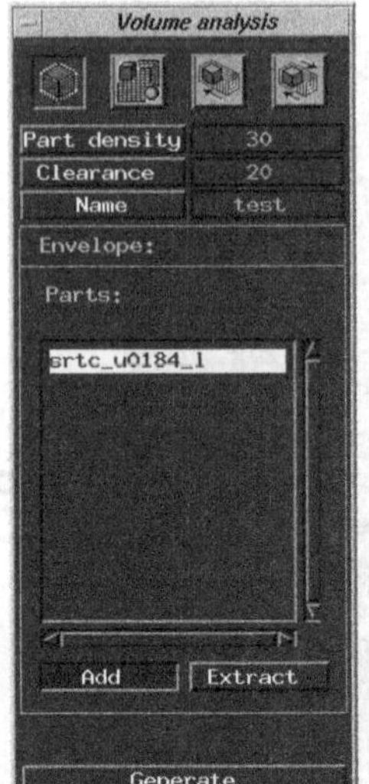

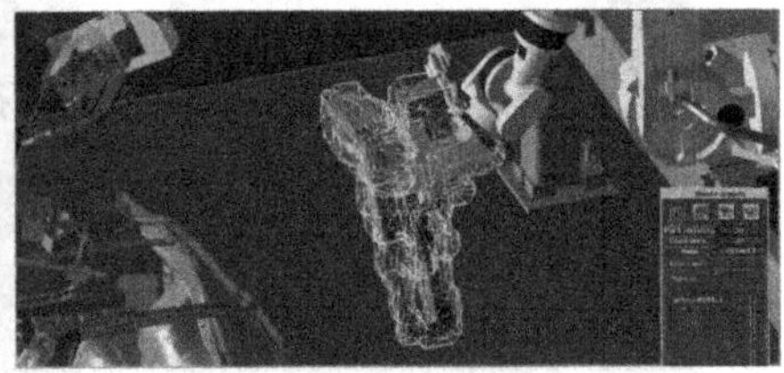

图 9-14 Assembly 模块中 Volume Analysis 包络体分析

图 9-15 固定焊枪

9.4.2 凸焊

凸焊主要用于焊接低碳钢和低合金钢的冲压件。凸焊的种类很多，除板件凸焊外，还有螺帽、螺钉类零件的凸焊、线材交叉凸焊、管子凸焊和板材T形凸焊等。凸焊是在焊接件的接合面上预先加工出一个或多个凸点，使其与另一焊接件表面相接触，加压并通电加热，凸点压溃后，使这些接触点形成焊点的电阻焊的方法。

凸焊与点焊相比具有以下优点：

(1)在一个焊接循环内可同时焊接多个焊点。不仅生产率高，而且没有分流影响。因此可在窄小的部位上布置焊点而不受点距的限制。

(2)由于电流密度集于凸点，电流密度大，故可用较小的电流进行焊接，并能可靠地形成较小的熔核。在点焊时，对应于某一板厚，要形成小于某一尺寸的熔核是很困难的。

(3)凸点的位置准确、尺寸一致，各点的强度比较均匀。因此对于给定的强度，凸焊焊点的尺寸可以小于点焊。

(4)由于采用大平面电极，且凸点设置在一个工件上，所以可最大限度地减轻另一工件外露表面上的压痕。同时大平面电极的电流密度小、散热好，电极的磨损要比点焊小得多，因而大大降低了电极的保养和维修费用。

(5)与点焊相比，工件表面的油、锈、氧化皮、镀层和其他涂层对凸焊的影响较小，但干净的表面仍能获得较稳定的质量。

凸焊的不足之处是需要冲制凸焊的附加工序；电极比较复杂；由于一次要焊多个焊点，需要使用高电极压力、高机械精度的大功率焊机。由于凸焊有上述多种优点，因而获得了极广泛的应用。

板件凸焊最适宜的厚度为 0.5～4mm。焊接更薄的板件时，凸点设计要求严格，需要随动性极好的焊机，因此厚度小于 0.25mm 的板件更易于采用点焊。

凸焊有以下 3 种形式：

(1)普通凸点焊，与普通点焊形式一样。

(2)螺母凸焊。

(3)螺柱凸焊，凸焊的位置精度取决于定位销与被焊接对象之间的配合精度，一般凸焊理论定位偏差最大为：螺母 0.2mm，螺栓 0.25mm。

螺母/螺柱凸焊中，因其加载螺母/螺柱不好实现自动化，原设备的螺母/螺柱凸焊形式一般人工操作比较常见。

随着自动化程度的提高，现在螺母/螺柱凸焊也实现了机器人自动化。

螺母/螺柱凸焊注意事项及要求如下：

(1)螺柱焊时，注意螺柱因未插入熔池而悬空、过热、磁偏吹、螺柱不垂直工件等现象。

(2)在凸焊螺母时，若凸焊螺母下电极定位销磨损严重(即螺母的螺纹孔被与它相焊的焊件挡住)应及时更换定位销或电极，如发现螺母孔部分被遮盖，应及时调整。

(3)凸焊螺母下电极定位销高度高出螺母时，应先修磨定位销，使其低于螺母 1～2mm，然后施焊。

(4)对不同规格的凸焊螺母选择相适应的电极,不得混用。

(5)焊接时保持工件平稳,与定位销配合良好。

(6)发现电极漏水时需及时调整。

9.4.3 铆焊

铆焊是把两种或两种以上金属连接在一起的方法。在汽车焊装行业中,铆接一般有两种形式,分别是冲铆和压铆。

9.4.3.1 冲铆

冲铆是一个凹模和凸模把相接两块钣金件的其中一块压入另一块钣金件内,使其材质晶相结构发生变化,从而达到一种很强的连接方式。

机器人可通过驱动"冲铆枪"来实现冲铆,冲铆枪一般为液压驱动。

冲铆的使用一般有以下 3 种方式:

(1) 平衡吊冲铆枪工人工操作。

(2)机器人抓取冲铆枪操作。

(3)冲铆枪固定式机器人操作。

9.4.3.2 压铆

此处只介绍螺母压铆形式,压铆螺母是应用于薄板或钣金上的一种螺母,外形呈圆形,一端带有压花及导向槽。其原理是通过压花齿压入钣金的预置孔,一般预置孔的孔径略小于压铆螺母的压花齿,通过压力使压铆螺母的花齿挤入板内使导向槽的周边产生塑性变形,变形物被挤入导向槽,从而产生锁紧的效果。

9.4.4 激光焊

在汽车制造业中,前面介绍的电阻点是最常用的焊接方法,但其工艺存在焊接飞溅大、电极头寿命短、焊接描边量较大等难以解决的问题;而 CO_2 焊、MIG 焊、铜钎焊等焊接方法受电流电压的影响很大,稳定性难以得到可靠保证。

激光焊的定义:以可聚集的激光束为焊接能源,当高强度激光照射在被焊接材料表面上时,部分光能将被材料吸收而转变成热能,使材料熔化,从而达到焊接的目的。激光焊有以下 3 种形式:

9.4.4.1　激光线焊

线焊:此焊接激光在起点一直打激光束到焊接完成,在国内汽车厂商主要应用在“侧围焊接”和“顶盖焊接”,此焊接一般有 CO_2 或惰性气体保护焊接后表面被氧化。

9.4.4.2　激光点焊

可以在任何电阻点焊机构采用激光点焊,激光点焊夹具不受空间影响,设计简单,从光源到工件距离可随意控制。虽然激光点焊速度快、焊接质量好,因其成本和技术原因,国内汽车厂商大多采用电阻点焊形式。

9.4.4.3　激光钎焊

激光填丝钎焊与常规“扫描”方式不一样,聚焦光束首先照射在焊丝表面上,对焊丝加热使其充分熔化形成高温金属熔体,流入熔体在合适的激光加热条件下,使之与工件间形成良好的治金结合,在界面层中主要生成均匀的固溶体及共晶组织。总而言之,工件间的连接是通过钎焊层实现的,而母材本身不应被激光严重熔蚀损伤,在国内常用于顶盖与侧围焊接应用。

激光焊接的特点:

(1)激光焊接能量密度大,作用时间短,热影响区和变形小,可在大气中焊接,而不需气体保护或真空环境。

(2)激光束可用反光镜改变方向,焊接过程中不用电极云接触焊件,因而可以焊接一般电焊工艺难以焊到的部位。

(3)激光可对绝缘材料直接焊接,焊接异种金属材料比较容易,甚至能把金属与非金属焊在一起。

(4)功率较小,焊接厚度受一定限制。

(5)焊缝宽度小,表面质量高,焊缝强度大幅提高,热输入量少,工件变形小。

(6)激光焊接工艺焊接速度可达 4～15m/min 以上。

(7)对焊缝跟踪误差要求在±0.05mm,最差不超过±0.1mm。

9.4.5　机械手搬运

机械手是模仿人的手部动作,按给定程序、轨迹和要求实现自动抓取、搬运和操作的自动装置。它特别是能在高温、高压、多粉尘、易燃、易爆、放射性等恶劣环境中,以及笨重、单调、频繁的操作中代替人作业,因此获得日益广泛的应用。机械手一般由执行机构、驱动系统、控制系统及检测装置三大部分组成，智能机械手还具有感觉系统和智能系统。

工业机械手是近几十年发展起来的一种高科技自动化生产设备。工业机械手是工业机器人的一个重要分支。它的特点是可通过编程来完成各种预期的作业任务，在构造和性能上兼有人和机器各自的优点，尤其体现了人的智能和适应性。

相对来说，在 ROBCAD 软件中机械手搬运是最简单的机器人操作及仿真，没有其他更多的附加动作，只需有夹具的闭合动作即可，其 Location 点也没有特殊设置要求。所以学会前面的知识都可进行机械手的仿真编程。

9.4.6 喷涂

9.4.6.1 喷涂

喷涂工艺：在汽车白车身中，属于焊装总装完成线之后的工序，是汽车四大工艺之一，喷涂工艺包括以下几个工序：

(1)电泳防锈处理。

(2)车身表面清洁。

(3)喷漆，主要由底漆、中涂漆、面漆(底色漆，罩光漆)等。汽车车身面漆是车辆最外层的涂层，它是车辆外观装饰及防腐的直接反映，一般都希望汽车涂层具有极好的光泽度。

(4)烘干。

9.4.6.2 喷漆

喷漆是利用喷枪等喷射工具把涂料雾化后，喷射在被涂工件上的涂装方法。因漆对人体是有害的，且人工操作喷漆不均匀，喷涂效果差，一般采用机器人喷漆；且因喷漆时为避免空气中有杂质，所以喷漆一般在密闭的环境下进行。

9.4.6.3 机器人选型

喷涂是一种特殊作业，需配置专门的机器人，所以需对喷涂机器人比较了解才可以。

9.5 小结

机器人本身只实现点到点的运动，具体实现什么功能需看机器人上所安装的附件，附件的不同，机器人与附件之间要相互交流（信息交互）也不同，同时对于复杂应用，机器人控制系统本身开发了功能包，需在软件中体现出这些功能包，所以需进行一定的设置。

9.6 练习

（1）熟悉弧焊功能指令。

（2）熟悉管线包功能指令。

（3）通过网上了解其他机器人应用技术，对各种机器人应用都需比较了解。

第10章　Roller Hemming滚边技术

白车身滚边有六大区域，包括前盖滚边、后盖滚边、左右前门滚边、左右后门滚边、左右轮罩滚边、顶盖天窗滚边。

机器人滚边压合技术，已经被应用于轿车白车身关键部件的包边制造中。虽然现在滚边工艺比较成熟，但是滚边机器人的应用仍是比较复杂的，滚边机器人的程序一般由计算机仿真软件生成，即OLP程序，最后现场进行精确的示教调整，一般2台机器人同时进行滚压作业，如图10-1所示。

图10-1　机器人滚边

10.1　滚边基础知识

10.1.1　传统包边方式

采用液压系统或电动系统，带有产生高压的液压系统及其附属设备，通常采用分别进行预压和压合两个步骤完成压合的全过程。其方式是通过压合镶块直线进入(或放置进入)来完成压合。此方法的压合预留量为0.1～0.5mm，45°单次卷边，卷边最好角度在90°，最大卷边长度1300～1500mm，卷边长度越大，包边机越大。

缺点：一个模具只能用于单一的零件压合，调试工作量大，工作台高且人工上件困难，并有损坏工件的危险，维修成本高。

10.1.2　机器人滚边方式

机器人滚边工艺是由机器人按预定的程序和轨迹控制滚边工具的运动，将部件按相应程序进行折边处理。机器人滚轮翻边压合是通过装在机器人上的滚轮，对凸边进行多次滚压从而完成折边压合的一种方法。

机器人滚轮翻边压合有其不可替代的优越性，通过安装在机器人头上(六轴)的压合工具，直接进入设备完成压合，灵活性高，一般分 3 次压合完成压合过程，压合预留量为 0mm，而且利用机器人的六自由度和 ROBCAD 编程可以实现对所有品种的零件进行压合，上件容易(可手工上料，现多为自动上料)，且维修方便、综合成本低廉。

10.1.3　滚边压合技术参数

滚边压合效果有很多影响因素，例如压合件质量批次的不同、底模与工件的配合间隙以及滚轮与底模的接触力等均影响压合的最终效果，所以必须在实际质量优化中进行反复测试和调整，直至达到压合完美的效果。

国际上主要流行 3 种压合标准，其最终目的也各不相同：

(1)欧式压合。分 4 次压合，在汽车碰撞时对人身伤害比较小。

(2)标准压合。分 3 次压合，第 1 次就定下来尺寸，一定控制好第 1 次压合，如图 10-2 所示。

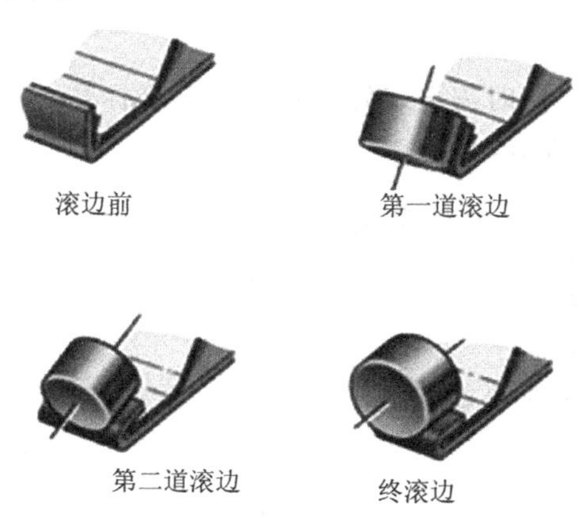

图 10-2　标准压合

(3)日式压合。在门锁位置能看到,比较美观。

滚边压合技术参数如下:

(1)机器人的承载能力。三维传感器的测量结果表明,机器人的负载在任何方向都小于 150kg。

(2)折边床。和夹具折边相比,折边床的负载没有发生变化,所以折边床还是采用铸钢,折边区域采用激光硬化。定位销是可以抽出的。

(3)滚轮。滚轮是标准的曲线轮,在需要的情况下也可以对其进行表面处理或增加型块。

(4)折边速度。机器人的运动速度应是 300mm/s(在边角区域和有很大方向变化的区域相对要慢一些)。3 次折边的平均值是 2.4m/min,此外工作时间还可以通过机器人模拟程序来验证。

(5)折边角/开角。每次折边的折边角基本上不允许大于 35°,在特殊情况下可以考虑采用大的折边角。

外板开角至 120°是允许的,大的开角要根据实际情况而定(4 次折边)。

机器人滚边压合技术具有诸多优点:投资低,所需调节时间短,可以更好地应对零件更改,使压合程序的迅速平移成为可能;设备安装简便,通过性好;无须特殊动能,只需要 0.6 个大气压压缩空气和电气连接;滚边压合轮安装方便;结构类型简便,通过性佳;压合模经过激光淬火,使用寿命长;可利用 KUKA 标准机器人;备件需求低。

10.1.4 滚边装置

10.1.4.1 必备装置

(1)滚边底座。

(2)夹具。

(3)机器人。

(4)滚边工具。同时需设定好工具的工具坐标系,一个滚压头,有多个坐标系,如图 10-3 所示。

10.1.4.2 其他可选装置

(1)旋转工作台。

(2)可滑行夹具。

(3)滚边工具更换装置。

(4)涂胶设备。

(5)夹钳。

(6)其他装置。

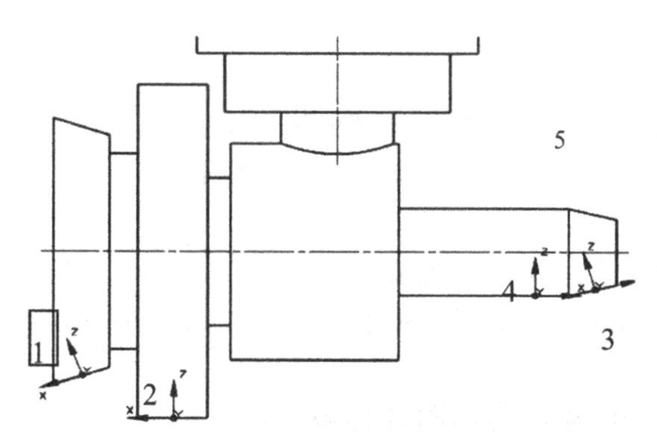

图 10-3　压头上坐标系

10.1.5　滚边工具的形式

没有统一的标准，主要是能满足滚边形状和要求即可，如图 10-4 所示。现在国内外几大欧洲企业专做滚边的公司如下：

(1)ABB 滚边头形式。

(2)EDAG 爱达克滚边头形式。

(3)KUKA 库卡滚边头形式。

(4)THYSSENKRUPP 蒂森克虏伯滚边头形式。

(5)COMAU 柯马滚边头形式。

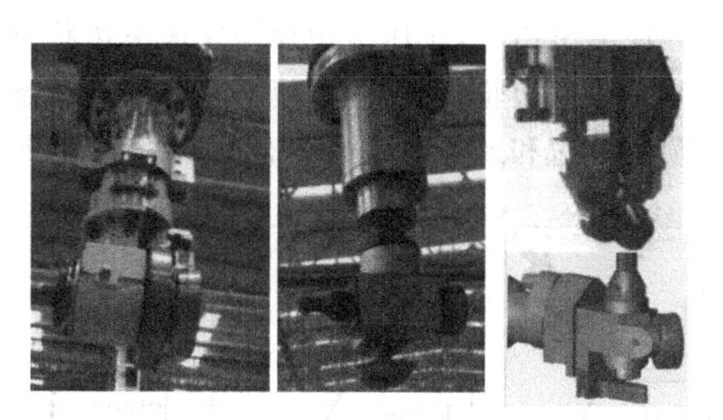

图 10-4　滚边工具形式

从以上的滚边工具形式可以看出，每个公司的滚边工具的形式不一样，同样都可以满足滚边的要求，所以滚边工具的设计主要体现在滚边头的设计合理上。

一般来说，四门两盖的滚边形式比较统一、通用性较大，即滚边头的形式比较单一，滚边头互换性比较灵活，角度变化一般在 130°以内。

180°滚边常应用于车顶天窗滚边，其滚边步骤是先预处理、二次处理、到位处理、最终处理四步完成。

轮罩滚边处理：轮罩滚边一般采用 3 次压边完成步骤，如果有水滴形滚边，则 4 步完成。轮罩滚边区别于其他滚边在于：

四门两盖滚边形式：四门两盖是放在胎膜上，采用滚边轮单压形式压边完成。

轮罩滚边形式：轮罩滚边是在流水线上，胎膜压合固定在车体线的侧围上，滚边头采用对压轮来滚边，滚边方向一般 3 次步骤起始点为同一位置。

10.1.6 机器人滚边时轮压状态

10.1.6.1 预压滚边

预压滚边是在闭法兰最后一步滚边完成之前的所有滚边次数，称为预压滚边，主要包括以下几种形式：

(1)预压滚边。圆锥形滚边轮，正压滚边模拟状态。

(2)预压滚边。圆锥形滚边轮，斜压滚边模拟状态。

(3)预压滚边。圆柱形滚边轮，正压滚边模拟状态。

(4)预压滚边。圆柱形滚边轮，斜压滚边模拟状态。

10.1.6.2 最终滚边

最终滚边。圆柱形滚边轮，正压滚边模拟完成滚边状态。

最终滚边。圆锥形滚边轮，斜压滚边模拟完成滚边状态。

综上所述。预压滚边和最终滚边的姿态。如图 10-5 所示。

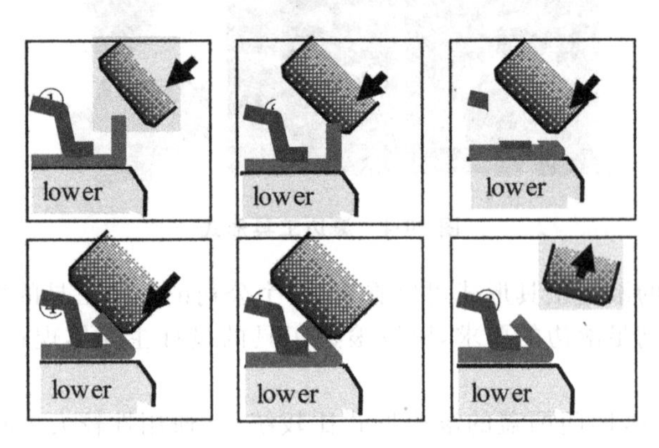

图 10-5　预滚压及精滚压的基本动作

10.1.7　滚边夹具设计形式

10.1.7.1　钢琴式夹具设计、压紧单元

此种夹具设计夹紧气缸多,设计单元多,机器人调试编程时,机器人走到压头附近夹具即打开,滚过压头,夹具即闭合,所有气缸都是这些操作,气缸如钢琴一样顺序打开闭合,此种形式叫钢琴式夹具设计形式。其滚边调试时编程比较麻烦,但节拍可以做到较高。

10.1.7.2　覆盖模式夹具设计、压紧单元

此种夹具设计因采用盖模压合板件,气缸只需压紧盖模,所以气缸使用较少,设计比较简洁,但因有一个盖模,成本较高。其滚边调试时,控制相应便捷,因机器人多一步放下与取出盖模时间,所以节拍相对低些。

10.2　滚边相关工序介绍

10.2.1　涂胶介绍

介绍汽车用胶的知识,车身上用胶的分布范围及作用。

(1)焊装用胶:折边胶和折边胶带;点焊密封胶和点焊胶带;膨胀型减震胶和膨胀胶带;补强胶片;高膨胀填充物。

(2)涂装用胶:焊缝密封胶和胶带;防石击涂料;指压密封胶。

(3)总装用胶:内装饰胶;丁基密封胶带;风挡玻璃胶。

(4)检具材料:模型板材;模型胶泥。

(5)折边胶:用于车门、发动机引擎盖和行李箱盖包边处,以粘代焊,消除焊接工艺造成的车身凹坑(焊点痕迹)影响外观问题;解决镀锌钢板点焊破坏焊点周围镀锌结构降低车身耐腐蚀性问题;提高车门等包边部位连接强度,目前包边采用黏接工艺的强度已远远大于焊接强度,而且不会产生应力集中,大大提升了车身撞击安全性能和车身寿命。

10.2.2 凝胶介绍

涂胶后，机器人滚边完成，一般会有凝胶的一道工序，此工序作用是让涂好的胶凝结。凝胶温度一般在 150～250℃，凝胶时间一般在 35～45s 内完成。凝胶设备，大众公司一般采用 GH 公司品牌。

10.3 Cut and Seal 滚边模块菜单

操作步骤：BOBCAD→Applications→Cut_and_Seal，也可以说是切割与涂胶模块，如图 10-6 所示。

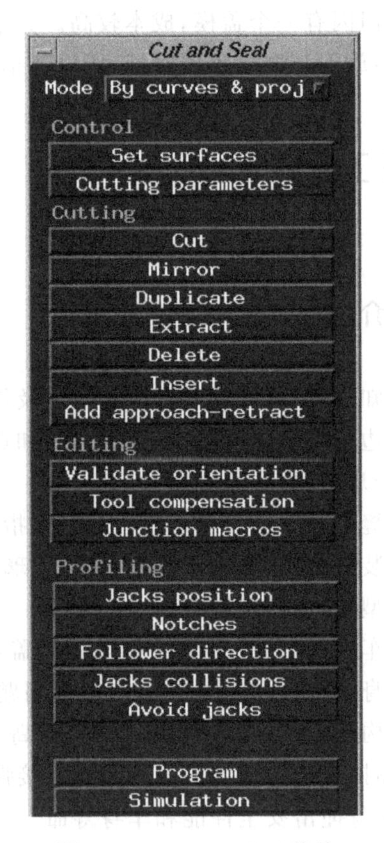

图 10-6 Cut_and_Seal 菜单

(1)Mode:加工部位的选择,如图 10-7 所示。

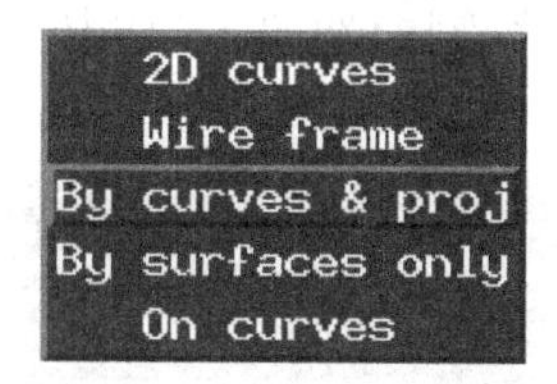

图 10-7 加工部位的选择

①2D curves:2D 曲线;

②Wire frame:线框;

③By curves &proj:投影得到曲线;

④By surface only:曲面;

⑤On curves:在曲线上。

(2)Control:控制。

①Set surfaces:选择面,如图 10-8 所示。

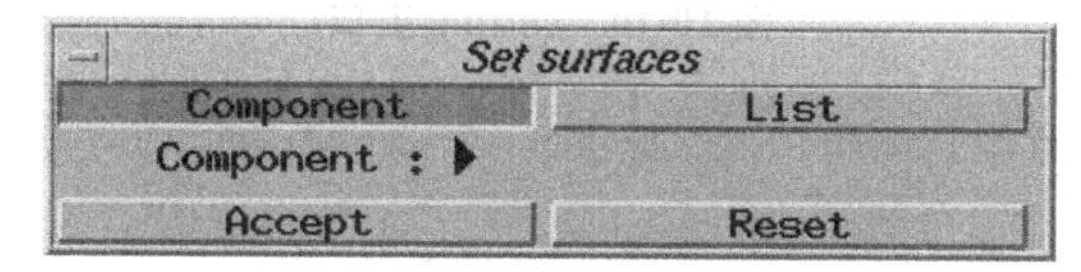

图 10-8 选择面

②Cutting parameters:设置属性,如图 10-9 所示。

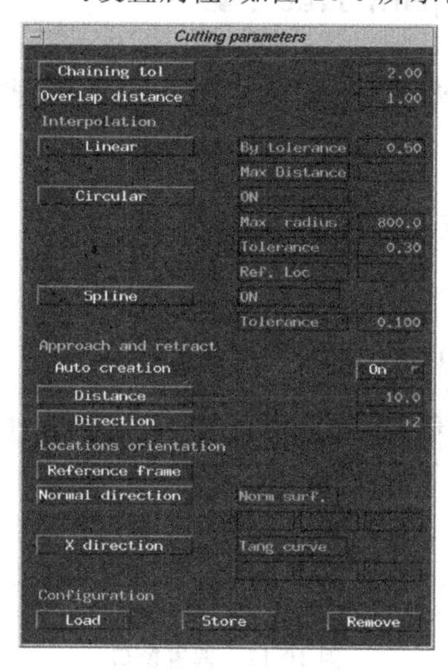

图 10-9 设置属性

(3)Cutting:切削路线。

①Cut:切削或滚边路线选择,如图 10-10 所示。

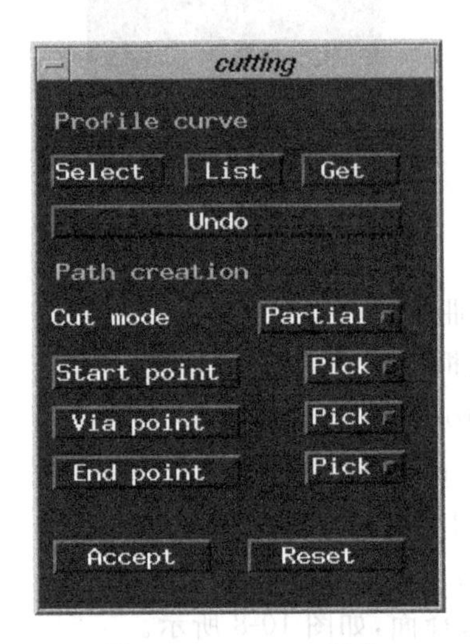

图 10-10 cutting 窗口

②Mirror:镜像,如图 10-11 所示。

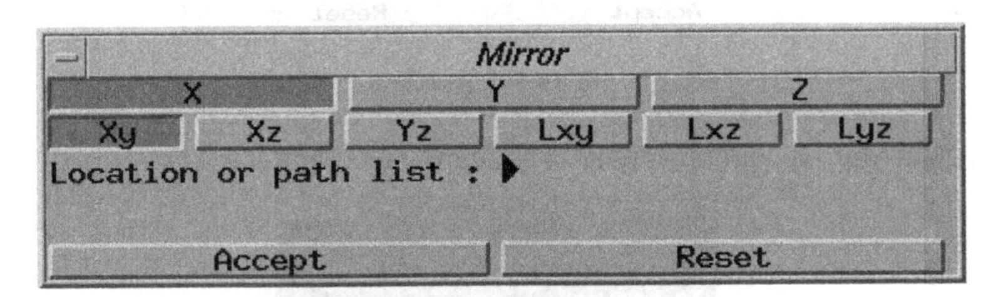

图 10-11 镜像窗口

③Duplicate:重复、平移,如图 10-12 所示。

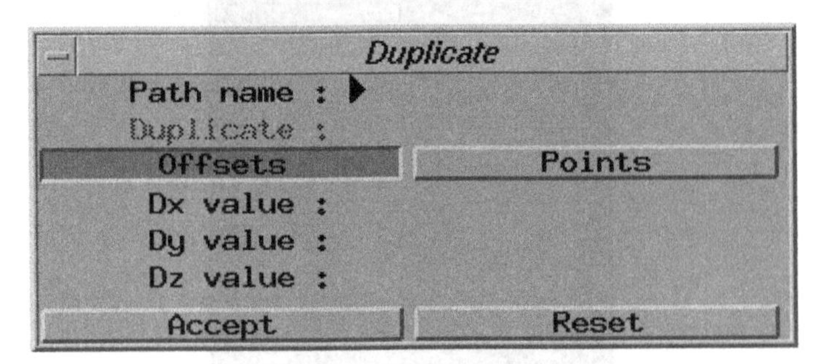

图 10-12 偏置窗口

④Extract:移除;

⑤Delete:删除;

⑥Insert:插入;

⑦Add approach-retract:增加导入导出线。

(4)Editing:编辑

①Validate orientation:确证同向;

②Tool compensation:刀具补偿;

③Junction macros:宏连接。

(5)Profiling:轮廓。

①Jacks position:插孔位置;

②Notches:凹口;

③Follower direction:沿某方向;

④Jacks collisions:插孔干涉;

⑤)Avoid jacks:避免插孔。

(6)Program:程序。

生成程序。

(7)Simulation:仿真。

程序仿真。

10.4 小结

汽车的四门两盖(左右前车门、后车门,发动机盖和行李箱盖或后背门)是汽车车身总成的重要组成部分。它们是汽车车身的外表开启件,装配后要与周围零件保持均匀的装配间隙,以达到良好的互换性,同时它们也是汽车塑形的可见表面。因此,要求门、盖外表面光滑平整,不能存在凹凸划痕,还要保证边缘过渡线圆滑。基于以上要求,四门两盖内外板之间装配不能采用焊接工艺,而要选用包边工艺,所以机器人仿真是最好的解决方法。

10.5 练习

(1)熟悉Cut and Seal菜单。

(2)简单练习一个滚边程序。

第11章　OLP离线模块

11.1　OLP概述

11.1.1　概念

OLP:Off-line Program离线程序,为完美实现离线程序,需完成如下工作:

(1)参与前期规划。了解每个工位是做什么的,上哪些车零件,是定位焊接还是补焊等;其工艺流程,夹紧规划,其节拍等。每个工位需要的资源,如:几台机器人及其型号,几把焊枪或其他附加工具等。

(2)多次去现场确认平面布置图。不要相信任何单位提供的平面布置图,即使其提供的是准确的,只有亲自到现场去测量、去看才是最可靠的。只可以拿其他单位提供的平面布置图作为参考。确认平面布置图是非常关键的,它直接影响项目的进度。

(3)数据转换。根据平面布置图进行整个工位的整体布局,工装、抓手定位等。检查现场空间是否足够,是否与现场的车间立柱干涉。注意,机器人不要放在地沟上面,如图11-1所示。

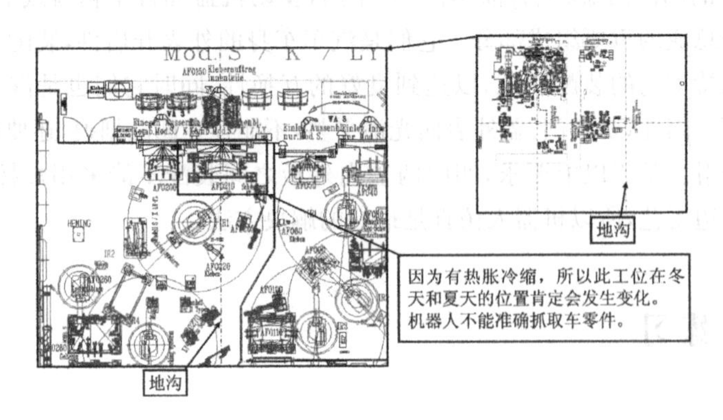

图11-1　布局时注意事项

(4)3D模拟,发现问题、修改、发现问题、整改……

11.1.2　OLP 主流应用软件

OLP 主流应用软件主要包括以下几种：

(1)ROBCAD(Siemens)。

(2)DELMIA(Dassault)。

(3)MOTOSIM(Yaskawa)。

(4)ROBOTSTUDIO(ABB)。

(5)ROBOGUIDE(FANUC)。

11.2　OLP 模块菜单

OLP 菜单如图 11-2 所示。

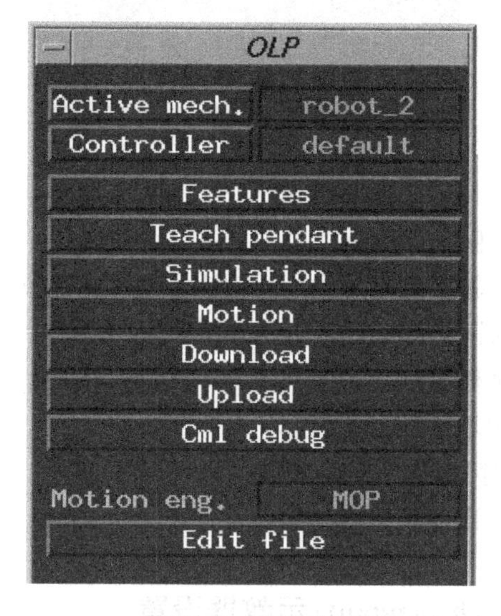

图 11-2　OLP 菜单

11.2.1　Active mech. :选择机器人

选择出离线程序的机器人。出现当前工作的所有机器人，选择即可。

11.2.2 Controller:选择控制系统

选择出离线程序的机器人的控制系统。系统默认有一些机器人系统,如果与实际机器人不符合的话,进行各种类型机器人的控制器设置,只有配置正确了,输出的程序才能与现场保持一致,才能是直接可以使用的程序。

11.2.3 Features:特征设置

程序创建及控制系统的管理,图 11-3 所示是 Features 菜单。

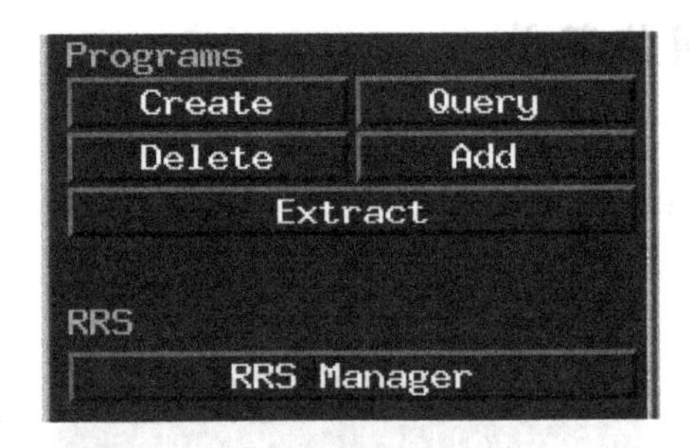

图 11-3 Features 菜单

(1)Programs:程序。

①Create:创建输出程序名称,这个程序包含一个或多个机器人轨迹。

②Query:查询输出程序与程序轨迹的关联信息。

③Delete:删除程序。

④Add:程序中增加路径(轨迹)。

⑤Extract:程序中去除路径(轨迹)。

(2)RRS:RRS 管理。

11.2.4 Teach pendant:示教器设置

完成一些常用配置,重点强调 Tools 的设置,Teach pendant 窗口如图 11-4 所示。

(1)Prog:选择程序。

(2)Path:选择路径。

(3)Loc:选择 Location。

(4) Tools: Copy attributes 拷贝属性、Delete attributes 删除属性、

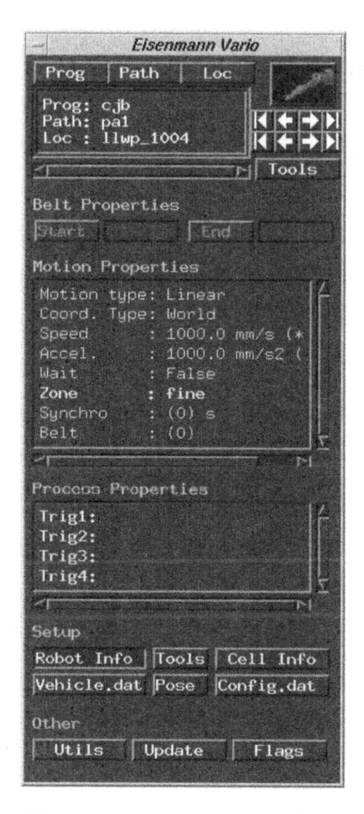

图 11-4 Teach pendant 窗口

Show table values 显示路径各点的属性信息、Query 查询。

(5)Belt Properties:输送属性。

(6)Motion Properties:运动属性,窗口中显示各点的属性。

(7)Process Properties:工艺属性,窗口中显示各点的属性。

(8)Setup:设置。

①Robot Info:机器人信息。

②Tools:工具坐标系选择。

③Cell Info:工作站信息。

④Vehicle . dat:打开物流数据文件。

⑤Pose:打开点信息文件。

⑥Config . dat:打开配置数据文件。

(9)Other:其他的。

①Utils:通用功能。

②Update:更新。

③Flags:标识。

11.2.5 Simulation:仿真模拟

开始进行在控制系统下的仿真,Simulation 窗口如图 11-5 所示。

图 11-5 Simulation 窗口

(1)Program:选择要仿真模拟的程序。

(2)Init simulation:初始化模拟。

(3)Run:开始模拟。

(4)Freeze:停止。

(5)Step:单段模拟。

(6)Settings:设置。

①Auto teach:自动示教选项。

②Line tracking:轨迹跟踪选项。

③Ignore wait:忽略等待选项。

(7)Conveyor:运送。

①Define:定义运送名称及速度。

②Undefine:删除运送。

11.2.6 Motion:运动设置

一种运动方式,在选择完 Prog、Path 后,在 Loc 中选择 Path 中的任何一点,机器人直接运行到这一点。图 11-6 所示是 Motion 窗口。

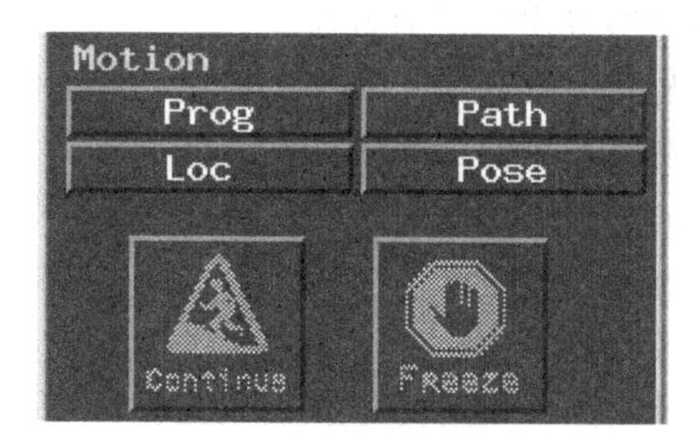

图 11-6　Motion 窗口

11.2.7　Download:程序下载

在完成初始设置后,实现程序的下载或输出。Downland 窗口如图 11-7 所示。

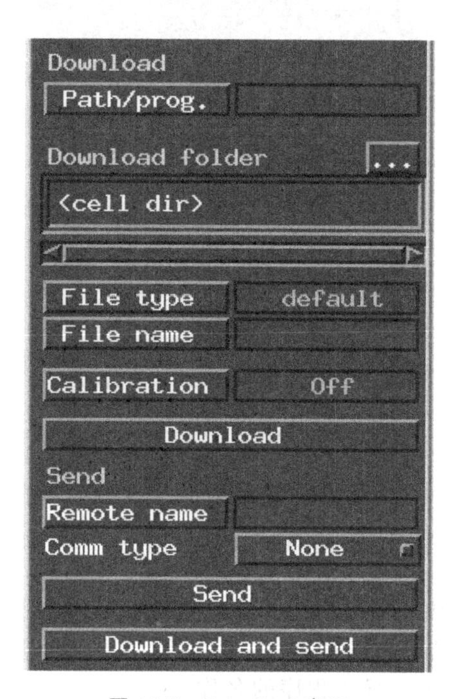

图 11-7　Download 窗口

(1)Path/prog. :选择路径或程序。

(2)Download folder:选择程序导出目录。

(3)File type:选择程序格式。

(4)File name:填写导出程序的名称。

(5)Download:输出程序(程序下载)。

(6)Send:程序发送。

①Remote name:远程设备名称。

②Comm type:通讯类型。

(7)Send:发送。

(8)Download and send:程序下载同时发送。

11.2.8 Upload:程序上传

把现场情况回传到 ROBCAD 软件中。Upload 窗口如图 11-8 所示。

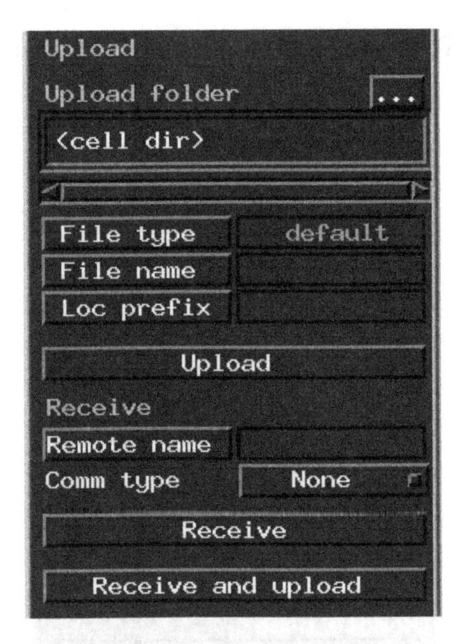

图 11-8 Upload 窗口

(1)Upload folder:选择程序导入目录。

(2)File type:选择程序格式。

(3)File name:填写导入程序的名称。

(4)Loc prefix:特殊点加前缀。

(5)Upload:输入程序(程序上传)。

(6)Receive:程序接受。

①Remote name:远程设备名称。

②Comm type：通讯类型。

(7)Receive：接受。

(8)Receive and upload：程序上载同时接受。

11.2.9　Cml debug：CML 调试

CML 调试。Cml debug 窗口如图 11-9 所示。

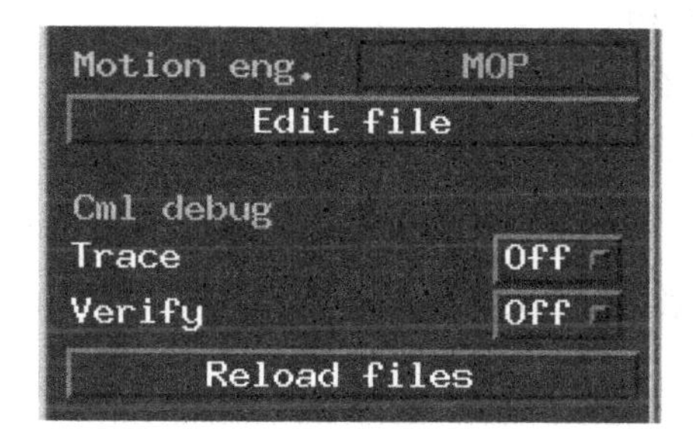

图 11-9　Cml debug 窗口

(1)Trace：轨迹跟踪。

(2)Verify：验证。

(3)Reload files：重新载入文件。

11.2.10　Motion eng.：运动引擎

运动引擎的形式。

11.2.11　Edit file：编辑文件

打开文件进行编辑。

11.3　工作流程简单介绍

11.3.1　工位建模

11.3.1.1　数据检查准备

(1)产品数据：车身。

(2)设备数据:数控定位夹具。

(3)穿梭车。

(4)伺服焊枪。

(5)焊枪支架。

(6)换手机构。

(7)机器人支架。

(8)机器人行走轴。

(9)平台衍架机构。

(10)电极打磨器。

(11)主拼夹具。

………

11.3.1.2 数据转换

(1)jt→co。

(2)igs→catia→co。

(3)stp→catia→co。

对于数据转换不完整的,需要在 ROBCAD 中进行二次建模。

11.3.1.3 机构定义

(1)焊枪定义,见 5.2.3 小节介绍,不同类型焊枪时,可依次按图 11-10 到图 11-15 所示的流程工作,完成焊枪的定义。

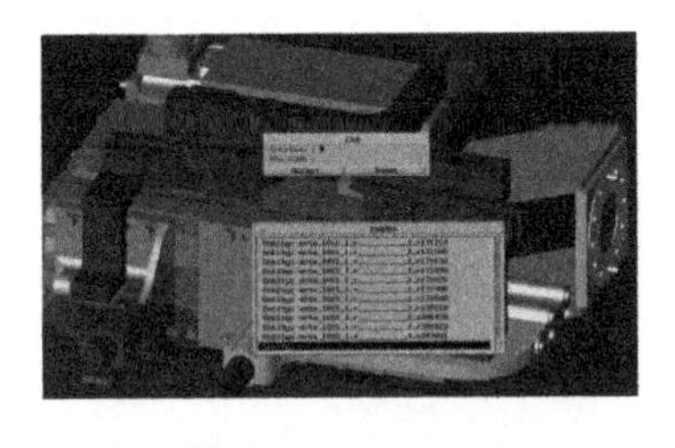

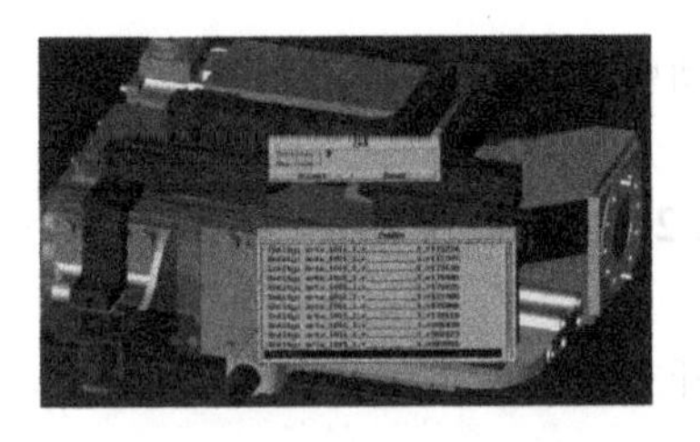

link define:
k1_parent link_fixed side link
k2_child link_moved side link

axies define:
parell to moved arm movtion direction
平行于移动侧电极运动相反的方向

图 11-10 link define 与 axies define

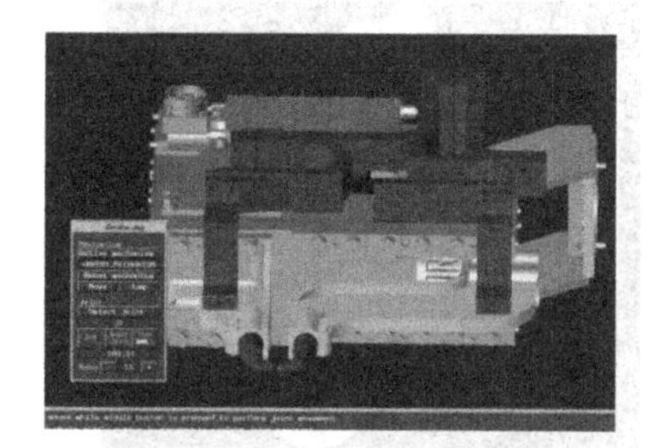

creat j1 , define , active current mechanism,jog to close state , and remember j1 value at close state

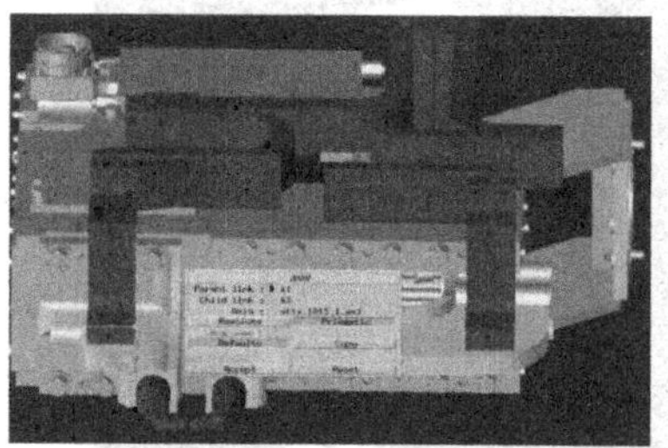

Delete j1, and creat j1 again, also Define again

图 11-11　关节定义

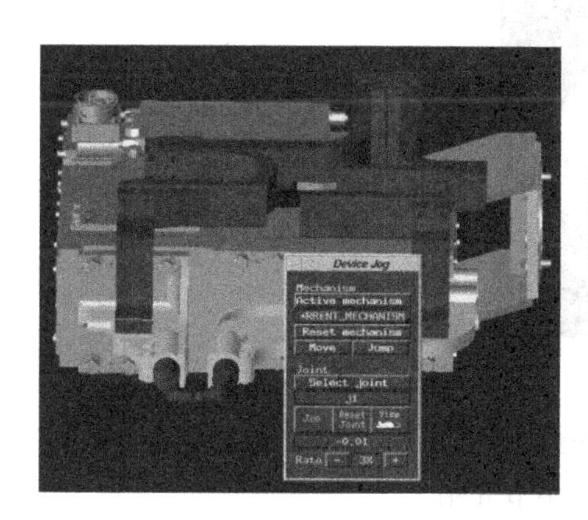

At this time , gun close home , j1 value should be 0

图 11-12　验证关节是否正确

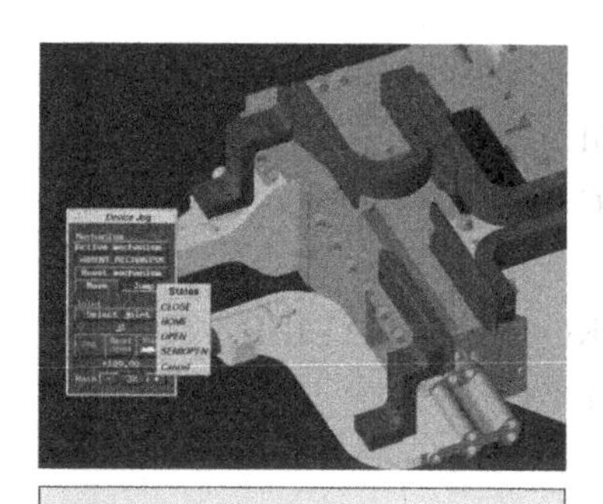

Define gun four states:
HOME、OPEN、SEMIOPEN、CLOSE

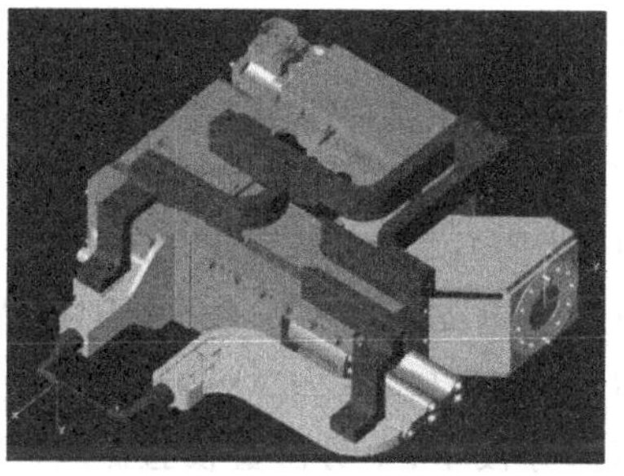

define frame: mount frame, tcpf

图 11-13　定义焊枪姿态及定义坐标系

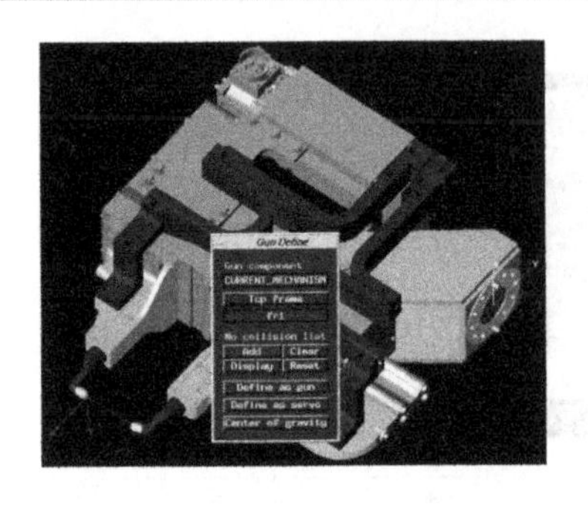
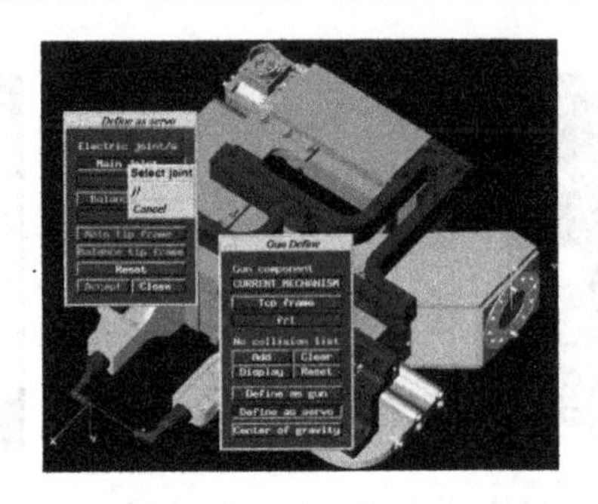

图 11-14　完成焊枪定义

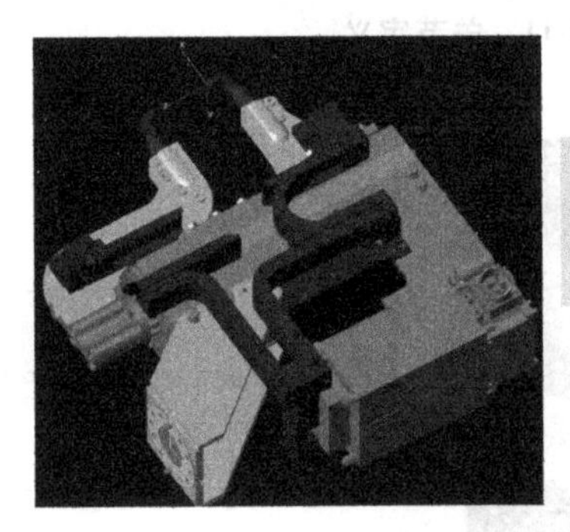

delete axies line, via point, via arc and so on，finally save and close.

图 11-15　删除无效数据

(2)夹具定义,见 5.2.3 小节介绍。

(3)机器人行走轴定义,见 5.6 小节介绍。

11.3.1.4　工位布局

(1)机器人行走轴:ROBLIST。

(2)伺服焊枪:MC_ROBOT_TOOL_SETTING。

(3)打磨器:DRESS PROGRAM CALIBRATION。

(4)PRO:201\\202\\203。

(5)焊枪支架:GUN CHANGE PROGRAM CALIBRATION。

(6)PRO:191\\192\\193\\194\\195\\196。

(7)穿梭车:车身位置校验。

(8)数控定位夹具:车身位置校验。

11.3.1.5　模型校验

用现场实际量产的工具文件、焊接程序、打磨程序、换手程序校验焊枪、打磨器、焊枪支架、机器人等设备与车身的相对位置，最大限度地消除设备安装磨损、模型精度等误差。

11.3.1.6　机器人控制器的使用

机器人控制器可以下载程序，可以更好地模拟整个过程，有些时候速度太快，现场机器人是达不到这个速度的。可以计算时间，从而确定是否满足节拍。

例如，KUKA 的机器人选用 vkr_c1 控制器，如图 11-16 所示。

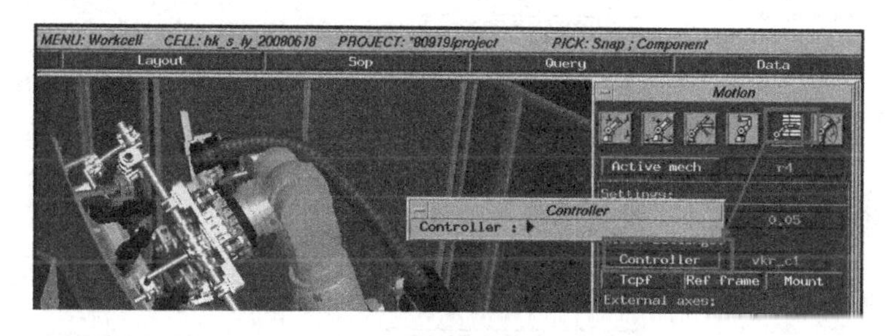

图 11-16　Motion 窗口下指定控制器

对着机器人单击右键选择 Teach Pendant。然后弹出如下对话框，如图 11-17 所示。

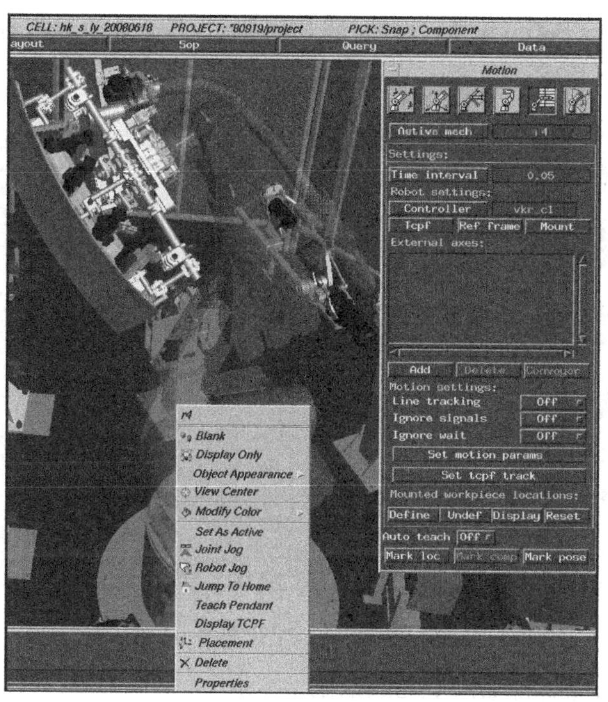

图 11-17　单击机器人右键选择 Teach Pendant

选择 Path，选择路径，找到对应的 TCP，如图 11-18 所示。

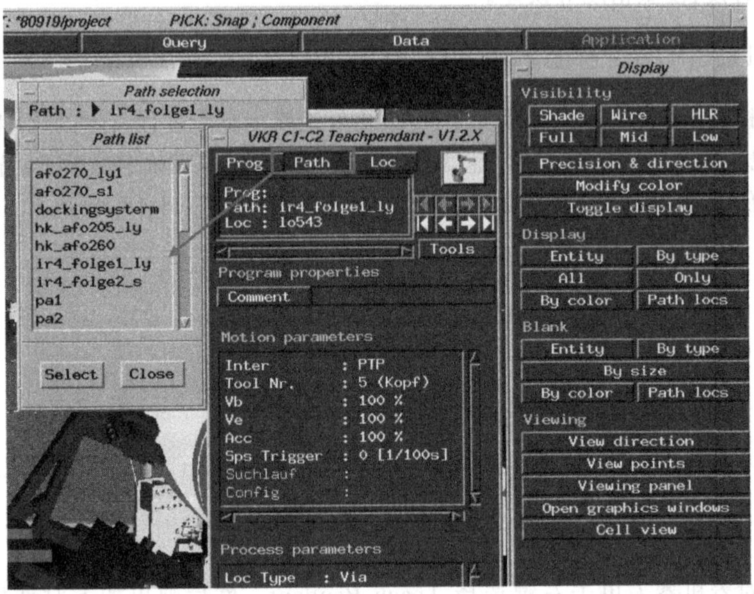

图 11-18　选择 Path

然后进行 Setup 设置，这些号码如何使用，各企业也是有标准的，如图 11-19 所示。

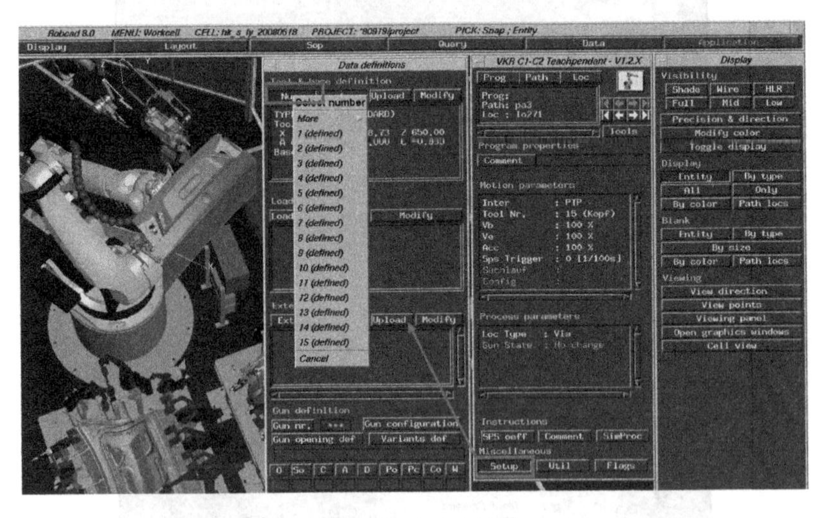

图 11-19　Setup 设置

举例：大众标准如图 11-20 所示。

Leitfaden zur Bedienung von Robotern
mit Volkswagen Kuka Robot Control 1 Steuerung

Festlegung der Zangenkonfiguration:

	Zangenfunktion ohne TCP		Zangenfunktion mit TCP oder nur TCP	
Greifer Nr. Im Roboter	**Vorgang**	**Bolzenschweißen**	**Sonstige**	**Werkzeug-zuordnung**
Greifer 1	Arbeitshub Schweißzange 1		Reserve sonstiges	**Wzg = 1**
Greifer 2	Vorhub Schweiß-zange1		Kleber 1	**Wzg = 2**
Greifer 3	Arbeitshub Schweißzange 2	Bolzen-Kopf 3	Reserve sonstiges	**Wzg = 3**
Greifer 4	Vorhub Schweiß-zange2	Bolzen 3 fördern	Kleber 2	**Wzg = 4**
Greifer 5	Arbeitshub Schweißzange 3	Bolzen-Kopf 4	Reserve sonstiges	**Wzg = 5**
Greifer 6	Vorhub Schweiß-zange3	Bolzen 4 fördern	Mig-löten /schweißen Plasma-Löten	**Wzg = 6**
Greifer 7	Handling Zange 1		Reserve sonstiges	**Wzg = 7**
Greifer 8	Handling Zange 2		Reserve sonstiges	**Wzg = 8**
Greifer 9	Handling Zange 3		Reserve sonstiges	**Wzg = 9**
Greifer 10	Kappenfräser 1 Einschwenkzylinder		Werkzeug Kalibrieren 1	**Wzg = 10**
Greifer 11	Kappenfräser 2 Einschwenkzylinder		Werkzeug Kalibrieren 2	**Wzg = 11**
Greifer 12	Stanznieten Zange 3	Bolzen-Kopf 1	Rollfalzen 1	**Wzg = 12**
Greifer 13	Stanznieten Zange 1	Bolzen 1 fördern	Rollfalzen 2	**Wzg = 13**
Greifer 14	Stanznieten Zange 4	Bolzen-Kopf 2	Rollfalzen 3	**Wzg = 14**
Greifer 15	Stanznieten Zange 2	Bolzen 2 fördern	Rollfalzen 4	**Wzg = 15**
Greifer 16	Prägezylinder 1		Reserve sonstiges	**Wzg = 16**

图 11-20　大众标准

选择所对应的 TCP,如图 11-21 所示。

双击红色框的位置,弹出上面的对话框。选择点的类型,如图 11-22 所示。

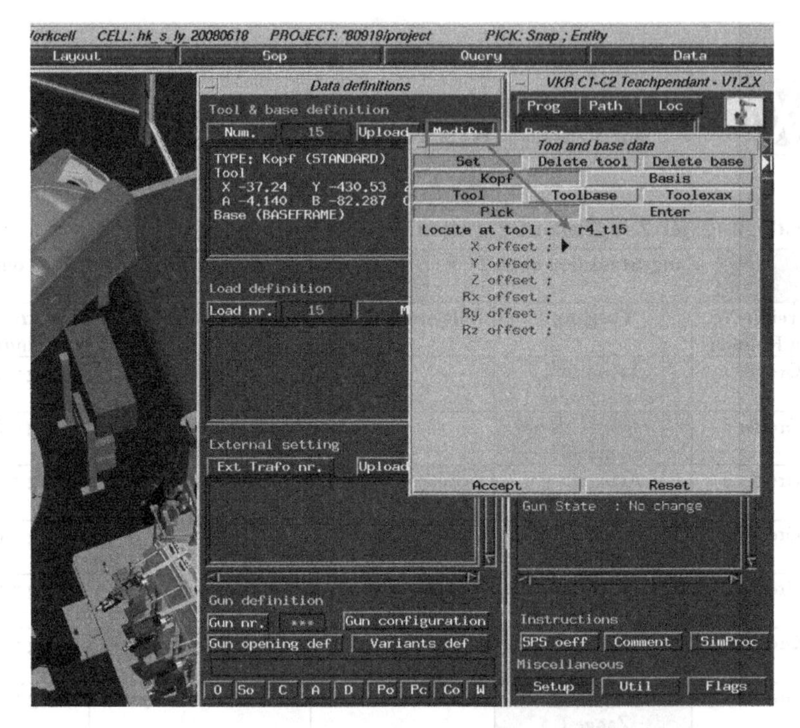

图 11-21 选择所对应的 TCP

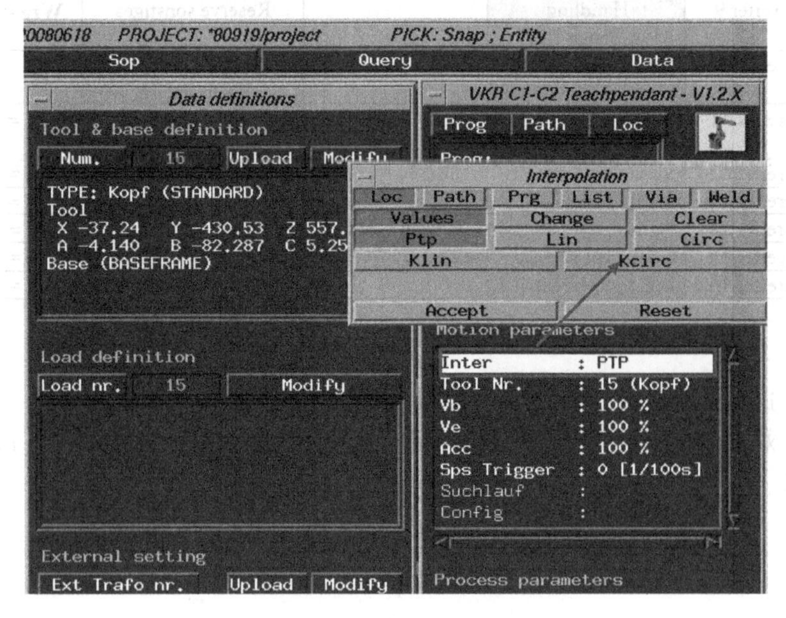

图 11-22 选择点的类型

选择工具，就是原来所用的 TCP，如图 11-23 所示。

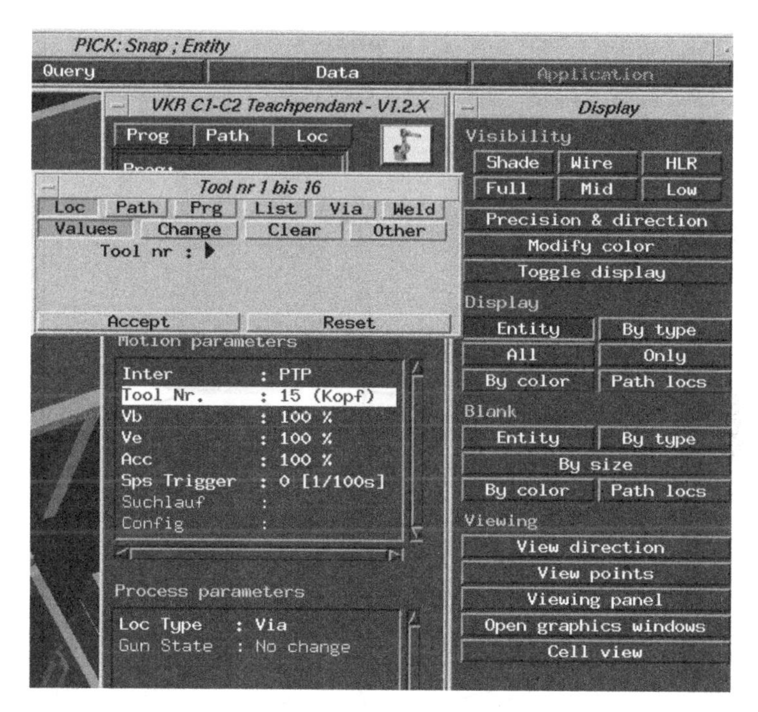

图 11-23　选择工具

再进行 SOP 下的动作仿真，时间比较接近现实。

11.3.2　路径创建

路径创建主要参考 5.3.2 小节介绍，这里只列出部分关键小节，这是必须要保证完成的。

(1)焊点创建导入。见 5.3.2 中第 1 小节介绍。

(2)中间点创建。见 5.3.2 中第 21 小节介绍。

(3)干涉避让。见 5.3.2 中第 19 及 6.4 小节介绍。

(4)路径优化。见 5.3.2 中第 25 小节介绍。

11.3.3　干涉分析

(1)lower robots，如图 11-24 所示。

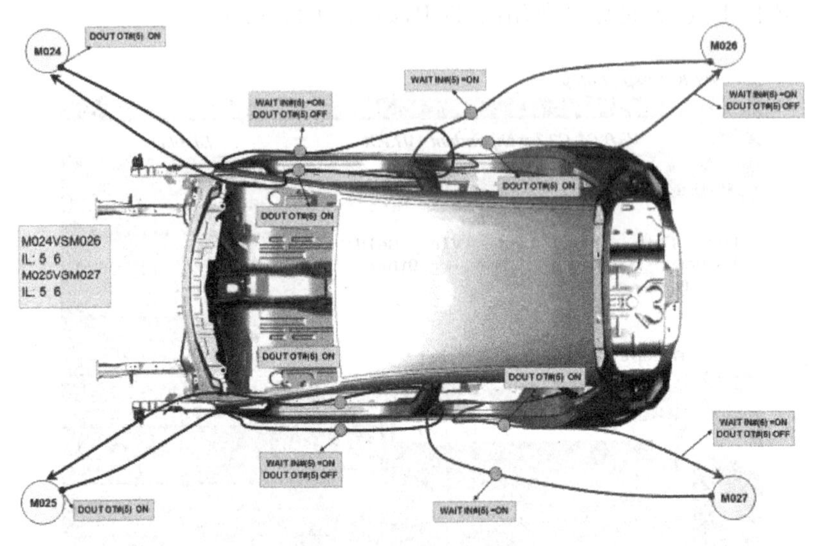

图 11-24　lower robots 干涉

(2)upper robots，如图 11-25 所示。

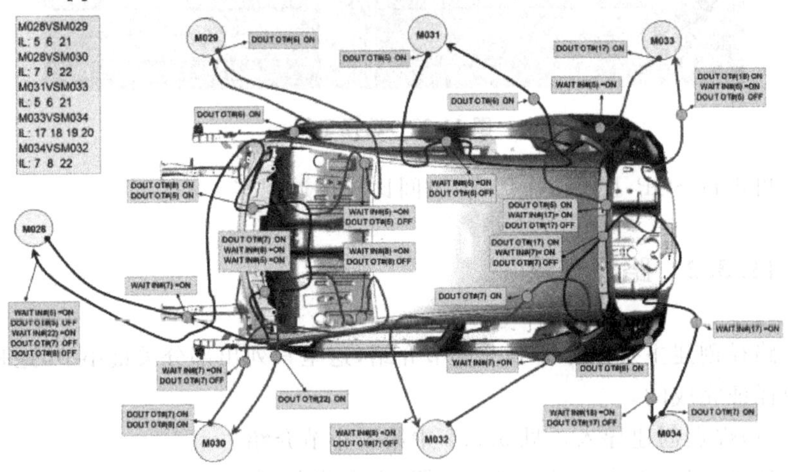

图 11-25　upper robots 干涉

11.3.4　节拍计算

(1)ROBOT MOTION，如图 11-26 所示。

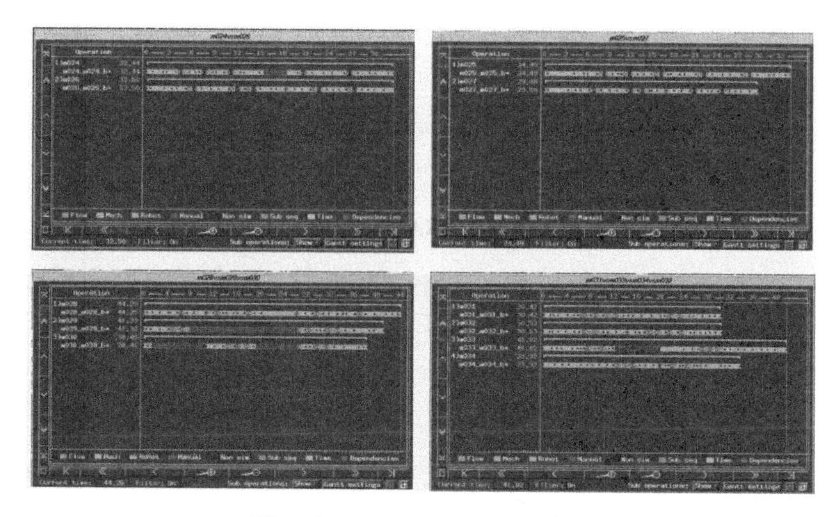

图 11-26　ROBOT MOTION 分析

(2)Staion cycle time measure,如图 11-27 所示。

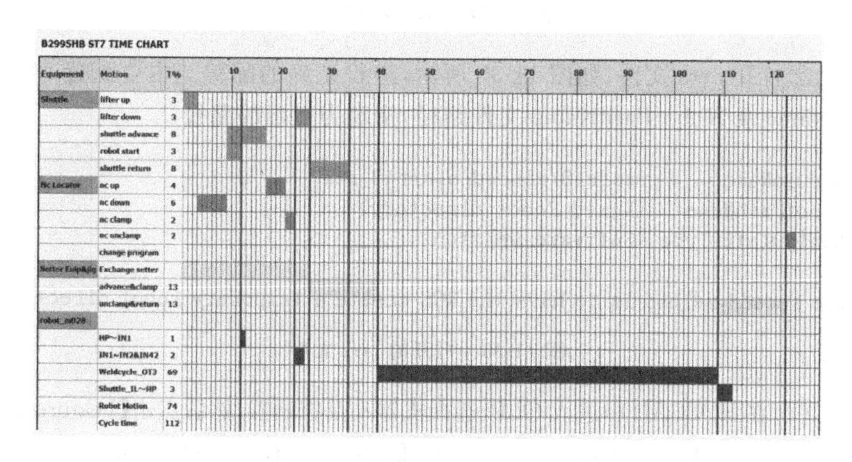

图 11-27　Staion cycle time measure 分析

11.3.5　ROBCAD 软件中 KUKA 机器人控制器安装

(1)首先下载并安装 KUKA 控制器,如图 11-28 所示。

(2)Copy “rrs_bin”文件夹到 C:\\Robcad\\rrs_bin。

(3)设置 RRS:在 library 库中修改机器人 co 中的 . rrs 文件。尽可能地用绝对路径。

①到机器人 co 文件夹中,找到 . rrs 文件,如图 11-29 所示。

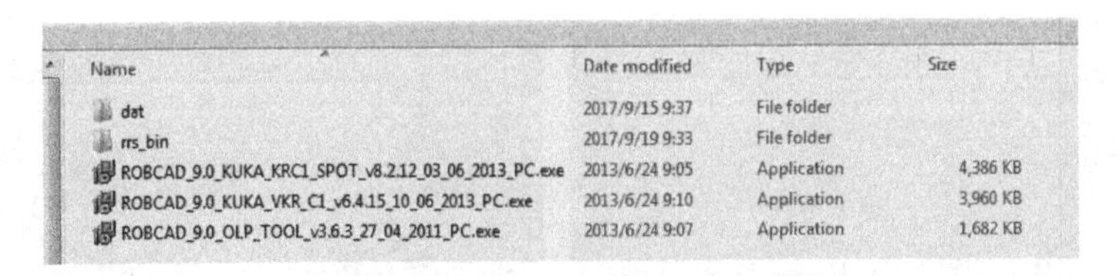

图 11-28　KUKA 控制器原文件

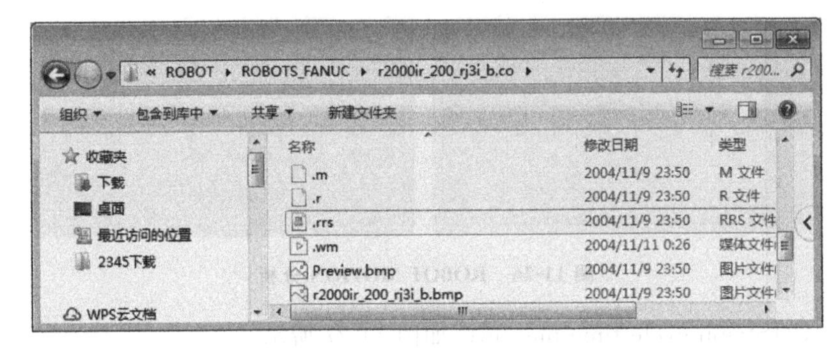

图 11-29　.rrs 文件位置

②打开 .rrs 文件，如图 11-30 所示，进行正确的配置。主要配置 ModuleName 及 RobotPathName 文件路径，指定为正确的路径。

```
ModuleName        rcsfr13/robcad.bin/rj3_rcs
RobotPathName     <Named Robot directory>
ManipulatorType   <Software version>

The second method is to have the RCS create a temporary robot directory
```

图 11-30　打开的 .rrs 文件

(4)在 ROBCAD 中进入 OLP，选择机器人及控制器，然后点击【Features】—【RRS Manager】，选上机器人，点击右边的【Load RCS】，如图 11-31 所示。

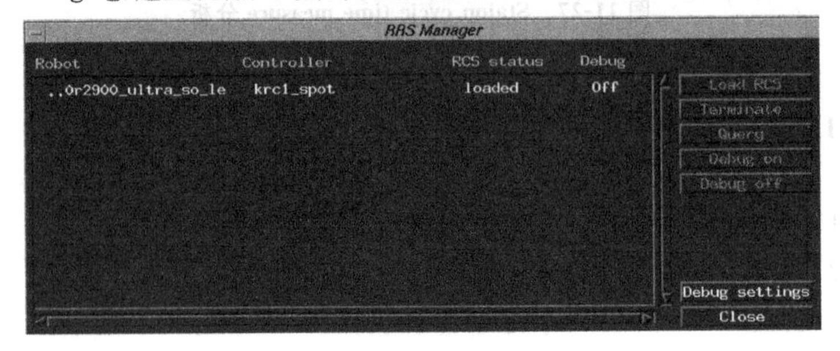

图 11-31　RRS Manager 窗口

①Load RCS：载入控制系统；
②Terminate：终止控制系统；
③Query：查询；
④Debug on：调试打开；
⑤Debug off：调试关闭；
⑥Bebug settings：调试设置；
⑦Close：关闭窗口。

11.4 程序导出

11.4.1 Teach Local Location

注意：Auto teach 为 ON 状态，如图 11-32 所示。

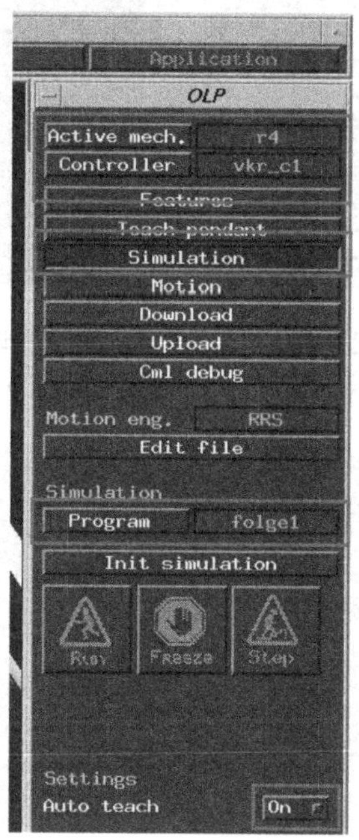

图 11-32 Teach Local Location 窗口

(1)Local Location 确认。本地位置,如图 11-33 所示。

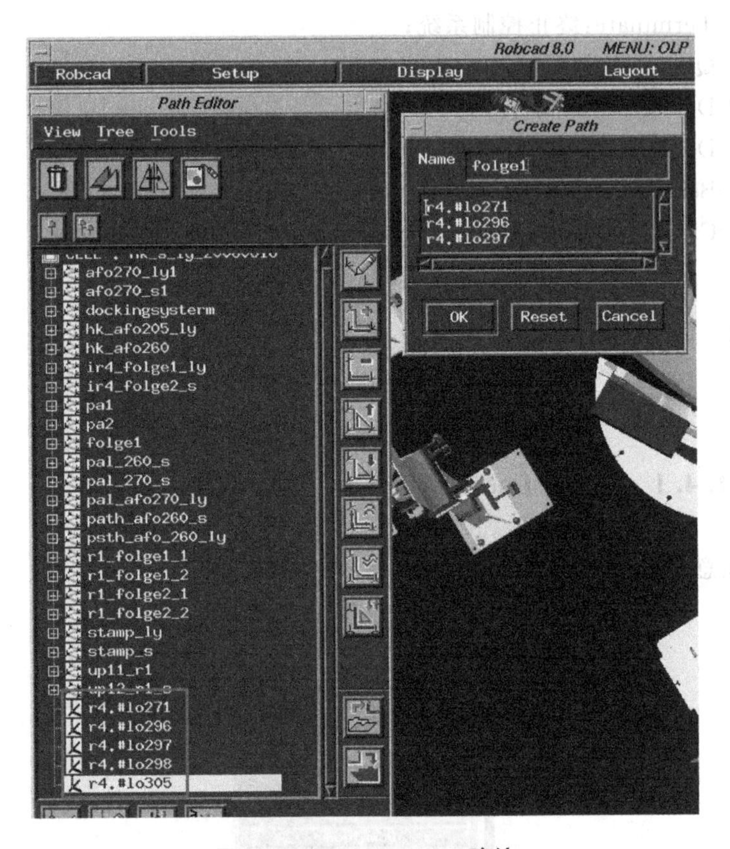

图 11-33　Local Location 确认

(2)新建路径。前面会自动加上机器人名字,如图 11-34 所示。

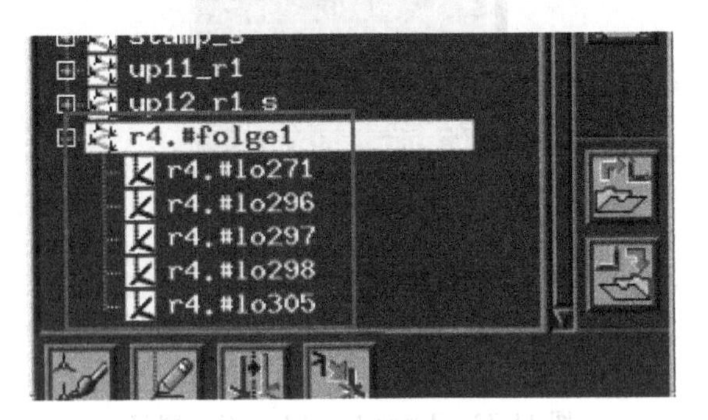

图 11-34　新建路径

(3)设置下载路径。设置存放位置,如图 11-35 所示。

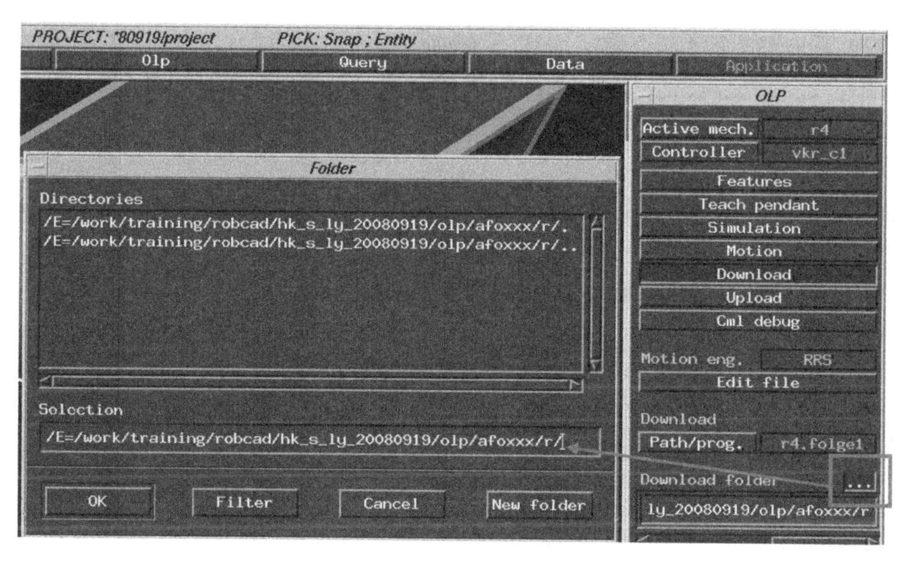

图 11-35　设置下载路径

(4)选择 Path/prog.。选择程序,如图 11-36 所示。

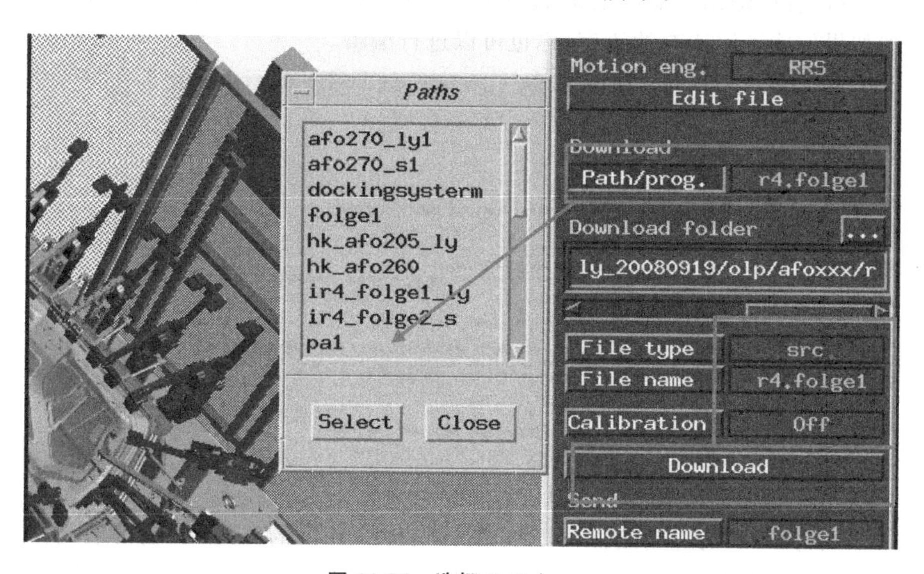

图 11-36　选择 Path/prog.

(5)点击 DOWNLOAD。出现如图 11-37 所示的对话框,选择 Local。

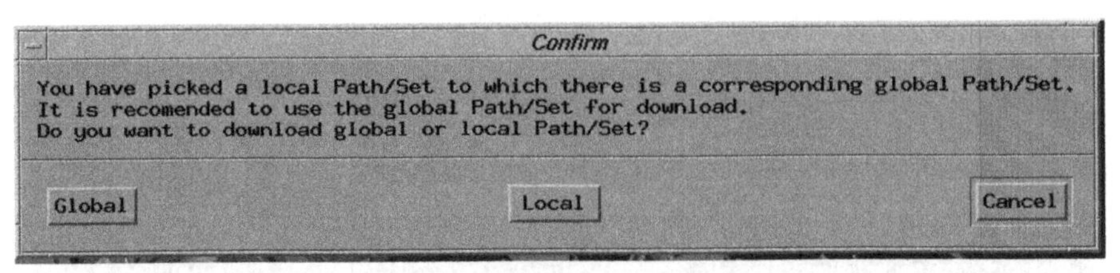

图 11-37 DOWNLOAD 程序

(6)下载新程序。输出新程序,如图 11-38 所示。

[-e-] [新加卷] 146,418,244 k of 148,729,768 k free

e:\work\training\robcad\hk_s_ly_20080919\olp\afoxxx\r*.*

↑Name	Ext	Size	Date	Attr
[..]		<DIR>	02/13/2009 17:05	----
r4	tcp	74	02/13/2009 17:05	-a--
r4.folge1	dat	1,840	02/13/2009 17:05	-a--
r4.folge1	src	9,413	02/13/2009 17:05	-a--
r4.folge1	user	460	02/13/2009 17:05	-a--
r4_config	dat	123	02/13/2009 17:05	-a--

图 11-38 下载新程序

(7)程序输出。输出结果如图 11-39 所示,可以用记事本打开程序,当然如果你能了解所有的语言,你也可以进行编辑。

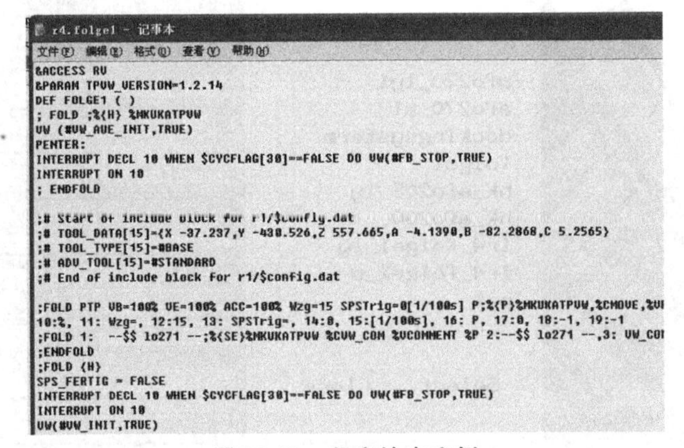

```
&ACCESS RV
&PARAM TPVW_VERSION=1.2.14
DEF FOLGE1 ( )
; FOLD ;%{H} %MKUKATPVW
VW (#VW_AVE_INIT,TRUE)
PENTER:
INTERRUPT DECL 10 WHEN $CYCFLAG[30]==FALSE DO VW(#FB_STOP,TRUE)
INTERRUPT ON 10
; ENDFOLD

;# Start of include block for r1/$config.dat
;# TOOL_DATA[15]={X -37.237,Y -430.526,Z 557.665,A -4.1390,B -82.2868,C 5.2565}
;# TOOL_TYPE[15]=#BASE
;# ADV_TOOL[15]=#STANDARD
;# End of include block for r1/$config.dat

;FOLD PTP VB=100% VE=100% ACC=100% Wzg=15 SPSTrig=0[1/100s] P;%{P}%MKUKATPVW,%CMOVE,%V
10:%, 11: Wzg=, 12:15, 13: SPSTrig=, 14:0, 15:[1/100s], 16: P, 17:0, 18:-1, 19:-1
;FOLD 1:  --$$ lo271 --;%{SE}%MKUKATPVW %CVW_COM %VCOMMENT %P 2:--$$ lo271 --,3: VW_CO
;ENDFOLD
;FOLD {H}
SPS_FERTIG = FALSE
INTERRUPT DECL 10 WHEN $CYCFLAG[30]==FALSE DO VW(#FB_STOP,TRUE)
INTERRUPT ON 10
VW(#VW_INIT,TRUE)
```

图 11-39 程序输出实例

因为 OLP 的应用是需要 ROBCAD 软件 OLD 的许可,且需要有对应机器人公司的 RCS 控制器及相关机器人厂商的 ROBCAD 补丁才可以正确完整地导出对应的机器人离线程序。

11.4.2 注意事项

(1)打开程序,检查如下内容,确定输出程序是否正确:

①确认伺服焊钳。

②伺服焊枪伺服值 E1。

③Tool &Base 数据是否正确。

④ 程序中是否有 ST 的值。

(2)如果有外部轴,KRC4 的机器人是否在【Motion】→【Settings】加载外部轴信息,否则在导出的程序中会丢失轴 E1～E6 的信息。

(3)注意 KRC4 的 TEACHPANDENT 版本选项。

11.5 小结

所有的前期工作都是为了输出离线程序。现场机器人导入离线程序后简单的示教即可应用,减少现场调试时间,减少现场的错误。

所以对于离线程序的品质提出越来越高的要求,要求机器人仿真编程人员需有 1～2 年实际的机器人示教经验。这样才能保证输出的程序符合现场实际需求。

11.6 练习

(1)KUKA 机器人控制器安装。

(2)输出一个简单的离线程序。

(3)实现机器人导入这个离线程序,验证输出程序的正确性。

第12章　工业机器人仿真项目流程总结

通过几个项目的实施，形成企业的项目工作流程，形成企业的作业指导书，便于工作及相互交流。同时企业内部也需进行多部门的内部交流、培训，特别是上层部门应该知道提供什么资料给下层部门，避免无效劳动，提高工作效率。所以企业应做好如下工作。

12.1　项目标准定制

(1)项目流程标准。

(2)项目架构标准。

(3)项目实施标准。

(4)项目验收标准。

(5)项目现场支持标准。

12.2　项目工作流程

12.2.1　数据收集

(1)项目架构搭建。

(2)项目数据需求分析。

(3)项目数据收集归类。

(4)项目工艺分析。

12.2.2　数据处理

(1)数据格式转换。

(2)机械结构处理，包含数据处理/规整。

12.2.3 项目创建

(1)新建CELL项目。
(2)导入数据。
(3)项目工位布局。
(4)3D设计验证。
(5)可达性验证。
(6)工艺再现、机器人编程。

12.2.4 SOP联动

(1)工步设计、排版。
(2)工步优化。
(3)工步仿真联动设置。

12.2.5 输出物输出

输出最终布局图、现场设备安装指导说明书、工艺卡、视频、离线程序等。

12.2.6 项目移交、现场支持

整体资料打包处理,打包文件与前期所输出文件一起移交给用户即可。

参考文献

[1]叶晖,管小清. 工业机器人实操与应用技巧[M]. 北京:机械工业出版社,2010.
[2]叶晖,管小清. 工业机器人典型应用案例精析[M]. 北京:机械工业出版社,2013.
[3]胡伟,管小清. 工业机器人行业应用实训教程[M]. 北京:机械工业出版社,2015.